水利工程与施工管理

丁长春　冯新军　赵华林　著

吉林科学技术出版社

图书在版编目（CIP）数据

水利工程与施工管理 / 丁长春 , 冯新军 , 赵华林著
. -- 长春 : 吉林科学技术出版社 , 2019.8
ISBN 978-7-5578-5716-5

Ⅰ . ①水… Ⅱ . ①丁… ②冯… ③赵… Ⅲ . ①水利工
程－施工管理 Ⅳ . ① TV512

中国版本图书馆 CIP 数据核字 (2019) 第 167370 号

水利工程与施工管理

著　丁长春　冯新军　赵华林
出 版 人　李　梁
责任编辑　孙　默
装帧设计　陈　雷
开　　本　889mm×1194mm　1/16
字　　数　235千字
印　　张　16
版　　次　2020年4月第1版
印　　次　2020年4月第1次印刷

出　　版　吉林出版集团
　　　　　吉林科学技术出版社
发　　行　吉林科学技术出版社
地　　址　长春市龙腾国际出版大厦
邮　　编　130000
发行部电话/传真　0431-85635177　85651759　85651628
　　　　　　　　　　85677817　85600611　85670016
储运部电话　0431-84612872
编辑部电话　0431-85635186
网　　址　www.jlstp.net
印　　刷　三河市元兴印务有限公司

书　　号　ISBN 978-7-5578-5716-5
定　　价　85.00元

作者简介

丁长春，男，汉族，河南信阳人，1975 年 5 月生，河南省信阳市淮滨县水利局施工队副高级工程师。1995 年年毕业于河南省郑州水利学校水利工程专业，从事水利工程施工及管理工作 10 余年，积累了丰富的工程施工、工程管理经验。在国内期刊发表学术论文数篇，工作期间在河南广播电视大学进修学习工业及民用建筑专业。

冯新军，男，河南洛阳嵩县人，1972 年 8 月生，本科学历，河南省陆浑水库管理局东一干渠管理处主任，高级工程师，河南省综合评标专家库专家。1992 年 6 月毕业于河南省郑州水利学校水利工程专业，参加工作 26 年来主要从事水库及灌区工程管理、灌溉管理，主持或参与 20 多项工程建设，在水利工程设计、施工、管理等方面积累了丰富经验，在国内期刊发表学术论文数篇，获得多项河南省地厅级科技成果奖，取得实用新型发明专利 1 项，2006 年被省水利厅授予"全省水利系统文明职工"。

赵华林，男，汉族，1965 年 8 月出生，中共党员，高级工程师，1987 年 7 月参加工作，1987 年至今在河南省水利第一工程局工作，历任计划部部长、工程科长、技术负责人、总工、项目经理。主持或参与多项工程建设，在水利工程设计、施工、管理等方面积累了丰富经验，在国内期刊发表学术论文数篇。

邓云龙，男，河南省固始县人，1971 年 3 月生，本科学历，现任职于河南省固始县水利局，工程师。1992 年 6 月毕业于河南省郑州水利学校水利工程专业，参加工作 26 年来主要从事水库及灌区工程管理、灌溉管理，主持或参与 20 多项工程建设，在水利工程设计、施工、管理等方面积累了丰富经验，在国内期刊发表学术论文数篇，获得多项河南省地厅级科技成果奖，取得 发明专利 1 项，2006 年被省水利厅授予"全省水利系统文明职工"。

前　言

　　本书是为了适应职业教育改革与发展的需要，以培养水利水电工程建设人才为目的而编写的职业教育系列教材之一。其水利工程施工是按照设计提出的工程结构、数量、质量及环境保护等要求，研究从技术、工艺、材料、组织和管理等方面采取相应的施工方法和技术措施，以确保工程建设质量，经济、快速地实现设计要求的一门独立的科学。本书根据水利工程施工规程规范，结合作者多年的经验编写而成，主要包括水利工程施工概述、施工导流与降排水、水利工程地基处理、爆破工程、土石方工程、混凝土工程施工、水利工程施工质量控制、水利工程施工进度控制、水利工程施工成本控制、水利工程验收等内容。

　　本书在编写的过程中，引用了大量的规范和参考书籍，未在书中一一说明，在此向有关作者表示感谢！

　　由于编写时间仓促，编者水平有限，书中难免存在缺点和疏漏之处，我们恳切地希望读者对本书存在的缺点和错误提出批评和意见，以待进一步修改，使之更加完美。

CONTENTS 目录

第1章　水利工程施工概述

1.1　绪论

水利工程是为控制和调配自然界的地表水及地下水，达到兴利除害的目的而修建的工程，也称为水工程。水是人类生产和生活必不可少的宝贵资源，但其自然存在的状态并不完全符合人类的需要。因此只有修建水利工程，控制水流，防止洪涝灾害，并进行水量的调节和分配，才能满足人们对水资源的需要。水利工程需要修建坝、堤、溢洪道、水闸、进水口、渠道、渡槽、筏道、鱼道等不同类型的水工建筑物，以实现其目标。

水利工程施工与一般土木工程，如道路、铁路、桥梁和房屋建筑等的施工有许多相同之处。例如：主要施工对象多为土方、石方、混凝土、金属结构和机电设备安装等项目，某些施工方法相同，某些施工机械可以通用，某些施工的组织管理工作也可互为借鉴。

1.1.1　水利工程施工的任务和特点

1. 水利工程施工的任务

（1）根据工程所在地区的自然条件，当地社会经济状况，设备、材料和人力等的供应情况以及工程特点，编制切实可行的施工组织设计。

（2）按照施工组织设计，做好施工准备，加强施工管理，有计划地组织施工，保证施工质量，合理使用建设资金，全面完成施工任务。

（3）施工过程中开展观测、试验和研究工作，以促进水利工程建设科学技术发展。

2. 水利工程施工的特点

水利工程施工的特点，突出反映在水流控制上，具体表现在以下方面：

（1）水利工程施工常在河流上进行，受水文、气象、地形、地质等因素影响很大；

（2）河流上修建的挡水建筑物，关系着下游千百万人民的生命财产安全，因此工程施工必须保证质量；

（3）在河流上修建水利工程，常涉及许多部门的利益，这就必须全面规划、统筹兼顾，因而增加了施工的复杂性；

（4）水利工程一般位于交通不便的山区，施工准备工作量大，不仅要修建场内外交通道路和为施工服务的辅助建筑，而且要修建办公室和生活用房。因此，必须十分重视施工的准备工作，使之既能满足施工要求，又能减少工程投入；

（5）水利枢纽工程常由许多单项工程组成，布置集中、工程量大、工种多、施工强度高，加上地形方面的限制，容易产生施工干扰。因此，需要对施工现场的组织和管理进行统筹规划，运用系统工程学的原理，选择最优的施工方案；

（6）水利工程施工过程中的爆破作业、地下作业、水上水下作业和高空作业等，常常平行交叉进行，这会对施工安全产生负面影响。因此，必须十分注意安全施工，防止事故发生。

1.1.2　我国水利工程施工的成就与展望

在我国历史上，水利建设成就卓著。公元前251年修建的四川都江堰水利工程，遵循"乘势利导，因时制宜"的原则，发挥了防洪和灌溉的巨大作用。用现代系统工程的观点来分析，该工程在结构布局、施工措施、维修管理制度等方面都是相当成功的。此外，在截流堵口工程中所使用的多种施工技术至今还为各地工程所沿用。中华人民共和国成立后，我国的水利工程事业取得了辉煌的成就：有计划、有步骤地开展了大江大河的综合治理工作，修建了一大批综合利用的水利枢纽工程和大型水电站，建成了一些大型灌区和机电灌区，中小型水利工程也得到了蓬勃的发展。随着水利工程事业的发展，施工机械的装备能力迅速增长，已经能够实现高强度快速施工；施工技术水平不断提高，实现了长江、黄河等大江大河的截流，采用了很多新技术、新工艺；土石坝工程、混凝土坝工程和地下工程的综合机械化组织管理水平逐步提高。水利施工科学的发展，为水利工程展示出一片广阔的前景。

在取得巨大成就的同时，我国的水利工程建设也付出过沉重的代价。如由于违反基本建设程序，不遵循施工的科学规律和经济规律，水利工程建设事业遭受了相当大的损失。我国目前大容量、高效率、多功能的施工机械，其通用化、系列化、自动化的程度较低，利用并不充分；新技术、新工艺的研究推广和使用不够普遍；施工组织管理水平较低；各种施工规范、规章制度、定额法规等的基础工作比较薄弱。为了实现我国经济建设的战略目标，加快水利工程建设的步伐，必须认真总结过去的经验和教训，在学习和引进国外先进技术、科学管理方法的同时，发扬自力更生、艰苦创业的精神，走出一条适合我国国情的水利工程科学发展道路。

1.1.3　水利工程施工组织与管理的基本原则

通过总结过去水利工程施工的经验可知，在施工组织与管理方面，必须遵循以下原则：

（1）全面贯彻"多快好省"的施工原则，在工程建设中应该根据需要和可能，尽量、快速、优质、高产、低消耗地完成工程，任何片面强调某一方面而忽视另一方面的做法都是错误的，都可能会造成不良后果；

（2）遵循基本建设程序；

（3）按系统工程的原则合理组织工程施工；

（4）实行科学管理；

（5）切从实际出发，遵从施工的科学规律；

（6）要做好人力、物力的综合平衡工作，连续、有节奏地施工。

1.2　水利工程施工技术

我国水利工程建设正处于高峰阶段，而我国也是目前世界上水利工程施工规模最大的国家。近几年，我国水利工程施工的新技术、新工艺、新装备取得了举世瞩目的成就。在基础工程、堤防工程、导截流工程、地下工程、爆破工程等方面，我国都处于领先地位。在施工的关键技术上取得了新的突破，通过大容量、高效率的配套施工机械装备更新改建，我国大型水利工程施工速度和规模有了很大发展。新型机械设备在堤坝施工中的应用，有效提高了施工效率。系统工程的应用，进一步提高了施工组织管理水平。

1.2.1　土石方施工

土石方施工是水利工程施工的重要组成部分。我国自 20 世纪 50 年代开始逐步实施机械化施工，至 80 年代以后，土石方施工得到快速发展，在工程规模、机械化水平、施工技术等各方面取得了很大成就，解决了一系列复杂地质、地形条件下的施工难题，如深厚覆盖层的坝基处理、筑坝材料、坝体填筑、混凝土面板防裂、沥青混凝土防渗等施工技术问题。其中，在工程爆破技术、土石方机械化施工等方面已处于国际先进水平。

1. 工程爆破技术

炸药与起爆器材的日益更新，施工机械化水平的不断提高，为爆破技术的发展创造了重要条件。多年来，爆破施工从以手风钻为主发展到潜孔钻，并由低风压向中高风压发展，这为加大钻孔直径和提高速度创造了条件；引进的液压钻机，进一步提高了钻孔效率和精度；多臂钻机及反井钻机的采用，使地下工程的钻孔爆破进入了新阶段。近年来，通过引进开发混装炸药车，实现了现场连续式自动化合成炸药生产工艺和装药机械化，进一步稳定了产品质量，改善了生产条件，提高了装药水平，增强了爆破效果。此外，深孔梯段爆破、洞室爆破开采坝体堆石料技术也日臻完善，既满足了坝料的级配要求，又加快了坝料的开挖速度。

2. 土石方明挖

凿岩机具和爆破器材的不断创新，极大地促进了梯段爆破及控制爆破技术的发展，使原有的微差爆破、预裂爆破、光面爆破等技术更趋完善；施工机具的大型化、系统化、自动化使得施工工艺、施工方法产生了重大变革。

（1）施工机械。我国土石方明挖施工机械化起步较晚，除黄河三门峡工程外，中华人民共和国成立初期兴建的一些大型水电站，都经历了从半机械化逐步向机械化施工发展的过程。直到20世纪60年代末，土石方开挖才具备低水平的机械化施工能力。主要设备有手风钻、1~3 m³斗容的挖掘机和5~12t的自卸汽车。此阶段主要依靠进口设备，可供选择的机械类型很少，谈不上选型配套。70年代后期，施工机械化得到迅速发展，80年代中期以后发展尤为迅速。常用的机械设备有钻孔机械、挖装机械、运输机械和辅助机械四大类，形成了配套的开挖设备。

（2）控制爆破技术。基岩保护层原为分层开挖，经多个工程试验研究和推广应用，发展到水平预裂（或光面）爆破法和孔底设柔性垫层的小梯段爆破法一次爆除，确保了开挖质量，加快了施工进度。特殊部位的控制爆破技术解决了在新浇混凝土结构、基岩灌浆区、锚喷支护区附近进行开挖爆破的难题。

（3）高陡边坡开挖。近年来开工兴建的大型水电站开挖的高陡边坡较多。

（4）土石方平衡。大型水利工程施工中，十分重视对开挖料的利用，力求挖填平衡，其常被用作坝（堰）体填筑料、截流用料和加工制作混凝土砂石骨料等。

（5）高边坡加固技术。对水利工程高边坡，常用的处理方法有采用抗滑结构、进行锚固以及减载、排水等。

3. 抗滑结构

（1）抗滑桩。抗滑桩能有效而经济地治理滑坡，尤其是滑动面倾角较小时，效果更好。

（2）沉井。沉井在滑坡工程中既起抗滑桩的作用，又起挡土墙的作用。

（3）挡墙。混凝土挡墙能有效地从局部解决滑坡体受力不平衡问题，阻止滑坡体变形的延展。

（4）框架、喷护。混凝土框架对滑坡体表层坡体起保护作用，并能增强坡体的整体性，防止地表水渗入和坡体风化。框架护坡具有结构物轻、用料省、施工方便、适用面广、便于排水等优点，并可与其他措施结合使用。另外，耕植草本植被也是治理永久边坡的常用措施。

4. 锚固技术

预应力锚索具有不破坏岩体结构、施工灵活、速度快、干扰小、受力可靠、主动承载等优点，在边坡治理中应用广泛。大吨位岩体预应力锚固吨位已提高到6167kN，张拉设备出力提高到6000kN，锚索长度达61.6m，可加固坝体、坝基、岩体边坡、地下洞室围岩等，锚固技术达到了国际先进水平。

1.2.2　混凝土施工

1. 混凝土施工技术

目前，混凝土采用的主要技术状况如下：

（1）混凝土骨料人工生产系统进入国际水平。采用人工骨料生产工艺流程，可以调整骨料粒径和级配。生产系统配制了先进的破碎轧制设备。

（2）为满足大坝高强度浇筑混凝土的需要，在拌和、运输和仓面作业等环节配备大容量、高效率的机械设备。使用大型塔机、缆式起重机、胎带机和塔带机，这些施工机械代表了我国混凝土运输的先进水平；

（3）大型工程混凝土温度控制，主要采用风冷骨料技术，其具有效果好、实用的优点；

（4）为减少混凝土裂缝，广泛采用补偿收缩混凝土。应用低热膨胀混凝土筑坝技术，可节省投资，简化温控，缩短工期。一些高拱坝的坝体混凝土，采用外掺氧化镁进行温度变形补偿；

（5）中型工程广泛采用组合钢模板，而大型工程普遍采用大型钢模板的悬臂钢模板。模板尺寸有2m×3m、3m×2.5m、3m×3m等多种规格。滑动模板在大坝溢流面、隧洞、竖井、混凝土井中应用广泛。牵引动力分为液压千斤顶提升、液压提升平台上升有轨拉模以及无轨拉模等多种类型。

2. 泵送混凝土技术

泵送混凝土是指从混凝土搅拌运输车或储料斗中卸入混凝土泵的料斗，利用泵的压力将混凝土沿管道水平或垂直输送到浇筑地点的工艺。它具有输送能力强（水平运输距离达800m，垂直运输距离达300m）、速度快、效率高、节省人力、能连续作业等特点。目前在国外，如美国、德国、英国等都广泛采用此技术，其中尤以日本最为甚。在我国，目前的高层建筑及水利工程领域中，已较广泛地采用了此技术，并取得了较好的效果。泵送混凝土对设备、原材料、操作都有较高的要求。

（1）对设备的要求

1）混凝土泵有活塞泵、气压泵、挤压泵等类型，目前应用较多的是活塞泵，这是一种较先进的混凝土泵。施工时要合理布置泵车的安放位置，一般应尽量靠近浇筑地点，并能满足两台泵车同时就位，以使混凝土泵连续浇筑。泵的输送能力为 80 m^3/h。

2）输送管道一般由钢管制成，有直径为 125mm、150mm 和 100mm 等型号，具体型号取决于粗骨料的最大粒径。管道敷设时要求路线短、弯道少、接头密。管道清洗一般选择水洗，要求水压不超过规定，而且人员应远离管道，并设置防护装置以免伤人。

（2）对原材料的要求。

要求混凝土有可泵性，即在泵压作用下，混凝土能在输送管道中连续稳定地通过而不产生离析，它取决于拌和物本身的和易性。在实际应用中，和易性往往根据坍落度来判断，坍落度越小，和易性就越小。但坍落度太大又会影响混凝土的强度，因此一般认为 8~20cm 较合适，具体值要根据泵送距离、气温来决定。

1）水泥。要求选择保水性好、泌水性小的水泥，一般选择硅酸盐水泥或普通硅酸盐水泥。但由于硅酸盐水泥水化热较大，不宜用于大体积混凝土工程中，所以施工中一般掺入粉煤灰。掺入粉煤灰不仅对降低大体积混凝土的水化热有利，还能改善混凝土的黏塑性和保水性，利于泵送。

2）骨料。骨料的种类、形状、粒径和级配对泵送混凝土的性能会产生很大影响，必须予以严格控制。

粗骨料的最大粒径与输送管内径之比宜为 1：3（碎石）或 1：2.5（卵石）。另外，要求骨料颗粒级配尽量理想。

细骨料的细度模数为 2.3~3.2。粒径在 0.315mm 以下的细骨料所占的比例不应小于 15%，以达到 20% 为优。这对改善可泵性非常重要。

实践证明，掺入粉煤灰等参合料可显著提高混凝土的流动性，因此要适量添加。

（3）对操作的要求。

泵送混凝土时应注意以下规定：

1）原材料与试验一致；

2）材料供应要连续、稳定，以保证混凝土泵能连续运作，计量自动化；

3）检查输送管接头的橡皮密封圈，以保证密封完好；

4）泵送前，应先用适量的与混凝土成分相同的水泥浆或水泥砂浆润滑输送管内壁；

5）试验人员随时检测出料的坍落度，并及时调整，运输时间应控制在初凝

（45min）内。预计泵送间歇时间超过 45min 或混凝土出现离析现象时，应对该部分混凝土做废料处理，并立即用压力水或其他方法冲掉管内残留的混凝土。

6）泵送时，泵体料斗内应保持有足够混凝土，以防止吸入空气形成阻塞。

1.2.3　新技术、新材料、新工艺、新设备的使用

1. 聚脲弹性体技术

喷涂聚脲弹性体技术是国外近年来为适应环保需求而研制开发的一种新型无溶剂、无污染的绿色施工技术。它具有以下优点：

① 无毒性，满足环保要求。

② 力学性能好，拉伸强度最高可达 27MPa，撕裂强度为 43.9～105.4kN/m。

③ 抗冲耐磨性能强，其抗冲磨能力是 C40 混凝土的 10 倍以上。

④ 防渗性能好，在 2MPa 水压作用下，24h 不渗漏。

⑤ 低温柔性好，在 -30℃ 下对折不产生裂纹。

⑥ 耐腐蚀性强，即使在水、酸、碱、油等介质中长期浸泡，性能也不会降低。

⑦ 具有较强的附着力，在混凝土、砂浆、沥青、塑料、铝及木材等材料上都能很好地附着。

⑧ 固化速度快，5s 凝胶，1min 即可达到可步行的强度。可在任意曲面、斜面及垂直面上喷涂成型，涂层表面平整、光滑，可以对基材形成良好的保护作用，并有一定的装饰作用。

（1）材料性能。喷涂聚脲弹性体施工材料可以选用美国的进口 A/B 双组分聚脲、中国水利水电科学研究院产 SK 手刮聚脲等。

聚脲弹性体材料的主要技术性能指标见表1—1。

表1—1　聚脲弹性体材料的主要技术性能指标

项目	指标
固体含量	100%
凝胶时间	10～20s
拉伸强度	>20MPa
扯断伸长率	>350%
撕裂强度	>50kN/m
硬度（邵氏）	80～85

项目	指标
附着力（潮湿面）	>2MPa
耐磨性（阿克隆法）	<25mg
颜色	灰色
密度	$1.08g/cm^3$

双组分聚脲的封边采用 SK 手刮聚脲，材料性能测试结果见表 1—2。

表 1—2　手刮聚脲弹性体材料的主要技术指标

项目	指标
固体含量	100%
黏结强度	>2MPa
拉伸强度	>16MPa
扯断伸长率	>400%
撕裂强度	>25kN/m

（2）施工机具。喷涂设备采用美国卡士马产主机和喷枪。这套喷涂设备施工效率高，可连续操作，喷涂 $100m^2$ 仅需 40min。一次喷涂施工厚度在 2mm 左右，克服了以往需多层施工的弊病。

辅助设备有空气压缩机、油水分离器、高压水枪（进口）、打磨机、切割机、电锤、搅拌器、黏结强度测试仪等。

2.大型水利施工机械

针对南水北调重点工程建设，研制开发多种形式的低扬程大流量水泵、盾构机及其配套系统、大断面渠道衬砌机械、斗轮式挖掘机（用于渠道开挖）、全断面隧道岩石掘进机（TBM），研制开发人工制砂设备、成品砂石脱水干燥设备、特大型预冷式混凝土搅拌楼、双卧轴液压驱动强制式搅拌楼、混凝土快速布料塔带机和胎带机、大骨料混凝土输送泵成套设备等。

1.3　水利工程施工组织设计

施工组织设计是水利水电工程设计文件的重要组成部分，是优化工程设计、编制工程总概算、编制投标文件、编制施工成本文件及国家控制工程投资的重要依据，是组织工程建设和优选施工队伍、进行施工管理的指导性文件。

1.3.1　按阶段编制设计文件

不同设计阶段，施工组织设计的基本内容和深度要求不同。

1. 可行性研究报告阶段

按照《水利水电工程可行性研究报告编制规程》（SL618—2013）第9章"施工组织设计"的有关规定，其深度应满足编制工程投资估算的要求。

2. 初步设计阶段

按照《水利水电工程初步设计报告编制规程》（SL619—2013）第9章"施工组织设计"的有关规定，并按照《水利水电工程施工组织设计规范》（SL303—2004），其深度应满足编制总概算的要求。

3. 技施设计阶段

技施设计阶段主要是进行招投标阶段的施工组织设计（即施工规划、招标阶段后的施工组织设计由施工承包单位负责完成），执行或参照执行《水利水电工程施工组织设计规范》（SL303—2004），其深度应满足招标文件、合同价标底编制的需要。

1.3.2　施工组织设计的作用、任务和内容

1. 施工组织设计的作用

施工组织设计是水利水电工程设计文件的重要组成部分，是确定枢纽布置、优化工程设计、编制工程总概算及国家控制工程投资的重要依据，是组织工程建设和施工管理的指导性文件。做好施工组织设计，对正确选定坝址、坝型、枢纽布置及工程设计优化，以及合理组织工程施工、保证工程质量、缩短建设工期、降低工程造价、提高工程效益等都有十分重要的作用。

2. 施工组织设计的任务

施工组织设计的主要任务是根据工程地区的自然、经济和社会条件，制订合理的施工组织设计方案，包括合理的施工导流方案，合理的施工工期和进度计划，合理的施工场地组织设施与施工规模，以及合理的生产工艺与结构物形式，合理的投资计划、劳动组织和技术供应计划，为确定工程概算、确定工期、合理组织施工、进行科学管理、保证工程质量、降低工程造价、缩短建设周期，提供切实可行和可靠的依据。

3. 施工组织设计的内容

（1）施工条件分析。施工条件包括工程条件、自然条件、物质资源供应条件以

及社会经济条件等，具体有：工程所在地点，对外交通运输情况，枢纽建筑物及其特征；地形、地质、水文、气象条件；主要建筑材料来源和供应条件，当地水源、电源情况；施工期间通航、过木、过鱼、供水、环保等要求，国家对工期、分期投产的要求，施工用电、居民安置以及与工程施工有关的协作条件等。

总之，施工条件分析需在简要阐明上述条件的基础上，着重分析它们对工程施工可能带来的影响和后果。

（2）施工导流设计。施工导流设计应在综合分析导流的基础上，确定导流标准，划分导流时段，明确施工分期，选择导流方案、导流方式和导流建筑物，进行导流建筑物的设计，提出导流建筑物的施工安排，拟定截流、拦洪、排水、通航、过水、下闸封孔、供水、蓄水、发电等措施。

（3）主体工程施工。主体工程包括挡水、泄水、引水、发电、通航等主要建筑物，应根据各自的施工条件，对施工程序、施工方法、施工强度、施工布置、施工进度和施工机械等问题，进行比较和选择。必要时，应针对其中的关键技术问题，如特殊基础的处理、大体积混凝土温度控制、土石坝合拢、拦洪等问题，做出专门的设计和论证。

对于有机电设备和金属结构安装任务的工程项目，应对主要机电设备和金属结构，如水轮发电机组、升压输变设备、闸门、启闭设备等的加工、制作、运输、预拼装、吊装以及土建工程与安装工程的施工顺序等问题，做出相应的设计和论证。

（4）施工交通运输。为施工交通运输分对外交通运输和场内交通运输两种。其中，对外交通运输是在弄清现有对外水陆交通和发展规划的情况下，根据工程对外运输总量、运输强度和重大部件的运输要求，确定对外交通运输的方式，选择线路和线路的标准，规划沿线重大设施和与国家干线的连接，提出相应的工程量。施工期间，若有船、木过坝问题，应做出专门的分析论证，并提出解决方案。

（5）施工工厂设施和大型临建工程。施工工厂设施如混凝土骨料开采加工系统、土石料场和土石料加工系统、混凝土拌和系统和制冷系统、机械修配系统、汽车修配厂、钢筋加工厂、预制构件厂、照明系统以及风、水、电、通信等，均应根据施工的任务和要求，分别确定各自的位置、规模、设备容量、生产工艺、工艺设备、平面布置、占地面积、建筑面积和土建安装工程量，并提出土建安装进度和分期投产的计划。

大型临建工程，如施工栈桥、过河桥梁、缆机平台等，要做出专门设计，确定其工程量和施工进度的安排。

（6）施工总布置。施工总布置的主要任务是根据施工场区的地形地貌、枢纽主要建筑物的施工方案、各项临建设施的布置方案，对施工场地进行分期分区和分标规划，确定分期分区布置方案和各承包单位的场地范围。对土石方的开挖、堆弃和填筑进行综合平衡，提出各类房屋分区布置一览表，估计施工征地面积，提出占地计划，研究施工还地造田的可能性。

（7）施工总进度。施工总进度的安排必须符合国家对工程投产所提出的要求。为了保证施工进度，必须仔细分析工程规模、导流程序、对外交通、资源供应、临建准备等各项控制因素，拟订整个工程（包括准备工程、主体工程和结束工作在内）的施工总进度计划，确定各项目的起讫日期和相互之间的衔接关系；对于导流截流、拦洪度汛、封孔蓄水、供水发电等控制环节工程应达到的程度，须做出专门的论证；对于土石方、混凝土等主要工程的施工强度，以及劳动力、主要建筑材料、主要机械设备的需用量，要进行综合平衡；要分析施工工期和工程费用的关系，提出合理工期的推荐意见。

（8）主要技术供应计划。根据施工总进度的安排和对定额资料的分析，针对主要建筑材料（如钢材、木材、水泥、粉煤灰、油料、炸药等）和主要施工机械设备，制订总需要量和分年需要量计划。此外，在进行施工组织设计中，必要时还需要进行实验研究和补充勘测，从而为进一步设计和研究提供依据。

在完成上述设计内容时，还应提出以下图件：

① 施工场外交通图；

② 施工总布置图；

③ 施工转运站规划布置图；

④ 施工征地规划范围图；

⑤ 施工导流方案综合比较图；

⑥ 施工导流分期布置图；

⑦ 导流建筑物结构布置图；

⑧ 导流建筑物施工方法示意图；

⑨ 施工期通航过木布置图；

⑩ 主要建筑物土石方开挖施工程序及基础处理示意图；

⑪ 主要建筑物混凝土施工程序、施工方法及施工布置示意图；

⑫ 主要建筑物土石方填筑程序、施工方法及施工布置示意图；

⑬ 地下工程开挖、衬砌施工程序和施工方法及施工布置示意图；

⑭ 机电设备、金属结构安装施工示意图；

⑮ 砂石料系统生产工艺布置图；

⑯ 混凝土拌和系统及制冷系统布置图；

⑰ 当地建筑材料开采、加工及运输线路布置图；

⑱ 施工总进度表及施工关键线路图。

1.3.3　施工组织设计的编制资料及编制原则、依据

1. 施工组织设计的编制资料

（1）可行性研究报告施工部分需收集的基本资料

可行性研究报告施工部分需收集的基本资料包括：

① 可行性研究报告阶段的水工及机电设计成果；

② 工程建设地点的对外交通现状及近期发展规划；

③ 工程建设地点及附近可能提供的施工场地情况；

④ 工程建设地点的水文气象资料；

⑤ 施工期（包括初期蓄水期）通航、过木、下游用水等要求；

⑥ 建筑材料的来源和供应条件调查资料；

⑦ 施工区水源、电源情况及供应条件；

⑧ 各部门对工程建设期的要求及意见。

（2）初步设计阶段施工组织设计需补充收集的基本资料

初步设计阶段施工组织设计需补充收集的基本资料包括：

① 可行性研究报告及可行性研究阶段收集的基本资料；

② 初步设计阶段的水工及机电设计成果；

③ 进一步调查落实可行性研究阶段收集的 ②～⑦ 项资料；

④ 当地可能提供的修理、加工能力情况；

⑤ 当地承包市场的情况，当地可能提供的劳动力情况；

⑥ 当地可能提供的生活必需品的供应情况，居民的生活习惯；

⑦ 工程所在河段的洪水特性、各种频率的流量及洪量、水位与流量的关系、冬季冰凌的情况（北方河流）、施工区各支沟各种频率的洪水和泥石流，以及上下游水利工程对本工程的影响情况；

⑧ 工程地点的地形、地貌、水文地质条件，以及气温、水温、地温、降水、风、冻层、冰情和雾的特性资料。

（3）技施阶段施工规划需进一步收集的基本资料

技施阶段施工规划需进一步收集的基本资料包括：

① 初步设计中的施工组织总设计文件及初步设计阶段收集到的基本资料；

② 技施阶段的水工及机电设计资料与成果；

③ 进一步收集的国内基础资料和市场资料，主要内容包括：工程开发地区的自然条件、社会经济条件、卫生医疗条件、生活与生产供应条件、动力供应条件、

通信及内外交通条件等；国内市场可能提供的物资供应条件及技术规格、技术标准；国内市场可能提供的生产、生活服务条件；劳务供应条件、劳务技术标准与供应渠道；工程开发项目所涉及的有关法律、规定；上级主管部门或业主单位对开发项目的有关指示；项目资金来源、组成及分配情况；项目贷款银行（或机构）对贷款项目的有关指导性文件；技术设计中有关地质、测量、建材、水文、气象、科研、实验等资料与成果；有关设备订货资料与信息；国内承包市场有关技术、经济动态与信息。

④ 补充收集的国外基础资料与市场信息（国际招标工程需要），主要内容包括：国际承包市场同类型工程技术水平与主要承包商的基本情况；国际承包市场同类型工程的商业动态与经济动态；工程开发项目所涉及的物资、设备供货厂商的基本情况；海外运输条件与保险业务情况；工程开发项目所涉及的有关国家政策、法律、规定；由国外机构进行的有关设计、科研、实验、订货等资料与成果。

2. 施工组织设计的编制原则

施工组织设计编制应遵循以下原则：

（1）执行国家有关方针、政策，严格执行国家基建程序，遵守有关技术标准、规程规范，并符合国内招标投标的规定和国际招标投标的惯例。

（2）面向社会，深入调查，收集市场信息。根据工程特点，因地制宜地提出施工方案，并进行全面的技术、经济比较。

（3）结合国情积极开发和推广新技术、新材料、新工艺和新设备。凡经实践证明的技术经济效益显著的科研成果，应尽量采用，努力提高技术水平和经济效益。

（4）统筹安排，综合平衡，妥善协调各分部分项工程，均衡进行施工。

3. 施工组织设计的编制依据

施工组织设计编制依据有以下几方面：

（1）上阶段施工组织设计成果及上级单位或业主的审批意见。

（2）本阶段水工、机电等专业的设计成果，有关工艺试验或生产性试验的成果及各专业对施工的要求。

（3）工程所在地区的施工条件（包括自然条件、水电供应、交通、环保、旅游、防洪、灌溉、航运及规划等）和本阶段的最新调查成果。

（4）目前国内外可能达到的施工水平、具备的施工设备及材料供应情况。

（5）上级机关、国民经济各有关部门、地方政府以及业主单位对工程施工的要求、指令、协议、有关法律和规定。

第2章　施工导流与降排水

2.1　施工导流的概念

河床上修建水利水电工程时，为了使水工建筑物能在干地施工，需要用围堰围护基坑，并将河水引向预定的泄水建筑物以泄向下游，这就是施工导流。

2.2　施工导流的设计与规划

施工导流的方法大体上分为两类：一类是全段围堰法导流 (河床外导流)，另一类是分段围堰法导流 (河床内导流)。

2.2.1　全段围堰法导流

全段围堰法导流是在河床主体工程的上下游各建一道拦河围堰，使上游来水通过预先修筑的临时或永久泄水建筑物 (如明渠、隧洞等) 泄向下游，主体建筑物在排干的基坑中进行施工，主体工程建成或接近建成时再封堵临时泄水道。这种方法的优点是工作面大，河床内的建筑物在一次性围堰的围护下建造，如能利用水利枢纽中的永久泄水建筑物导流，可大大节约成本。

按泄水建筑物的类型不同全段围堰法可分为明渠导流、隧洞导流、涵管导流等类型。

1. 明渠导流

上下游围堰一次拦断河床形成基坑，保护主体建筑物干地施工，天然河道水流经河岸或滩地上开挖的导流明渠泄向下游的导流方式称为明渠导流。

(1) 明渠导流的适用条件

若坝址河床较窄或河床覆盖层很深，分期导流困难，且具备下列条件之一，则考虑采用明渠导流：

① 河床一岸有较宽的台地、垭口或古河道；

② 导流流量大，地质条件不适于开挖导流隧洞；

③ 施工期有通航、排冰、过木需求；

④ 总工期紧，不具备洞挖条件。

国内外工程实践表明，在导流方案比较过程中，若明渠导流和隧洞导流均可采用时，一般倾向于明渠导流。这是因为明渠开挖可采用大型设备，加快施工进度，促使主体工程提前开工。施工期间河道有通航、过木和排冰需求时，明渠导流明显更有利。

（2）导流明渠布置

导流明渠布置分为在岸坡上和在滩地上两种形式。

① 导流明渠轴线的布置。导流明渠应布置在较宽台地、垭口或古河道一岸；渠身轴线要伸出上下游围堰外坡脚，水平距离要满足防冲要求，一般为 50～100m；明渠进出口应与上下游水流相衔接，与河道主流的交角以小于 30° 为宜；为保证水流畅通，明渠转弯半径应大于 5 倍渠底宽；明渠轴线布置应尽可能缩短明渠长度和避免深挖。

② 明渠进出口位置和高程的确定。明渠进出口力求不冲、不淤和不产生回流，可通过水力学模型试验调整进出口的形状和位置，达到这一目的；进口高程按截流设计选择，出口高程一般由下游消能控制；进出口高程和渠道水流流态应满足施工期通航、过木和排冰需求。在满足上述条件下，尽可能抬高进出口高程，以减小水下开挖量。

（3）导流明渠断面设计

① 明渠断面尺寸的确定。明渠断面的尺寸由设计导流流量控制，并受地形地质和允许抗冲流速的影响，应按不同的明渠断面尺寸与围堰的组合，通过综合分析确定。

② 明渠断面形式的选择。明渠断面一般设计成梯形，渠底为坚硬基岩时，可设计成矩形。有时为满足截流和通航的不同目的，也可设计成复式梯形断面。

③ 明渠糙率的确定。明渠糙率的大小直接影响明渠的泄水能力，而影响糙率大小的因素有衬砌材料、开挖方法、渠底平整度等，因此其应适具体情况而定。对于大型明渠工程而言，应通过模型试验确定糙率。

（4）明渠封堵

导流明渠结构布置应考虑后期的封堵要求。当施工期有通航、过木和排冰任务，明渠较宽时，可在明渠内预设闸门墩，以利于后期封堵。若施工期无通航、过木和排冰任务时，应于明渠通水前，将明渠坝段施工到适当高程，并设置导流底孔和坝面口，使二者联合泄流。

2. 隧洞导流

上下游围堰一次拦断河床形成基坑，保护主体建筑物干地施工，天然河道水流全部由导流隧洞宣泄的导流方式称为隧洞导流。

（1）隧洞导流的适用条件

如果导流流量不大，坝址河床狭窄，两岸地形陡峻，如一岸或两岸地形、地质条件良好，则可考虑采用隧洞导流。

（2）导流隧洞的布置

导流隧洞的布置一般应满足以下要求：

① 隧洞轴线沿线地质条件良好，足以保证隧洞施工和运行的安全。

② 隧洞轴线宜按直线布置，如有转弯，则转弯半径须不小于5倍洞径（或洞宽），转角不宜大于60°，弯道首尾应设直线段，长度不应小于3~5倍洞径（或洞宽）；进出口引渠轴线与河流主流方向夹角宜小于30°。

③ 隧洞间净距、隧洞与永久建筑物间距、洞脸与洞顶围岩厚度均应满足结构和应力要求。

④ 隧洞进出口位置应保证水力学条件良好，并伸出堰外坡脚一定距离，一般距离应大于50m，以满足围堰防冲要求。进口高程多由截流控制，出口高程由下游消能控制，洞底按需要设计成缓坡或急坡，避免设计成反坡。

（3）导流隧洞断面设计

隧洞断面尺寸的大小取决于设计流量、地质和施工条件，洞径大小应控制在施工技术和结构安全允许的范围内。目前，国内单洞断面尺寸多在200m^{2}以下，单洞泄量不超过2000~2500 m^3/s。

隧洞断面形式取决于地质条件、隧洞工作状况（有压或无压）及施工条件。常见断面形式有圆形、马蹄形、方圆形。其中，圆形多用于高水头处，马蹄形多用于地质条件不良处，方圆形有利于截流和施工。国内外导流隧洞多采用方圆形。

洞身设计中，糙率 n 值的选择是一个十分重要的问题。糙率的大小直接影响断面的大小，而衬砌与否、衬砌的材料和施工质量、开挖的方法和质量则是影响糙率大小的因素。一般混凝土衬砌糙率值为0.014~0.017；不衬砌隧洞的糙率变化较大，光面爆破时为0.025~0.032，一般炮眼爆破时为0.035~0.044。设计时应根据具体条件，在查阅有关手册后加以确定。对于重要的导流隧洞工程来说，应通过水工模型的试验验证其糙率的合理性。

导流隧洞设计应考虑后期封堵要求，布置封堵闸门门槽及启闭平台设施。有条件者，导流隧洞应与永久隧洞结合，以节约成本（如小浪底工程的三条导流隧洞后期改建为三条孔板消能泄洪洞）。一般来说，对于高水头枢纽，导流隧洞只可能与永久隧洞部分相结合，中低水头则有可能全部结合。

3. 涵管导流

涵管导流一般在修筑土坝、堆石坝的工程中采用。

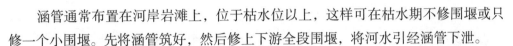

　　涵管通常布置在河岸岩滩上，位于枯水位以上，这样可在枯水期不修围堰或只修一个小围堰。先将涵管筑好，然后修上下游全段围堰，将河水引经涵管下泄。

　　涵管一般采用钢筋混凝土结构。当有永久涵管可以利用或修建隧洞有困难时，可采取涵管导流方法。在某些情况下，可在建筑物基岩中开挖沟槽，必要时予以衬砌，然后封上混凝土或钢筋混凝土顶盖，形成涵管。采取这种方式往往可以获得经济、可靠的效果。由于涵管的泄水能力较弱，所以一般用在导流流量较小的河流上或只用来担负枯水期的导流任务。

　　为了防止涵管外壁与坝身防渗体之间出现渗流，通常在涵管外壁上每隔一定距离设置一截流环，以延长渗径，降低渗透坡降，减少渗流的破坏作用。此外，必须严格控制涵管外壁防渗体的压实质量。涵管管身的温度缝或沉陷缝中的止水必须要严格施工。

2.2.2　分段围堰法导流

　　分段围堰法也称分期围堰法或河床内导流，就是用围堰将建筑物分段分期围护起来进行施工的方法。所谓分段，就是从空间上将河床围护成若干个干地施工的基坑段，然后进行施工。所谓分期，就是从时间上将导流过程划分成不同阶段。其分为导流分期和围堰分段等几种情况。导流的分期数和围堰的分段数并不一定相同，因为在同一导流分期中，建筑物可以在一段围堰内施工，也可以同时在不同段内施工。必须指出的是，段数分得越多，围堰工程量越大，施工也越复杂。同样，期数分得越多，工期有可能拖得越长。因此在工程实践中，二段二期导流法采用得最多（如葛洲坝工程、三门峡工程等都采用了此法）。只有在比较宽阔的通航河道上施工，并且不允许断航或有其他特殊情况下，才采用多段多期导流法（如三峡工程施工导流就采用二段三期导流法）。

　　分段围堰法导流一般适用于河床宽阔、流量大、施工期较长的工程，尤其是通航河流和冰凌严重的河流。这种导流方法的费用较低，国内外一些大中型的水利水电工程采用较多。分段围堰法导流，前期由束窄的原河道导流，后期可利用事先修建好的泄水道导流。常见的泄水道导流类型有底孔导流、坝体缺口导流等。

　　1. 底孔导流

　　将设置在混凝土坝体中的永久底孔或临时底孔作为泄水道，是二期导流经常采用的方法。导流时让全部或部分导流流量通过底孔泄到下游，以保证后期工程施工。若是临时底孔，则须在工程接近完工或需要蓄水时加以封堵。

　　采用临时底孔时，底孔的尺寸、数目和布置要通过相应的水力学计算来确定。其中，底孔的尺寸在很大程度上取决于导流的任务（过水、过船、过木和过鱼），以及水工建筑物的结构特点和封堵用闸门设备的类型。底孔的布置要满足截流、围堰工程以及本身封堵的要求。如底坎高程布置较高，截流时落差就大，围堰也高。但封堵时的水头较低，封堵就容易。一般来说，底孔的底坎高程应布置在枯水位之下，以保证枯水期泄水。当底孔数目较多时，可把底孔布置在不同的高程上，封堵时从最低高程的底孔堵起，这样可以减小封堵时所承受的水压力。

临时底孔的断面形状多采用矩形，为了改善孔周围的应力状况，也可采用有圆角的矩形。按水工结构要求，孔口尺寸应尽量的小，但某些工程由于导流流量较大，因而采用尺寸较大的底孔，见表2—1。

表2—1　部分水利水电工程导流底孔尺寸（单位：m）

工程名称	底孔尺寸（宽 × 高）	工程名称	底孔尺寸（宽 × 高）
新安江（浙江省）	10×13	石泉（陕西省）	7.5×10.41
黄龙滩（湖北省）	8×11	白山（吉林省）	9×14.2

底孔导流的优点是挡水建筑物上部的施工可以不受水流的干扰，有利于均衡连续施工，这对修建高坝特别有利。当坝体内设有永久底孔可以用来导流时，更为理想。底孔导流的缺点如下：由于坝体内设置了临时底孔，将导致钢材用量增加；如果封堵质量差，将会削弱坝体的整体性，还有可能漏水；在导流过程中底孔有被漂浮物堵塞的危险；封堵时由于水头较高，安放闸门及止水等均较困难。

2. 坝体缺口导流

混凝土坝施工过程中，当汛期河水暴涨暴落，其他导流建筑物不足以宣泄全部流量时，为了不影响坝体施工进度，使坝体在涨水时仍能继续施工，可以在未建成的坝体上预留缺口，以便配合其他建筑物宣泄洪峰流量。待洪峰过后，上游水位回落，再继续修筑缺口。所留缺口的宽度和高度应取决于导流设计流量、其他建筑物的泄水能力、建筑物的结构特点和施工条件。在采用底坎高程不同的缺口时，为避免高低缺口单宽流量相差过大，产生高缺口向低缺口的侧向泄流，引起压力分布不均匀，就需要适当控制高低缺口间的高差。根据湖南省柘溪工程的经验，其高差以不超过4～6m为宜。在修建混凝土坝，特别是大体积混凝土坝时，由于这种导流方法比较简单，因此常被采用。

上述两种导流方式一般只适用于混凝土坝，特别是重力式混凝土坝。至于土石坝或非重力式混凝土坝，则采用分段围堰法导流，并常与隧洞导流、明渠导流等河床外导流方式相结合。

2.3　施工导流挡水建筑物

围堰是导流工程中临时的挡水建筑物，用来围护施工中的基坑，保证水工建筑物能在干地施工。在导流任务结束后，如果围堰对永久建筑物的运行有碍或没有考虑作为永久建筑物的一部分，则应予以拆除。

水利水电工程中经常采用的围堰，按所使用的材料可分为土石围堰、混凝土围堰、钢板桩格形围堰和草土围堰等类型。按围堰与水流方向的相对位置，可分为横向围堰和纵向围堰两种。按导流期间基坑淹没条件，可分为过水围堰和不过水围堰两种。过水围堰除需要满足一般围堰的基本要求外，还要满足围堰顶过水的专门要求。

选择围堰形式时，必须根据当时当地的具体条件，在满足下述基本要求的原则下，通过技术、经济比较加以确定：

① 具有足够的稳定性、防渗性、抗冲性和一定的强度。

② 造价低，构造简单，修建、维护和拆除方便。

③ 围堰的布置应力求使水流平顺，不发生严重的水流冲刷。

④ 围堰接头和岸边连接都要安全可靠，不致因集中渗漏等破坏作用而引起围堰失事。

⑤ 必要时，应设置抵抗冰凌、船筏冲击和破坏的设施。

2.3.1　围堰的基本形式和构造

1. 土石围堰

土石围堰是水利水电工程中采用最广泛的一种围堰形式。它是用当地材料填筑而成的，不仅可以就地取材和充分利用开挖弃料作围堰填料，而且构造简单，施工方便，易于拆除，工程造价低，可以在流水中、深水中、岩基或有覆盖层的河床上修建，但其工程量较大，堰身沉陷变形也较大。如柘溪水电站的土石围堰一年中累计沉陷量最大达 40.1cm，为堰高的 1.75%，一般为 0.8%～1.5%。

因土石围堰断面较大，所以一般用于横向围堰。而在宽阔河床的分期导流中，由于围堰束窄，河床增加的流速不大，也可作为纵向围堰，但需增加防冲设计，以确保围堰安全。

土石围堰的设计与土石坝基本相同，但其结构形式在满足导流期正常运行的情况下应力求简单，便于施工。

2. 混凝土围堰

混凝土围堰的抗冲与抗渗能力强，挡水水头高，底宽小，易与永久混凝土建筑物相连接，必要时还可以过水，因此采用得比较多。在国外，采用拱形混凝土围堰的工程较多。近年来，中国贵州省的乌江渡、湖南省凤滩等水利水电工程也采用过拱形混凝土围堰作为横向围堰。但多数还是以重力式围堰作纵向围堰，如三门峡、丹江口、三峡等水利工程的混凝土纵向围堰均为重力式混凝土围堰。

（1）拱形混凝土围堰

拱形混凝土围堰一般适用于两岸陡峻、岩石坚固的山区河流，常采用隧洞及允许基坑淹没的导流方案。通常围堰的拱座是在枯水期的水面以上施工的。对围堰的基础处理为：当河床的覆盖层较薄时，需进行水下清基；当覆盖层较厚时，则可灌注水泥浆防渗加固。堰身的混凝土浇筑则要进行水下施工，因此难度较高。在拱基两侧要回填部分砂砾料以利灌浆，形成阻水帷幕。

拱形混凝土围堰由于利用了混凝土抗压强度高的特点，与重力式相比，断面较小，可减小混凝土工程量。

（2）重力式混凝土围堰

采用分段围堰法导流时，重力式混凝土围堰往往可兼作第一期和第二期纵向围堰，两侧均能挡水，还能作为永久建筑物的一部分，如隔墙、导墙等。重力式围堰可做成普通的实式，则与非溢流重力坝类似，也可做成空心式，如三门峡工程的纵向围堰。

纵向围堰需抗御高速水流的冲刷，所以一般修建在岩基上。为保证混凝土的施工质量，一般可将围堰布置在枯水期出露的岩滩上。如果这样还不能保证干地施工，则通常需另修土石低水围堰来加以围护。

重力式混凝土围堰现在有普遍采用碾压混凝土的趋势，如三峡工程三期上游横向围堰及纵向围堰均采用碾压混凝土。

3.钢板桩格形围堰

钢板桩格形围堰是重力式挡水建筑物，由一系列彼此相接的格体构成。按照格体的平面形状，其可分为圆筒形格体、扇形格体和花瓣形格体几种。这些形式适用于不同的挡水高度，应用较多的是圆筒形格体。它由许多钢板桩通过锁口互相连接而成为格形整体。钢板桩的锁口有握裹式、互握式和倒钩式三种。格体内填充透水性强的填料，如砂、砂卵石和石渣等。在向格体内填料时，必须保持各格体内的填料表面大致均衡上升，因为高差太大会导致格体变形。

钢板桩格形围堰的优点有：坚固、抗冲、抗渗、围堰断面小，便于机械化施工；钢板桩的回收率高，在70%以上；尤其适合于在束窄度大的河床段作为纵向围堰使用。但由于其需要大量的钢材，且施工技术要求高，因此在我国目前仅应用于大型工程中。

圆筒形格体钢板桩围堰一般适用的挡水高度小于 18m，可以建在岩基上或非岩基上。圆筒形格体钢板桩围堰也可作为过水围堰。

圆筒形格体钢板桩围堰的修建由定位、打设模架支柱、模架就位、安插钢板桩、打设钢板桩、填充料渣、取出模架及其支柱和填充料渣到设计高程等工序组成。圆筒形格体钢板桩围堰一般需在流水中修筑，受水位变化和水面波动的影响较大，故施工难度较大。

4. 草土围堰

草土围堰是一种以麦草、稻草、芦柴、柳枝和土为主要原料的草土混合结构。我国运用它已经有 2000 多年的历史。这种围堰主要用于黄河流域的渠道春修堵口工程中。中华人民共和国成立后，在青铜峡、盐锅峡、八盘峡、黄坛口等处的工程中均得到应用。草土围堰施工简单、速度快、取材容易、造价低，拆除也方便，并且具有一定的抗冲、抗渗能力，堰体的容重也较小，因此特别适用于软土地基。但这种围堰不能承受较大的水头，所以仅限水深不超过 6m、流速不超过 3.5m/s、使用期在两年以内的工程。草土围堰的施工方法比较特殊，就其实质来说也是一种进占法。按所用草料形式的不同，其可分为散草法、捆草法和埽捆法三种；按施工条件，其可分为水中填筑和干地填筑两种。由于草土围堰本身的特点，水中填筑的质量比干填法容易保证，这是与其他围堰所不同的。实践中的草土围堰普遍采用捆草法施工。

2.3.2　围堰的平面布置

围堰的平面布置主要包括围堰内基坑范围确定和分期导流纵向围堰布置两项内容。

1. 围堰内基坑范围确定

围堰内基坑范围大小主要取决于主体工程的轮廓和相应的施工方法。当采用一次拦断法导流时，围堰基坑是由和河床两岸围成的。当采用分期导流时，围堰基坑由纵向围堰与上下游横向围堰围成。在上述两种情况下，上下游围堰上下游横向围堰的布置，都取决于主体工程的轮廓。通常来说，基坑坡趾与主体工程轮廓的距离应在 20～30m，以便布置排水设施、交通运输道路，堆放材料和模板等。基坑开挖边坡的大小，则与地质条件有关。当纵向围堰不作为永久建筑物的一部分时，基坑坡趾与主体工程轮廓的距离，一般不小于 2m，以便布置排水导流系统和堆放模板。如果无此要求，则只需留 0.4～0.6m。基坑开挖边坡的大小，则与地质条件有关。

实际工程的基坑形状和大小往往是不相同的。有时可以利用地形减小围堰的高度和长度；有时为照顾个别建筑物施工的需要，将围堰轴线布置成折线形；有时为了避开岸边较大的溪沟，也采用折线布置。为了保证基坑开挖和主体建筑物正常施工，基坑范围应当有一定的富余。

2. 分期导流纵向围堰布置

在分期导流方式中，纵向围堰布置是施工的关键所在，选择纵向围堰位置，实际上就是要确定适宜的河床束窄度。束窄度就是天然河流过水面积被围堰束窄的程度，一般可用式 (2—1) 表示：

$$K = \frac{A_2}{A_1} \times 100\% \tag{2—1}$$

式 (2—1) 中，K 表示河床的束窄度，一般取值为 47%～68%；A_1 表示原河床的过水面积；A_1 表示围堰和基坑所占据的过水面积。

适宜的纵向围堰位置与以下主要因素有关。

(1) 地形地质条件

河心洲、浅滩、小岛、基岩露头等都是可供布置纵向围堰的场所，这些地方施工便利，并有利于防冲保护。例如，三门峡工程曾巧妙地利用了河心的几个礁岛来布置纵、横围堰；葛洲坝工程施工初期，也曾利用江心洲作为天然的纵向围堰；三峡工程江心洲三斗坪作为纵向围堰的一部分。

(2) 水工布置

尽可能将厂坝、厂闸、闸坝等建筑物之间的隔水导墙作为纵向围堰的一部分。例如，葛洲坝工程就是利用厂闸导墙，三峡、三门峡、丹江口工程则将厂坝导墙作为二期纵向围堰的一部分。

(3) 河床允许束窄度

河床允许束窄度主要与河床地质条件和通航要求有关。对于非通航河道，如河床易受到冲刷，一般允许河床产生一定程度的变形，只要能保证河岸、围堰堰体和基础免受淘刷即可。束窄流速常可允许 3m/s 左右，岩石河床允许束窄度主要视岩石的抗冲流速而定。

对于一般性河流和小型船舶，当缺乏具体研究资料时，可参考数据：当流速小于 2m/s 时，机动木船可以自航；当流速在 3～3.5m/s，且局部水面集中落差不大于 0.5m 时，拖轮可自航；木材流放最大流速可考虑为 3.5～4m/s。

(4) 导流过水要求

进行一期导流布置时，不但要考虑束窄河道的过水条件，而且要考虑二期截流与导流的要求。主要应考虑的问题是，一期基坑中能否布置下宣泄二期导流流量的泄水建筑物，由一期转入二期施工时的截流落差是否过大。

(5) 施工布局的合理性

各期基坑中的施工强度应尽量均衡。一期工程施工强度可比二期低些，但不宜相差过于悬殊。如有可能，分期分段数应尽量少。导流布置应满足总工期的要求。

以上五个方面，仅仅是选择纵向围堰位置时应考虑的主要问题。如果天然河槽呈对称形状，没有明显有利的地形地质条件可供利用，则以通过经济比较方法选定纵向围堰的适宜位置，使一期、二期总的导流费用最小。

分期导流时，上下游围堰一般不与河床中心线垂直，围堰的平面布置常呈梯形，这样既可使水流顺畅，也便于运输道路的布置和衔接。当采用一次拦断法导流时，则上下游围堰就不存在突出的绕流问题，为了减少工程量，围堰应多与主河道垂直。

纵向围堰的平面布置形状对过水能力会产生较大影响，但是围堰的防冲安全通常比前者重要。实践中常采用流线型和挑流式布置。

2.3.3　围堰的拆除

围堰是临时建筑物，导流任务完成后，应按设计要求拆除，以免影响永久建筑物的施工及运转。例如，在采用分段围堰法导流时，第一期横向围堰的拆除如果不符合要求，就会增加上下游水位差，从而增加截流工作的难度，影响截流料物的质量。这类教训在国内外都有不少，如苏联的伏尔谢水电站，其在截流时，上下游水位差是 1.88m，其中因引渠和围堰没有拆除干净而造成的水位差就有 1.77m。另外，下游围堰拆除不干净，还会抬高尾水位，影响水轮机的利用水头，如浙江省富春江水电站就曾受此影响，导致水轮机出力降低，造成了不应有的损失。

土石围堰相对来说断面较大，拆除工作一般是在运行期限的最后一个汛期过后，随上游水位的下降，逐层拆除围堰的背水坡和水上部分。但必须保证依次拆除后所残留的断面能继续挡水和维持稳定，以免发生安全事故，使基坑过早淹没，影响施工。土石围堰的拆除一般可用挖土机开挖、爆破开挖等方法。

钢板桩格形围堰的拆除，首先要用抓斗或吸石器将填料清除干净，然后用拔桩机起拔钢板桩。混凝土围堰的拆除，一般只能用爆破法炸除。但应注意，必须使主体建筑物或其他设施不受爆破危害。

2.4　施工导流泄水建筑物

导流泄水建筑物是用以排放多余水量、泥沙和冰凌等的水工建筑物，具有安全排洪、放空水库的功能。对水库、江河、渠道或前池等的运行起太平门的作用，也可用于施工导流。溢洪道、溢流坝、泄水孔、泄水隧洞等是泄水建筑物的主要形式。和坝结合在一起的称为坝体泄水建筑物，设在坝身以外的常统称为岸边泄水建筑物。泄水建筑物是水利枢纽的重要组成部分，其造价常占工程总造价的很大部分。所以合理选择泄水建筑物形式，并且确定其尺寸十分重要。泄水建筑物按其进口高程可布置成表孔、中孔、深孔或底孔等形式。表孔泄流与进口淹没在水下的孔口泄流，由于泄流量分别与 3H/2（H 为水头）和 H/2 成正比，所以在同样水头时，前者具有较大的泄流能力，方便可靠，是溢洪道及溢流坝的主要形式。深孔及隧洞一般不作为重要大泄量水利枢纽的单一泄洪建筑物。葛洲坝水利枢纽二江泄水闸泄流能力为 84000 m^3/s，加上冲沙闸和电站，总泄洪能力达 110000 m^3/s，是目前世界上泄流能力最大的水利枢纽工程。

泄水建筑物的设计主要应确定：水位和流量；系统组成；位置和轴线；孔口形式和尺寸。总泄流量、枢纽各建筑物应承担的泄流量、形式选择及尺寸应根据当地的水文、地质、地形，以及枢纽布置和施工导流方案的系统分析与经济比较来决定。对于多目标或高水头、窄河谷、大流量的水利枢纽，一般可选择采用表孔、中孔或深孔，坝身与坝体外泄流，坝与厂房顶泄流等联合泄水方式。贵州省乌江渡水电站采用隧洞、坝身泄水孔、电站、岸边滑雪式溢洪道和挑越厂房顶泄洪等组合形式，在 165m 坝高、窄河谷、岩溶和软弱地基条件下，最大泄流能力达 21350 m^3/s。通过大规模原型观测和多年运行确认，该工程泄洪效果良好，枢纽布置比较成功。修建泄水建筑物，关键是要解决好消能防冲和防空蚀、抗磨损。对于较轻型建筑物或结构，还应防止泄水时的振动。泄水建筑物设计和运行实践的发展与结构力学和水力学的进展密切相关。近年来，高水头窄河谷宣泄大流量、高速水流压力脉动、高含沙水流泄水、大流量施工导流、高水头闸门技术，以及抗震、减振、掺气减蚀、高强度耐蚀耐磨材料的开发和进展，对泄水建筑物设计、施工、运行水平的提高起到很大的推动作用。

2.5　基坑降排水

修建水利水电工程时，在围堰合拢闭气以后，就要排除基坑内的积水和渗水，以保证基坑处于基本干燥状态，从而利于基坑开挖、地基处理及建筑物的正常施工。

基坑排水工作按排水时间及性质，一般可分为：

（1）基坑开挖前的初期排水，包括基坑积水、基坑积水排除过程中的围堰堰体与基础渗水、堰体及基坑覆盖层的含水率以及可能出现的降水的排除。

（2）基坑开挖及建筑物施工过程中的经常性排水，包括围堰和基坑渗水、降水以及施工弃水的排除。如按排水方法分，其分为明式排水和人工降低地下水位两种。

2.5.1　明式排水

1. 排水量的确定

（1）初期排水排水量估算

初期排水主要包括基坑积水、围堰与基坑渗水两部分。对于降雨，因为初期排水是在围堰或截流戗堤合拢闭气后立即进行的，通常是在枯水期内，而枯水期降雨很少，所以一般可不予考虑。除积水和渗水外，有时还需考虑填方和基础中的饱和水。

基坑积水体积可按基坑积水面积和积水深度计算，这是比较容易的。但是排水时间 T 的确定就比较复杂，排水时间 T 主要受基坑水位下降速度的限制，基坑水位的允许下降速度视围堰种类、地基特性和基坑内水深而定。如果水位下降太快，则围堰或基坑边坡中的动水压力变化过大，容易引起坍坡；如果水位下降太慢，则影响基坑开挖时间。一般认为，土石围堰的基坑水位下降速度应限制在 0.5～0.7m/d，木笼及板桩围堰等应在 1.0～1.5m/d。对于初期排水时间，大型基坑一般可采用 5～7d，中型基坑一般 3～5d。

通常，当填方和覆盖层体积不太大时，在初期排水且基础覆盖层尚未开挖时，可不必计算饱和水的排除量。如需计算，可按基坑内覆盖层总体积和孔隙率估算饱和水总水量。

按以上方法估算初期排水流量，选择抽水设备，往往不符合实际。在初期排水过程中，可以通过试抽法进行校核和调整，并为经常性排水计算积累一些必要的资料。试抽时如果水位下降很快，则显然是所选择的排水设备容量过大，此时应关闭部分排水设备，使水位下降速度符合设计规定；试抽时若水位不变，则显然是设备容量过小或有较大渗漏通道存在，此时应增加排水设备容量或找出渗漏通道予以堵塞，然后进行抽水。还有一种情况是水位降至一定深度后就不再下降，这说明此时排水流量与渗流量相等，据此可估算出需增加的设备容量。

（2）经常性排水排水量的确定

经常性排水主要包括围堰和基坑的渗水、降雨、地基岩石冲洗及混凝土养护用废水等。设计中一般考虑两种不同的组合，从中择其大者，以选择排水设备。一种组合是渗水加降雨，另一种组合是渗水加施工废水。降雨和施工废水不必组合在一起，因为二者不会同时出现。如果全部叠加在一起，则显得过于保守。

① 降雨量的确定

在基坑排水设计中，对降雨量的确定尚无统一标准。大型工程可采用 20 年一遇 3 日降雨中最大的连续降雨量，减去估计的径流损失值（每小时 1mm），作为降雨强度，也有工程采用日最大降雨强度。基坑内的降雨量可根据上述计算降雨强度和基坑集雨面积求得。

② 施工废水

施工废水主要考虑混凝土养护用水，其用水量估算应根据气温条件和混凝土养护的要求而定。一般初估时可按每立方米混凝土每次用水 5L，每天养护 8 次计算，但降水与施工用水不得叠加。

③ 渗透流量

通常，基坑渗透总量包括围堰渗透量和基础渗透量两部分。关于渗透量的详细计算方法，在水力学、水文地质和水工结构等论著中均有介绍。

2.5.2 人工降低地下水位

在经常性排水过程中，为保证基坑开挖工作始终在干地上进行，常常要多次降低排水沟和集水井的高程，变换水泵站的位置，这会影响开挖工作的正常进行。此外，在开挖细沙土、砂壤土一类地基时，随着基坑底面的下降，坑底与地下水高差越来越大，在地下水渗透压力的作用下，容易产生边坡坍塌、坑底隆起事故，从而开挖产生不利影响。采用人工降低地下水位的方法就可避免上述问题的发生。

人工降低地下水位的方法按排水的原理来分有管井法和井点法两种。

1. 管井法降低地下水位

管井法降低地下水位时，在基坑周围布置一系列管井，管井中放入水泵的吸水管，地下水在重力作用下流入井中，被水泵抽走。使用这种方式时，需先设管井，管井通常由下沉钢井管而成，在缺乏钢管的情况下也可以用预制混凝土管代替。

井管的下部安装滤水管节（滤头），有时在井管外还需设置反滤层，地下水从滤水管进入井内，水中的泥沙则沉淀在沉淀管中。滤水管是井管的重要组成部分，其构造对井的出水量和可靠性影响很大，所以要求它过水能力强，进入的泥沙少，有足够的强度和耐久性。

井管埋设可采用射水法、振动射水法及钻孔法下沉。射水下沉时，先用高压水冲土下沉套管，较深时可配合振动或锤击（振动水冲法），然后在套管中插入井管，最后在套管与井管的间隙中间填高反滤层并拔套管，反滤层每填高一次便拔一次套管，逐层上拔，直至完成。

管井中抽水可应用各种抽水设备，但主要的是普通离心式水泵、潜水泵和深井水泵，分别可降低水位 3～6m、6～20m 和 20m 以上，一般采用潜水泵较多。用普通离心式水泵抽水，由于吸水高度的限制，当要求降低地下水位较深时，要分层设置管井，分层进行抽水。

在要求大幅度降低地下水位的深井中抽水时，最好采用专用的离心式深井水泵。每个深井水泵都独立工作，井的间距也可以加大。深井水泵一般深度大于20m，排水效率高，需要井数少。

2.井点法降低地下水位

井点法与管井法不同，它将井管和水泵的吸水管合二为一，简化了井的构造。根据降深能力，井点法降低地下水位的设备分为轻型井点（浅井点）和深井点等类型。其中最常用的是轻型井点，其是由井管、集水总管、普通离心式水泵、真空泵和集水箱等设备所组成的排水系统。

轻型井点系统的井点管为直径在38～50mm的无缝钢管，间距为0.6～1.8m，最大可达3m。地下水从井管下端的滤水管借真空泵和水泵的抽吸作用流入管内，沿井管上升汇入集水总管，流入集水箱，最后由水泵排出。轻型井点系统开始工作时，先开动真空泵，排除系统内的空气，待集水箱内的水面上升到一定高度后，再启动水泵排水。水泵开始抽水后，为了保持系统内的真空度，仍需真空泵配合水泵工作。这种井点系统也叫真空井点。井点系统排水时，地下水位的下降深度取决于集水箱内的真空度与管路的漏气情况和水头损失情况。一般集水箱内的真空度为53～80kPa(400～600mmHg)，与之相当的吸水高度为5～8m，扣除各种损失后，地下水位的下降深度为4～5m。

当要求地下水位降低的深度超过4～5m时，可以像管井一样分层布置井点，每层控制在3～4m，但以不超过3层为宜。分层过多，会导致基坑范围内管路纵横，妨碍交通，影响施工，同时增加挖方量。另外，且当上层井点发生故障时，下层水泵能力有限，地下水位回升，基坑有被淹没的可能。

真空井点抽水时，在滤水管周围形成了一定的真空梯度，加快了土的排水速度，因此即使在渗透系数小的土层中，也能进行工作。

布置井点系统时，为了充分发挥设备能力，集水总管、集水管和水泵应尽量接近天然地下水位。当需要几套设备同时工作时，各套总管之间最好接通，并安装开关，以便相互支援。

井管的安设，一般用射水法下沉。距孔口1m范围内，应用黏土封口，以防漏气。排水工作完成后，可利用杠杆将井管拔出。

深井点与轻型井点不同，它的每一根井管上都装有扬水器（水力扬水器或压气扬水器），因此它不受吸水高度的限制，有较强的降深能力。

深井点分为喷射井点和压气扬水井点两种。喷射井点由集水池、高压水泵、输水干管和喷射井管等组成。通常一台高压水泵能为30～35个井点服务，其最适宜的降水位范围在5～18m。喷射井点的排水效率不高，一般用于渗透系数为

3～50m/d、渗流量不大的场合。压气扬水井点是用压气扬水器进行排水。排水时压缩空气由输气管送来，由喷气装置进入扬水管，从而使管内容重较轻的水气混合液，在管外水压力的作用下，沿水管上升到地面并排走。为达到一定的扬水高度，就必须保证扬水管沉入井中有足够的潜没深度，使扬水管内外有足够的压力差。压气扬水井点降低地下水位最大可达40m。

第3章　水利工程地基处理

3.1　概述

任何建筑物都要通过基础稳固在地基上，因此建筑物的结构要与基础形式及所处的地基相适应。地基与基础处理得好坏是工程能否长期安全运行的关键，如果处理不好，轻则使工程投资增加，工期延长，使用标准被迫降低，导致无法取得预期的工程效益；重则由于基础变形使结构破坏，甚至倒塌报废，从而给国家财产和人民的生命安全造成巨大危害。

水工建筑物的基础分为：岩基和软基两类，其中软基包括土基与砂砾石地基。由于受地质构造变化及水文地质的影响，天然地基往往存在不同形式与程度的缺陷，需要经过人工处理，才能作为水工建筑物的可靠地基。基础的质量是水工建筑物安全可靠的根本保证。据统计，历史上由地基原因引起大坝失事的比例近40%，影响工程正常发挥效益的则更多。基础处理工程在水利水电工程建设中占有重要地位，是施工的重要环节。

软弱地基，据其含水量和某些土力学特性指标，可划分为一般软土地基和超软土地基。对于软土和超软土地基，可大致根据软土层的埋置深度，采用表层或深层的处理方法。一般来说，处理深度不超过3m的叫浅层（或称表层）处理。

各种类型的水工建筑物对地基基础的要求如下：

(1) 具有足够的强度，能够承担上部结构传递的应力；

(2) 具有足够的整体性和均一性，能够防止基础的滑动和不均匀沉陷；

(3) 具有足够的抗渗性，以免发生严重的渗漏和渗透破坏；

(4) 具有足够的耐久性，以防在地下水长期作用下发生侵蚀破坏。

若天然地层的地质条件良好，则建筑物基础可以直接建造其上；若地基很软弱，或者与建筑物基础对地基的要求相差较大时，就不能直接在天然地基上建造建筑物，必须先对其进行人工加固处理。

地基处理的方法有很多种，要视地质情况、建筑物的类型与级别、使用要求、结构形式以及施工期限、施工方法、施工设备、材料和经济条件等，通过技术经济的比较后确定。

水工建筑物的基础处理，就是根据建筑物对地基的要求，采用特定的技术手段来弥补地基的某些天然缺陷，改善和提高地基的物理力学性能，使地基具有足够的强度、整体性、抗渗性及稳定性，以保证工程的安全可靠和正常运行。随着水利水电建设事业的发展，其对基础处理的方法与技术提出了越来越高的要求。

由于天然地基的性状复杂多样，不同类型的水工建筑物对地基的要求也各不相同，所以在实际施工中，就必然有各种不同的基础处理方案与技术措施。采用爆破或机械挖掘等手段，将不符合要求的地层挖除以形成设计要求的建筑基面，是最通用可靠的基础处理方法。

某些天然地基的缺陷分布范围符合大而深，并且均一性差，采用开挖的方法，既难彻底清除，又缺乏经济性。为了取得符合设计要求的基础，往往必须对建筑基面下更大范围的地层采用各种技术措施进行处理。由于基础处理在地层中进行，其施工过程及处理的实际效果无法直观掌握，故具有地下隐蔽工程的特点。本章主要介绍水利水电工程施工中常用的几种基础处理技术，包括坝基岩石灌浆、砂砾石地层灌浆、防渗墙施工和高压喷射灌浆技术等。

3.1.1　地基处理的目的

根据建筑物地基条件，地基处理的目的大体可归纳为以下几个方面：

（1）提高地基的承载能力，改善其变形特性；

（2）改善地基的剪切特性，防止剪切破坏，减少剪切变形；

（3）改善地基的压缩特性，减少不均匀沉降；

（4）减少地基的透水特性，降低扬压力和地下水位，提高地基的稳定性；

（5）改善地基的动力特性，防止液化；

（6）防止地下洞室围岩坍塌和边坡危岩、陡坡滑落；

（7）在地基中置入人工基础建筑物，使其与地基共同承受各种荷载。

3.1.2　水利工程地基处理的工程分类

建筑物对地基的要求和地基的地质条件各不相同，地基处理的工程种类很多，按处理的方法可分为以下类型：

（1）灌浆。有防渗帷幕灌浆、固结灌浆、接触灌浆、回填灌浆及化学灌浆等。

（2）防渗墙。有钢筋混凝土防渗墙、素混凝土防渗墙、黏土混凝土防渗墙、固化水浆防渗墙和泥浆槽防渗墙等。

（3）桩基。主要有钻孔灌注桩、振冲桩和旋喷桩等。

（4）预应力锚固。主要有建筑物地基锚固、挡土边墙锚固及高边坡山体锚固等。

（5）开挖回填。主要有坝基截水槽、防渗竖井、沉箱、混凝土塞和抗滑桩等。

3.1.3　地基处理工程的施工特点

地基处理工程的施工特点如下：

（1）地基处理工程属于地下隐蔽工程，由于地质情况复杂多变，一般难以全面了解，因此施工前必须充分调查研究，掌握比较准确的勘测试验资料，必要时应进行补充。

（2）施工质量要求高，因为水工建筑物地基处理关系到工程的安危，发生事故则难以补救。

（3）工程技术复杂，施工难度大。

（4）工艺要求严格，施工连续性要求高。

（5）工期紧，施工干扰大。

3.2　岩基处理方法

若岩基处于严重风化或破碎状态，首先应考虑清除至新鲜的岩基为止。若风化层或破碎带很厚，无法清除干净，则考虑采用灌浆的方法加固岩层和截止渗流。对于防渗，有时可以从结构上进行处理，如设截水墙和排水系统。

灌浆方法是钻孔灌浆，即在地基上钻孔，用压力把浆液通过钻孔压入风化或破碎的岩基内部。待浆液胶结或固结后，就能达到防渗或加固的目的。最常用的灌浆材料是水泥。当岩石裂隙多、空洞大，吸浆量很大时，为了节省水泥，降低工程造价，改善浆液性能，常加砂或其他材料；当裂隙细微，水泥浆难以灌入，基础的防渗不能达到设计要求或者有大的集中渗流时，可采用化学材料灌浆的方法处理。化学灌浆是一种以高分子有机化合物为主体材料的新型灌浆方法。这种浆材呈溶液状态，能灌入 0.1mm 以下的微细裂缝，浆液经过一定时间的化学作用，可将裂缝黏合起来或形成凝胶，起到堵水防渗以及补强的作用。

除了上述两类灌浆材料外，还有热柏油灌浆、黏土灌浆等，但是由于本身存在一些缺陷，使其应用受到了一定限制。

3.2.1　基岩灌浆的分类

水工建筑物的基岩灌浆按其作用，可分为帷幕灌浆、固结灌浆和接触灌浆三种。灌浆技术不仅被大量运用于建筑物的基岩处理中，而且是进行水工隧洞围岩固结、衬砌回填、超前支护，混凝土坝体接缝以及建（构）筑物补强、堵漏等的主要措施。

1. 帷幕灌浆

帷幕灌浆是布置在靠近建筑物上游迎水面的基岩内，形成一道连续的、平行于建筑物轴线的防渗幕墙。其目的是减少基岩的渗流量，降低基岩的渗透压力，保证基础的渗透稳定性。帷幕灌浆的深度主要由作用水头及地质条件等确定，较之固结灌浆要深得多，有些工程的帷幕深度超过百米。在施工中，通常采用单孔灌浆，所使用的灌浆压力比较大。

帷幕灌浆一般在水库蓄水前完成，这样有利于保证灌浆的质量。由于帷幕灌浆的工程量较大，与坝体施工在时间安排上有矛盾，所以通常安排在坝体基础灌浆廊道内进行。这样既可使坝体上升与基岩灌浆同步进行，也为灌浆施工预备了一定厚度的混凝土压重，有利于提高灌浆压力，保证灌浆质量。

2. 固结灌浆

固结灌浆的目的是提高基岩的整体性与强度，并降低基础的透水性。当基岩地质条件较好时，一般可在坝基上下游应力较大的部位布置固结灌浆孔；在地质条件较差而坝体较高的情况下，则需要对坝基进行全面的固结灌浆，甚至在坝基以外上下游一定范围内也要进行固结灌浆。灌浆孔的深度一般为 5 ~ 8m，也有 15 ~ 40m 的，其在平面上呈网格交错布置。通常采用群孔冲洗和群孔灌浆方式。

固结灌浆宜在一定厚度的坝体基层混凝土上进行，这样可以防止基岩表面冒浆，并采用较大的灌浆压力，提高灌浆效果，同时也兼顾坝体与基岩的接触灌浆。如果基岩比较坚硬、完整，为了加快施工速度，也可直接在基岩表面进行无混凝土压重的固结灌浆。如果在基层混凝土上进行钻孔灌浆，那么必须在相应部位混凝土的强度达到 50% 设计强度后，方可开始。或者先在岩基上钻孔，预埋灌浆管，待混凝土浇筑到一定厚度后再灌浆。同一地段的基岩灌浆必须按先固结灌浆后帷幕灌浆的顺序进行。

3. 接触灌浆

接触灌浆的目的是加强坝体混凝土与坝基或岸肩之间的结合能力，提高坝体的抗滑稳定性。一般是通过混凝土钻孔压浆，或预先在接触面上埋设灌浆盒及相应的管道系统，也可结合固结灌浆进行。

接触灌浆应安排在坝体混凝土达到稳定温度以后进行，从而防止混凝土收缩产生拉裂。

3.2.2 灌浆的材料

岩基灌浆的浆液，一般应该满足如下要求：

（1）浆液在受灌的岩层中应具有良好的可灌性，即在一定的压力下，能灌入到裂隙、空隙或孔洞中，充填密实。

（2）浆液硬化成结石后，应具有良好的防渗性能、必要的强度和黏结力。

（3）为便于施工和扩大浆液的扩散范围，浆液应具有良好的流动性。

（4）浆液应具有较好的稳定性，析水率低。

基岩灌浆以水泥灌浆最为普遍。灌入基岩的水泥浆液，由水泥与水按一定配比制成，水泥浆液呈悬浮状态。水泥灌浆具有灌浆效果可靠、灌浆设备与工艺简单、材料成本低廉等优点。

水泥浆液所采用的水泥品种，应根据灌浆目的和环境水的侵蚀情况等因素确定。一般情况下，可采用标号不低于42.5的普通硅酸盐水泥或硅酸盐大坝水泥，如有耐酸等要求时，则可选用抗硫酸盐水泥。矿渣水泥与火山灰质硅酸盐水泥由于其析水快、稳定性差、早期强度低等缺点，一般不宜使用。

水泥颗粒的细度对灌浆的效果会产生较大影响。水泥颗粒越细，越能够灌入细微的裂隙中，水泥的水化作用也越完全。帷幕灌浆对水泥细度的要求为通过 80 μm 方孔筛的筛余量不大于 5%。灌浆用的水泥要符合质量标准，不得使用过期、结块或细度不合要求的水泥。

对于岩体裂隙宽度小于 200 μm 的地层，普通水泥制成的浆液一般难以灌入。为了提高水泥浆液的可灌性，自 20 世纪 80 年代以来，许多国家陆续研制出各类超细水泥，并在工程中广泛使用。超细水泥颗粒的平均粒径约为 4 μm，比表面积 8000 cm^2/g，它不仅具有良好的可灌性，还在结石体强度、环保及价格等方面具有很大优势，因此特别适合细微裂隙基岩的灌浆。

在水泥浆液中掺入一些外加剂（如速凝剂、减水剂、早强剂及稳定剂等），可以调节或改善水泥浆液的一些性能，满足工程对浆液的特定要求，提高灌浆效果。外加剂的种类及掺入量应通过试验来确定。

在水泥浆液里掺入黏土、砂、粉煤灰，制成水泥黏土浆、水泥砂浆、水泥粉煤灰浆等，可用于注入量大、对结石强度要求不高的基岩灌浆。这主要是为了节省水泥，降低材料成本。砂砾石地基的灌浆主要是采用此类浆液。

当遇到一些特殊的地质条件，如断层、破碎带、细微裂隙等，采用普通水泥浆液难以达到工程要求时，也可采用化学灌浆，即灌注环氧树脂、聚氨酯、甲凝等高分子材料为基材制成的浆液。其材料成本较高，灌浆工艺比复杂。在基岩处理中，化学灌浆仅起辅助作用，一般是先进行水泥灌浆，再在其基础上进行化学灌浆，这样既可提高灌浆质量，也比较经济。

3.2.3 水泥灌浆的施工

在基岩处理施工前一般需进行现场灌浆实验。通过实验，可以了解基岩的可灌性，从而确定合理的施工程序与工艺，获取科学的灌浆参数等，为进行灌浆设计与施工准备提供主要依据。

基岩灌浆施工中的主要工序包括钻孔、钻孔（裂隙）冲洗、压水试验、灌浆、回填风空等工作。下面作简要介绍。

1. 钻孔

钻孔质量要求如下：

（1）确保孔位、孔深、孔向符合设计要求。钻孔的方向与深度是保证帷幕灌浆质量的关键。如果钻孔方向有偏斜，钻孔深度达不到要求，则通过各钻孔所灌注的浆液，不能联成一体，将形成漏水通路，如图3—1所示。

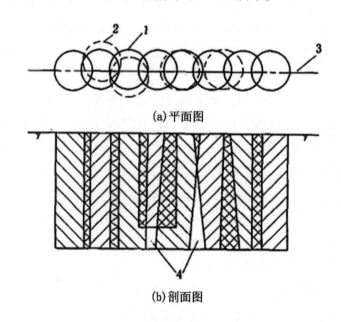

(a) 平面图

(b) 剖面图

图3—1 钻孔质量对帷幕灌浆质量的影响

图3—1中，1表示孔顶灌浆范围；2表示孔底灌浆范围；3表示灌浆帷幕轴线；4表示渗漏通道。

（2）力求孔径上下均一、孔壁平顺。孔径均一、孔壁平顺，则灌浆栓塞能够卡紧、卡牢，灌浆时不致产生绕塞返浆。

（3）钻进过程中产生的岩粉细屑较少。钻进过程中如果产生过多的岩粉细屑，则容易堵塞孔壁的缝隙，影响灌浆质量，同时也影响工人的作业环境。

根据岩石的硬度、完整性和可钻性的不同，可分别采用硬质合金钻头、钻粒钻头和金刚石钻头。6级以下的岩石多用硬质合金钻头；7级以上用钻粒钻头；石质坚硬且较完整的用金刚石钻头。

帷幕灌浆的钻孔宜采用回转式钻机和金刚石钻头或硬质合金钻头，其钻进效率较高，不受孔深、孔向、孔径和岩石硬度的限制，还可钻取岩芯。钻孔的孔径一般在75～191mm。固结灌浆则可采用各种合适的钻机与钻头。

孔斜的控制相对较困难，特别是钻斜孔，掌握钻孔方向更加困难。在工程实践中，按钻孔深度不同规定了钻孔偏斜的允许值，见表3—1。当深度大于60m时，则允许的偏差不应超过钻孔的间距。钻孔结束后，应对孔深、孔斜和孔底残留物等进行检查，不符合要求的应采取补救处理措施。

表3—1　钻孔孔底最大允许偏差值

钻孔深度 /m	20	30	40	50	60
允许偏差 /m	0.25	0.50	0.80	1.15	1.50

为了利于浆液扩散和提高浆液结合的密实性，在确定钻孔顺序时应和灌浆次序密切配合。一般是当一批钻孔钻进完毕后，随即进行灌浆。钻孔次序则以逐渐加密钻孔数和缩小孔距为原则。对排孔的钻孔顺序，采取先下游排孔，然后上游排孔，最后中间排孔的先后顺序。对统一排孔而言，一般2～4次序孔施工，逐渐加密。

2. 钻孔冲洗

钻孔后，要进行钻孔及岩石裂隙的冲洗。冲洗工作通常分为两部分：① 钻孔冲洗，即将残存在钻孔底和粘滞在孔壁的岩粉铁屑等冲洗出来；② 岩层裂隙冲洗，即将岩层裂隙中的填充物冲洗到孔外，以便浆液进入到腾出的空间中，使浆液结石与基岩胶结成整体。在断层、破碎带和细微裂隙等复杂地层中灌浆，冲洗的质量对灌浆效果影响极大。

一般采用灌浆泵将水压入孔内循环管路进行冲洗的方法。将冲洗管插入孔内，用阻塞器将孔口堵紧，用压力水冲洗。也可采用压力水和压缩空气轮换冲洗，或压力水和压缩空气混合冲洗的方法。

岩层裂隙冲洗方法分单孔冲洗和群孔冲洗两种。在岩层比较完整、裂隙比较少的地方，可采用单孔冲洗方式。冲洗方法有高压水冲洗、高压脉动冲洗和扬水冲洗等类型。

当节理裂隙比较发达且在钻孔之间互相串通的地层中，可采用群孔冲洗方式。将两个或两个以上的钻孔组成一个孔组，轮换地向一个孔或几个孔压进压力水或压力水混合压缩空气，从另外的孔排出污水，这样反复进行交替冲洗，直到各个孔出水洁净为止。

群孔冲洗时，沿孔深方向冲洗段的划分不宜过长，否则冲洗段内钻孔通过的裂隙条数将会增多，这样不仅分散冲洗压力和冲洗水量，并且一旦有部分裂隙冲通以后，水量将相对集中在这几条裂隙中，使其他裂隙得不到有效的冲洗。

为了增强冲洗效果，有时可在冲洗液中加入适量的化学剂，如碳酸钠、氢氧化钠或碳酸氢钠等，以利于促进泥质充填物的溶解。对于加入的化学剂的品种和掺量，宜通过试验来确定。

采用高压水或高压水汽冲洗时，要注意观测，防止冲洗范围内岩层抬动和变形。

3. 压水试验

在冲洗完成并开始灌浆施工前，一般要对灌浆地层进行压水试验。压水试验的主要目的是，测定地层的渗透性，为基岩的灌浆施工提供基本技术资料。压水试验也是检查地层灌浆实际效果的主要方法。

压水试验的原理为：在一定的水头压力下，通过钻孔将水压入到孔壁四周的缝隙中，根据压入的水量和压水的时间，计算出代表岩层渗透特性的技术参数。一般可采用透水率 q 来表示岩层的渗透特性。所谓透水率，是指在单位时间内，通过单位长度试验孔段，在单位压力作用下所压入的水量，用式（3—1）计算：

$$q = \frac{Q}{PL} \tag{3—1}$$

式（3—1）中，q 表示地层的透水率，Lu(吕容)；Q 表示单位时间内试验段的注水总量，L/min；P 表示作用于试验段内的全压力，MPa；L 表示压水试验段的长度，m。

灌浆施工时的压水试验，使用的压力通常为同段灌浆压力的80%，但一般不大于1MPa。

4. 灌浆的方法与工艺

为了确保岩基灌浆的质量，必须注意以下问题。

（1）钻孔灌浆的次序

基岩的钻孔与灌浆应遵循分序加密的原则。一方面可以提高浆液结石的密实性；另一方面，通过对后灌序孔透水率和单位吸浆量的分析，可推断出先灌序孔的灌浆效果，同时还有利于减少相邻孔串浆的现象。

（2）注浆方式

按照灌浆时浆液灌注和流动的特点，灌浆方式有纯压式和循环式两种。对于帷幕灌浆，应优先采用循环式，如图3—2所示。

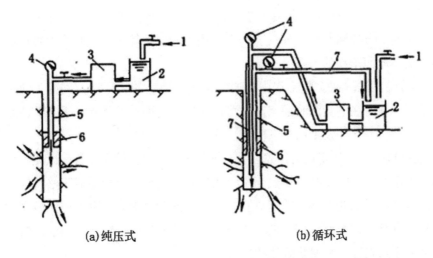

(a)纯压式　　　　　　　(b)循环式

注：1——水；2——拌浆桶；3——灌浆泵；4——压力表5——灌浆管；6——灌浆塞；7——回浆管

图3—2　纯压式和循环式灌浆示意图

纯压式灌浆，就是一次将浆液压入钻孔，并扩散到岩层裂隙中。灌注过程中，浆液从灌浆机向钻孔流动，不再返回。这种灌注方式设备简单，操作方便，但浆液流动速度较慢，容易沉淀，造成管路与岩层缝隙的堵塞，影响浆液扩散。纯压式灌浆多用于吸浆量大，有大裂隙存在，孔深不超过15m的情况。

循环式灌浆，灌浆机把浆液压入钻孔后，浆液一部分被压入岩层缝隙中，另一部分由回浆管返回拌浆筒中。这种方法一方面可使浆液保持流动状态，减少浆液沉淀；另一方面可根据进浆和回浆浆液比重的差别，来了解岩层吸收的情况，并作为判定灌浆结束的一个条件。

（3）钻灌方法

按照同一钻孔内的钻灌顺序，有全孔一次钻灌和全孔分段钻灌两种方法。全孔一次钻灌是将灌浆孔一次钻到全深，并沿全孔进行灌浆。这种方法施工简便，多用于孔深不超过6m，地质条件良好，基岩比较完整的情况。

全孔分段钻灌又分自上而下法、自下而上法、综合灌浆法及孔口封闭法等。

1）自上而下法。其施工顺序是：钻一段，灌一段，待凝一定时间以后，再钻灌下一段，钻孔和灌浆交替进行，直到设计深度。其优点是：随着段深的增加，可以逐段增加灌浆压力，借以提高灌浆质量；由于上部岩层经过灌浆，形成结石，下部岩层灌浆时，不易出现岩层抬动和地面冒浆等现象；分段钻灌，分段进行压水试验，压水试验的成果比较准确，有利于分析灌浆效果，估算灌浆材料的需用量。其缺点是：钻灌一段以后，要待凝一定时间，才能钻灌下一段，钻孔与灌浆须交替进行，设备搬移频繁，影响施工进度。

2）自下而上法。一次将孔钻到全深，然后自下而上逐段灌浆。这种方法的优缺点与自上而下分段灌浆刚好相反。一般多用于岩层比较完整或基岩上部已有足够压重不致引起地面抬动的情况。

3）综合钻灌法。在实际工程中，通常是接近地表的岩层比较破碎，愈往下岩层愈完整。因此，在进行深孔灌浆时，可以兼取以上两法的优点，上部孔段采用自上而下法钻灌，下部孔段则用自下而上法钻灌。

4）孔口封闭法。其要点为：先在孔口镶铸不小于2m的孔口管，以便安设孔口封闭器；采用小孔径的钻孔，自上而下逐段钻孔与灌浆；上段灌后不必待凝，即可进行下段的钻灌，如此循环，直至终孔；可以多次重复灌浆，可以使用较高的灌浆压力。其优点是工艺简便、成本低、效率高，灌浆效果好；缺点是当灌注时间较长时，容易造成灌浆管被水泥浆凝住的现象。

一般情况下，灌浆孔段的长度多控制在 5～6m。如果地质条件好，岩层比较完整，段长可适当放长，但也不宜超过10m；在岩层破碎，裂隙发育的部位，段长应适当缩短，可取 3～4m；在破碎带、大裂隙等漏水严重的地段以及坝体与基岩的接触面，应单独分段进行处理。

（4）灌浆压力

灌浆压力通常是指作用在灌浆段中部的压力，可由式 (3—2) 来确定：

$$P = P_1 + P_2 \pm P_f \tag{3—2}$$

式 (3—2) 中，P 表示灌浆压力，MPa；P_1 表示灌浆管路中压力表的指示压力，MPa；P_2 表示计入地下水水位影响以后的浆液自重压力，浆液的密度按最大值计算，MPa；P_f 表示浆液在管路中流动时的压力损失，MPa。

计算 P_f 时，如压力表安设在孔口进浆管上（纯压式灌浆），则按浆液在孔内进浆管中流动时的压力损失进行计算，在公式中取负号；当压力表安设在孔口回浆管上（循环式灌浆），则按浆液在孔内环形截面回浆管中流动时的压力损失进行计算，在公式中取正号。

灌浆压力是控制灌浆质量、提高灌浆经济效益的重要因素。确定灌浆压力的原则为：在不致破坏基础和建筑物的前提下，尽可能采用比较高的压力。高压灌浆可以使浆液更好地压入细小缝隙内，增大浆液扩散半径，析出多余的水分，提高灌注材料的密实度。灌浆压力的大小，与孔深、岩层性质、有无压重以及灌浆质量要求等有关，可参考类似工程的灌浆资料，特别是现场灌浆试验成果的确定，并且要在具体的灌浆施工中结合现场条件进行调整。

(5) 灌浆压力的控制

在灌浆过程中，合理地控制灌浆压力和浆液稠度，是提高灌浆质量的重要保证。灌浆过程中灌浆压力的控制基本上有两种类型，即一次升压法和分级升压法。

1) 一次升压法。灌浆开始后，一次将压力升高到预定的压力，并在这个压力作用下，灌注由稀到浓的浆液。当每一级浓度的浆液注入量和灌注时间达到一定限度以后，就变换浆液配比，逐级加浓。随着浆液浓度的增加，裂隙将被逐渐充填，浆液注入率将逐渐减小，当达到结束标准时，就结束灌浆。这种方法适用于透水性不大、裂隙不甚发育、岩层比较坚硬完整的地方。

2) 分级升压法。将整个灌浆压力分为几个阶段，逐级升压直到预定的压力。开始时，从最低一级压力起灌，当浆液注入率减小到规定的下限时，将压力升高一级，如此逐级升压，直到预定的灌浆压力。

(6) 浆液稠度的控制

灌浆过程中，必须根据灌浆压力或吸浆率的变化情况，适时调整浆液的稠度，使岩层的大小缝隙既能灌满，又不浪费。浆液稠度的变换按先稀后浓的原则控制，这是由于稀浆的流动性较好，宽细裂隙都能进浆，从而使细小裂隙先灌满，而后随着浆液逐渐变浓，其他较宽的裂隙也能逐步得到良好的充填。

(7) 灌浆的结束条件与封孔

灌浆的结束条件，一般用两个指标来控制，一个是残余吸浆量，又称最终吸浆量，即灌到最后的限定吸浆量；另一个是闭浆时间，即在残余吸浆量不变的情况下保持设计规定压力的延续时间。

帷幕灌浆时，在设计规定的压力之下，灌浆孔段的浆液注入率小于 0.4L/min 时，再延续灌注 60min (自上而下法) 或 30min (自下而上法)；或浆液注入率不大于 1L/min 时，继续灌注 90min (自上而下法) 或 60min (自下而上法)，就可结束灌浆。

对于固结灌浆，其结束标准是浆液注入率不大于 0.4L/min 时，延续 30min，灌浆即可结束。

灌浆结束以后，应随即将灌浆孔清理干净。对于帷幕灌浆孔，宜采用浓浆灌浆法填实，再用水泥砂浆封孔。对于固结灌浆，孔深小于 10m 时，可采用机械压浆法进行回填封孔，即通过深入孔底的灌浆管压入浓水泥浆或砂浆，顶出孔内积水，随着浆面的上升，缓慢提升灌浆管；当孔深大于 10m 时，其封孔与帷幕孔相同。

5. 灌浆的质量检查

基岩灌浆属于隐蔽性工程，必须加强灌浆质量的控制与检查。为此，一方面要认真做好灌浆施工的原始记录，严格进行灌浆施工的工艺控制，防止违规操作；另一方面，要在一个灌浆区灌浆结束以后，进行专门性的质量检查，作出科学的灌浆质量评定。基岩灌浆的质量检查结果是整个工程验收的重要依据。

灌浆质量检查的方法很多，常用的有：在已灌地区钻设检查孔，通过压水试验和浆液注入率试验进行检查；通过检查孔，钻取岩芯进行检查，或进行钻孔照相和孔内电视，观察孔壁的灌浆质量；开挖平洞、竖井或钻设大口径钻孔，检查人员直接进去观察检查，并在其中进行抗剪强度、弹性模量等方面的实验；利用地球物理勘探技术，测定基岩的弹性模量、弹性波速等，对比这些参数在灌浆前后的变化，借以判断灌浆的质量和效果。

3.2.4 化学灌浆

化学灌浆是在水泥灌浆基础上发展起来的新型灌浆方法。它是将有机高分子材料配制成的浆液灌入地基或建筑物的裂缝中，经胶凝固化后，达到防渗、堵漏、补强、加固的目的。

化学灌浆主要用于裂隙与空隙细小（0.1mm 以下），颗粒材料不能灌入；对基础的防渗或强度有较高要求；渗透水流的速度较大，其他灌浆材料不能封堵等情况。

1. 化学灌浆的特性

化学灌浆的材料有很多品种，每种材料都有其特殊的性能，按灌浆的目的可分为防渗堵漏和补强加固两大类。属于防渗堵漏的有水玻璃、丙凝类、聚氨酶类等，属于补强加固的有环氧树脂类、甲凝类等。化学浆液有以下特性：

（1）化学浆液的黏度低，有的接近于水，有的比水还小。其流动性好，可灌性高，可以灌入水泥浆液灌不进去的细微裂隙中。

（2）化学浆液的聚合时间可以进行比较准确的控制，从几秒到几十分钟不等，有利于机动灵活地进行施工控制。

（3）化学浆液聚合后的聚合体，渗透系数很小，一般为 $10^{-6} \sim 10^{-10}$cm/s，防渗效果好。

（4）有些化学浆液聚合体本身的强度及黏结强度比较高，可承受高水头。

（5）化学灌浆材料聚合体的稳定性和耐久性均较好，能抗酸、碱及微生物的侵蚀。

（6）化学灌浆材料都有一定毒性，在配制、施工过程中要注意防护，并避免对环境造成污染。

2. 化学灌浆的施工

由于化学材料配制的浆液为真溶液，不存在粒状灌浆材料所存在的沉淀问题，所以化学灌浆都采用纯压式灌浆。

化学灌浆的钻孔和清洗工艺及技术要求，与水泥灌浆基本相同，也遵循分序加密的原则。

按浆液的混合方式区分，化学灌浆分为单液法灌浆和双液法灌浆两种。一次配制成的浆液或两种浆液组分在泵送灌注前先行混合的灌浆方法称为单液法。两种浆液组分在泵送后才混合的灌浆方法称为双液法。单液法施工相对简单，在工程中使用较多。为了保持连续供浆，现在多采用电动式比例泵提供压送浆液的动力。比例泵是专用的化学灌浆设备，由两个出浆量能够任意调整，可实现按设计比例压浆的沽塞泵所构成。对于小型工程和个别补强加固的部位，也可采用手压泵。

3.3　混凝土防渗墙

防渗墙是一种修建在松散透水底层或土石坝中，起防渗作用的地下连续墙。防渗墙技术于 20 世纪 50 年代起源于欧洲，因其结构可靠、施工简单、适应各类底层条件、防渗效果好以及造价低等优点，在国内外得到了广泛应用。

我国防渗墙施工技术的发展始于 1958 年。在这以前，我国在坝基处理方面，对于较浅的覆盖层，大多采用大开挖后再回填黏土截水墙的办法，对于较深的覆盖层，采用大开挖的办法难以进行，因而采用水平防渗的处理办法。其即在上游填筑黏土铺盖，下游坝脚设反滤排水及减压设施，用延长渗径和排水减压的办法控制渗流。这种处理办法虽可以保证坝基的渗流稳定，但局限性较大。

1959 年在青岛市月子口水库利用连锁桩柱法在砂砾石地基中首次建成了桩柱式防渗墙。1959 年在密云水库防渗墙施工中又摸索出一套槽形孔防渗墙的造孔施工方法，仅用七个月就修建了一道长 784.8m、深 44m、厚 0.8m、面积达 13 万 m³ 的槽孔式混凝土防渗墙。

多年来，我国的防渗墙施工技术不断发展，现已成为水利水电工程覆盖层及土石围堰防渗处理的首选方案。

3.3.1　防渗墙的分类及使用条件

按结构形式，防渗墙可分为桩柱型、槽板型和板桩灌注型等类型。按墙体材料防渗墙可分为混凝土、黏土混凝土、钢筋混凝土、自凝灰浆、固化灰浆和少灰混凝土等类型。

防渗墙的分类及其适用条件见表 3—2。

表3—2　防渗墙的类型

防渗墙类型			特点	适用条件
按结构形式分类	桩柱型	搭接	单孔钻进后浇筑混凝土建成桩柱，桩柱间搭接一定厚度成墙，不易塌孔。造孔精度要求高，搭接厚度不易保证，难以形成等厚度的墙体	各种地层，特别是深度较浅、成层复杂、容易塌孔的地层。多用于低水头工程
		联接	单号孔先钻进建成桩柱，双号孔用异形钻头和双反弧钻头钻进，可连接建成等厚度墙体，施工工艺机具较复杂，不宜塌孔，单接缝多	各种地层，特殊条件下，多用于地层深度较大的工程
	槽板型		将防渗墙沿轴线方向分成一定长度的槽段，各槽段分期施工，槽段间卸料用不同连接形式连接成墙。接缝少，墙厚均匀，防渗效果好。措施不当易发生塌孔现象，墙体质量无法保证	采用不同机具，适用各种不同深度的地层
	板桩灌注型		打入特制钢板桩，提桩注浆成墙，工效高，墙厚小，造价低	深度较浅的松软地层，低水头堤、闸、坝防渗处理
按墙体材料分类	混凝土		普通混凝土，抗压强度和弹性模量较高，抗渗性能好	一般工程
	黏土混凝土		抗渗性能好	一般工程
	钢筋混凝土		能承受较大的弯矩和应力	结构有特殊要求
	自凝灰浆和固化灰浆		灰浆固壁、自凝成墙，或泥浆固壁然后向泥浆内掺加凝结材料成墙，强度低，弹模低，塑性好	多用于低水头或临时建筑物
	少灰混凝土		利用开挖渣料，掺加黏土和少量水泥，采用岸坡倾灌法浇筑成墙	临时性工程，或有特殊要求的工程

3.3.2　防渗墙的作用与结构特点

防渗墙是一种防渗结构，但其实际的应用已远远超出了防渗的范围，可用来解决防渗、防冲、加固、承重及地下截流等工程问题。其具体运用主要有如下几个方面：

（1）控制闸、坝基础的渗流；

（2）控制土石围堰及其基础的渗流；

（3）防止泄水建筑物下游基础的冲刷；

（4）加固一些有病害的土石坝及堤防工程；

（5）作为一般水工建筑物基础的承重结构；

（6）拦截地下潜流，抬高地下水位，形成地下水库。

防渗墙的类型较多，但从其构造特点来说，主要有两类，即槽孔 (板) 型防渗墙和桩柱型防渗墙，前者是我国水利水电工程中混凝土防渗墙的主要形式。防渗墙属于垂直防渗措施，其立面布置有两种形式：封闭式与悬挂式。封闭式防渗墙是指墙体插入到基岩或相对不透水层一定深度，以达到全面截断渗流的目的；悬挂式防渗墙，墙体只深入地层一定深度，仅能加长渗径，无法完全封闭渗流。对于高水头的坝体或重要的围堰，有时设置两道防渗墙，两者共同作用，按一定比例分担水头。这时应注意水头的合理分配，避免造成单道墙承受水头过大而遭受破坏，这对另一道墙来说也是很危险的。

防渗墙的厚度主要由防渗要求、抗渗耐久性、墙体的应力与强度、施工设备等因素确定。其中，防渗墙的耐久性是指抵抗渗流侵蚀和化学溶蚀的性能，这两种破坏作用均与水力梯度有关。

不同的墙体材料具有不同的抗渗耐久性，其允许水力梯度值也就不同。如普通混凝土防渗墙的允许水力梯度值一般在 80 ~ 100，而塑性混凝土因其抗化学溶蚀性能较好，可达 300，所以水力梯度值一般在 50 ~ 60。

3.3.3 防渗墙的墙体材料

防渗墙的墙体材料，按其抗压强度和弹性模量，一般分为刚性材料和柔性材料两种。可经工程性质及技术经济比较后，选择合适的墙体材料。

刚性材料包括普通混凝土、黏土混凝土和掺粉煤灰混凝土等，其抗压强度大于 5MPa，弹性模量大于 10000MPa。柔性材料的抗压强度则小于 5MPa，弹性模量小于 10000MPa，包括塑性混凝土、自凝灰浆和固化灰浆等。另外，现在有些工程开始使用强度大于 25MPa 的高强混凝土，以适应高坝深基础对防渗墙的技术要求。

1. 普通混凝土

普通混凝土是指强度在 7.5 ~ 20MPa，不加其他掺和料的高流动性混凝土。由于防渗墙的混凝土是在泥浆下浇筑，故要求混凝土能在自重下自行流动，并有抗离析与保持水分的性能。其坍落度一般为 18 ~ 22cm，扩散度为 34 ~ 38cm。

2. 黏土混凝土

在混凝土中掺入一定量 (一般为总量的 12% ~ 20%) 的黏土，不仅可以节省水泥，还可以降低混凝土的弹性模量，改变其变形性能，提高和易性，改善易堵性。

3. 粉煤灰混凝土

在混凝土中掺加一定比例的粉煤灰，能改善混凝土的和易性，降低混凝土发热量，提高混凝土的密实性和抗侵蚀性，并具有较高的后期强度。

4. 塑性混凝土

塑性混凝土是以黏土和（或）膨润土取代普通混凝土中的大部分水泥所形成的一种柔性墙体材料。

塑性混凝土与黏土混凝土有本质区别，因为后者的水泥用量降低得并不多，掺黏土的主要目的是为了改善和易性，但是并未过多改变弹性模量。塑性混凝土的水泥用量仅为 $80 \sim 100$ kg/m³，使得其强度低，特别是弹性模量值低到与周围介质（基础）相接近时，墙体适应变形的能力将大大提高，几乎不产生拉应力，这就降低了墙体出现开裂现象的可能性。

5. 自凝灰浆

自凝灰浆是在固壁浆液（以膨润土为主）中加入水泥和缓凝剂所制成的一种灰浆。凝固前作为造孔用的固壁泥浆，槽孔造成后则自行凝固成墙。

6. 固化灰浆

在槽段造孔完成后，向固壁的泥浆中加入水泥等固化材料，砂子、粉煤灰等掺和料，水玻璃等外加剂，经机械搅拌或压缩空气搅拌后，凝固成墙体。

3.3.4　防渗墙的施工工艺

槽孔（板）型防渗墙，是由一段段槽孔套接而成的地下墙。尽管在应用范围、构造形式和墙体材料等方面存在各种类型的防渗墙，但其施工程序与工艺是类似的，主要包括造孔前的准备工作、泥浆固壁与造孔成槽、终孔验收与清孔换浆、墙体浇筑、全墙质量验收等过程。

1. 造孔准备

造孔前的准备工作是防渗墙施工的一个重要环节。必须根据防渗墙的设计要求和槽孔长度的划分，做好槽孔的测量定位工作，并在此基础上设置导向槽。

导向槽的作用是：标定防渗墙位置，钻孔导向；锁固槽口，保持泥浆压力，防止坍塌和阻止废浆、脏水倒流入槽；可作为吊放钢筋笼、安置导管和埋设仪表等的定位支撑。导向槽的好坏关系到防渗墙施工的成败。

导向槽可用木料、条石、灰拌土或混凝土制成。导向槽沿防渗墙轴线设在槽孔上方，导向槽的净宽一般等于或略大于防渗墙的设计厚度，高度以 $1.5 \sim 2$m 为宜。为了维持槽孔的稳定，要求导向槽底部高出地下水位 0.5m 以上。为了防止地表积水倒流和便于自流排浆，其顶部高程应比两侧地面略高。

导向槽安设好后，在槽侧铺设造孔钻机的轨道，安装钻机，修筑运输道路，架设动力和照明路线以及供水、供浆管路，做好排水、排浆系统，并向槽内充灌泥浆，保持泥浆液面在槽顶以下 30 ~ 50cm。做好这些准备工作以后，方可开始造孔。

2. 泥浆固壁

在松散透水的地层和坝（堰）体内造孔成墙，如何维持槽孔孔壁的稳定是防渗墙施工的关键之一。工程实践表明，泥浆固壁是解决这类问题的主要方法。泥浆固壁的原理如下：槽孔内的泥浆压力要高于地层的水压力，从而使泥浆渗入槽壁介质中，其中较细的颗粒进入空隙，较粗的颗粒附在孔壁上，形成泥皮，泥皮对地下水的流动形成阻力，使槽孔内的泥浆与地层被隔开。泥浆一般具有较大的密度，所产生的侧压力通过泥皮作用在孔壁上，就保证了槽壁的稳定性。

孔壁任一点土体侧向稳定的极限平衡条件为

$$P_1 = P_2 \tag{3—3}$$

$$即 \gamma_e H = \gamma h + [\gamma_0 \alpha + (\gamma_w - \gamma)h]K \tag{3—4}$$

$$其中 K = \tan^2(45° - \frac{\phi}{2}) \tag{3—5}$$

式 (3—5) 中，P_1 表示泥浆压力，kN/m²；P_2 表示地下水压力和土压力之和，kN/m²；γ_e 表示泥浆的容重，kN/m³；γ 表示水的容重，kN/m³；γ_0 表示土的干容重，kN/m³；γ_w 表示土的饱和容重，kN/m³；K 表示土的侧压力系数，一般可取 K =0.5；ϕ 表示土的内摩擦角。

泥浆除了固壁作用外，在造孔过程中，还有悬浮和携带岩屑、冷却润滑钻头的作用；成墙以后，渗入孔壁的泥浆和胶结在孔壁的泥皮，还对防渗起辅助作用。鉴于泥浆的重要性，在防渗墙施工中，国内外在泥浆的制浆土料、配比以及质量控制等方面均有严格的要求。

泥浆的制浆材料主要有膨润土、黏土、水以及改善泥浆性能的掺和料，如加重剂、增黏剂、分散剂和堵漏剂等。制浆材料通过搅拌机进行拌制，经筛网过滤后，放入专用储浆池备用。

根据大量的工程实践，我国提出了制浆土料的基本要求是：黏粒含量大于50%，塑性指数大于20，含砂量小于5%，氧化硅与三氧化二铝含量的比值以3 ~ 4 为宜。配制而成的泥浆，其性能指标应根据地层特性、造孔方法和泥浆用途等，通过试验来选定。

3. 造孔成槽

造孔成槽工序约占防渗墙整个施工工期的一半。槽孔的精度直接影响防渗墙的质量。选择合适的造孔机具与挖槽方法对于提高施工质量、加快施工速度至关重要。混凝土防渗墙的发展和广泛应用，与造孔机具的发展和造孔挖槽技术的改进密切相关。用于防渗墙开挖槽孔的机具，主要有冲击钻机、回转钻机、钢丝绳抓斗和液压铣槽机等。它们的工作原理、适用的地层条件及工作效率有一定差别。对于复杂多样的地层，一般须多种机具配套使用。

进行造孔挖槽时，为了提高工效，通常要先划分槽段，然后在一个槽段内，划分主孔和副孔，采用钻劈法、钻抓法或分层钻进法等成槽。

各种造孔挖槽的方法，都采用泥浆固壁，在泥浆液面下钻挖成槽。在造孔过程中，要严格按照操作规程施工，防止掉钻、卡钻、埋钻等事故发生；必须经常注意泥浆液面的稳定性，若发现严重漏浆现象，则须及时补充泥浆，采取有效的止漏措施；要定时测定泥浆的性能存在，并控制在允许范围内；应及时排除废水、废浆、废渣；不允许在槽口两侧堆放重物，以免影响工作，甚至造成孔壁坍塌；要保持槽壁平直，保证孔位、孔斜、孔深、孔宽以及槽孔搭接厚度，嵌入基岩的深度等满足规定的要求，防止漏钻漏挖和欠钻欠挖。

4.终孔验收和清孔换浆

终孔验收的项目和要求见表3—3。

表3—3 防渗墙终孔验收项目和要求

终孔验收项目	终孔验收要求	终孔验收项目	终孔验收要求
槽位允许偏差	±3cm	一期、二期槽孔搭接孔位中心偏差	≤1/3设计墙厚
槽宽要求	≥设计墙厚	槽孔水平断面上	没有梅花孔、小墙
槽孔孔斜	≤4%	槽孔嵌入基岩深度	满足设计要求

验收合格方可清孔换浆。清孔换浆的目的是在混凝土浇筑前，对留在孔底的沉渣进行清除，换上新鲜泥浆，以保证混凝土和不透水地层连接的质量。清孔换浆的标准是经过1h后，孔底淤积厚度不大于10cm，孔内泥浆密度不大于1.3，黏度不大于30S，含砂量不大于10%。一般要求清孔换浆后4h内开始浇筑混凝土。如果不能按时浇筑，则应采取措施，防止落淤，否则就须在浇筑前重新清孔换浆。

5.墙体浇筑

和一般混凝土浇筑不同，防渗墙的混凝土浇筑是在泥浆液面下进行的。泥浆下浇筑混凝土的主要特点如下：

（1）不允许泥浆与混凝土掺混形成泥浆夹层；

（2）确保混凝土与基础以及一期、二期混凝土之间的结合；

（3）连续浇筑，一气呵成。

泥浆下浇筑混凝土常用直升导管法。清孔合格后，立即下设钢筋笼、预埋管、导管和观测仪器。导管由若干节管径在 20~25cm 的钢管连接而成，沿槽孔轴线布置，相邻导管的间距不宜超过 3.5m，一期槽孔两端的导管距端面以 1~1.5m 为宜，开浇时导管口距孔底在 10~25cm，把导管固定在槽孔口。当孔底高差大于 25cm 时，导管中心应布置在该导管控制范围的最低处。这样布置导管，有利于全槽混凝土面的均衡上升，有利于一期、二期混凝土的结合，并可防止混凝土与泥浆掺混。槽孔浇筑应严格按照先深后浅的顺序，即从最深的导管开始，由深到浅，一个个导管依次升浇，待全槽混凝土面浇平以后，再全槽均衡上升。

每个导管开浇时，先下入导注塞，并在导管中灌入适量的水泥砂浆，准备好足够数量的混凝土，将导注塞压到导管底部，使管内泥浆挤到管外。然后将导管稍微上提，使导注塞浮出，一举将导管底端被泻出的砂浆和混凝土埋住，保证后续浇筑的混凝土不致与泥浆掺混。

在浇筑过程中，应保证连续供料，一气呵成，保持导管埋入混凝土的深度不小于 1m，维持全槽混凝土面均衡上升，上升速度不应小于 2m/h，高差控制在 0.5m 范围内。

混凝土上升到距孔口 10m 左右时，常因沉淀砂浆含砂量大，稠度增大，压差减小，导致浇筑困难。这时可用空气吸泥器、砂泵等抽排浓浆，以便浇筑工作顺利进行。

浇筑过程中应注意观测，做好混凝土面上升的记录，防止堵管、埋管、导管漏浆和泥浆掺混等事故的发生。

3.3.5　防渗墙的质量检查

对混凝土防渗墙的质量检查应按规范及设计要求进行，主要有如下几个方面：

(1) 槽孔的检查，包括几何尺寸和位置、钻孔偏斜、入岩深度等。

(2) 清孔检查，包括槽段接头、孔底淤积厚度、清孔质量等。

(3) 混凝土质量的检查，包括原材料和新拌料的性能、硬化后的物理力学性能等。

(4) 墙体的质量检测，主要通过钻孔取芯、超声波及地震透射层析成像 (CT) 技术等方法全面检查墙体的质量。

3.4　旋喷灌浆

旋喷法是利用旋喷机具造成旋喷桩以提高地基的承载能力，也可以做联锁桩施工或定向喷射成连续墙用于防渗。旋喷法适用于砂土、黏性土、淤泥等地基的加固，对砂卵石 (最大粒径小于 20cm) 的防渗也有较好的效果。

20 世纪 70 年代初，日本将高压水射流技术应用于软弱地层的灌浆处理中，其为一种新的地基处理方法——高压喷射灌浆法。它是利用钻机造孔，然后将带有特制合金喷嘴的灌浆管下到地层的预定位置，以高压把浆液或水、气高速喷射到周围地层，对地层介质产生冲切、搅拌和挤压等作用，同时被浆液置换、充填和混合，待浆液凝固后，就在地层中形成一定形状的凝结体。

通过各孔凝结体的连接，形成板式或墙式的结构，不仅可以提高基础的承载力，而且可以成为一种有效的防渗体。由于高压喷射灌浆具有对地层条件适用性广、浆液可控性好、施工简单等优点，近年来在国内外都得到了广泛应用。

3.4.1 高压喷射灌浆作用

高压喷射灌浆的浆液以水泥浆为主，其压力一般在 10~30MPa，它对地层的作用机理有如下几个方面：

（1）冲切掺搅作用。高压喷射流通过对原地层介质的冲击、切割和强烈扰动，使浆液扩散充填地层，并与土石颗粒掺混搅和，硬化后形成凝结体，从而改变原地层的结构和组分，达到防渗加固的目的。

（2）升扬置换作用。随高压喷射流喷出的压缩空气，不仅对射流的能量有维持作用，而且造成孔内空气扬水的效果，使冲击切割下来的地层细颗粒和碎屑升扬至孔口，空余部分由浆液代替，起到置换作用。

（3）挤压渗透作用。高压喷射流的强度随射流距离的增加而衰减，至末端虽不能冲切地层，但仍能对地层产生挤压作用。同时，喷射后的静压浆液还会在地层形成渗透凝结层，其有利于进一步提高抗渗性能。

（4）位移握裹作用。对于地层中的小块石，由于喷射能量大以及升扬置换作用，浆液可填满块石四周空隙，并将其握裹；对大块石或块石集中区，如降低提升速度，提高喷射能量，则可以使块石产生位移，浆液便深入到空 (孔) 隙中。

总之，在高压喷射、挤压、余压渗透以及浆气升串的综合作用下，会产生握裹凝结作用，从而形成连续和密实的凝结体。

3.4.2 高压喷射凝结体

凝结体的形式与高压喷射方式有关，常见的有以下 3 种：

（1）喷嘴喷射时，边旋转边垂直提升，简称旋喷，可形成圆柱形凝结体；

（2）喷嘴的喷射方向固定，则称定喷，可形成板状凝结体；

（3）喷嘴喷射时，边提升边摆动，简称摆喷，形成哑铃状或扇形凝结体。

高压喷射灌浆的三种方式如图 3—3 所示。

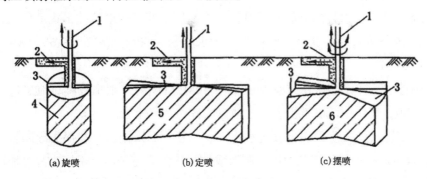

注：1——喷射注浆管；2——冒浆；3——射流；4——旋转成桩；5——定喷成桩；6——摆喷成桩

图 3—3　高压喷射灌浆方式

为了保证高压喷射防渗板（墙）的连续性与完整性，必须使各单孔凝结体在其有效范围内相互连接，这与设计的结构布置形式及孔距有很大关系。

3.4.3　高压喷射灌浆的施工方法

目前，高压喷射灌浆的基本方法有单管法、二重管法、三重管法及多管法等几种，它们各有特点，应根据工程要求和地层条件选用。各种旋喷方法及使用的机具见表 3—4。

表 3—4　各种旋喷方法及使用的机具

喷射方法	喷射情况	主要施工机具	成桩直径
单管法	喷射水泥浆或化学浆液	高压泥浆泵，钻机，单旋喷管	0.3～0.8m
二重管法	高压水泥浆（或化学浆液）与压缩空气同轴喷射	高压泥浆泵，钻机，空压机，二重旋喷管	介于单管法和三重管法之间
三重管法	高压水、压缩空气和水泥浆液（或化学浆液）同轴喷射	高压水泵，钻机，空压机，泥浆泵，三重旋喷管	1～2m

（1）单管法。采用高压灌浆泵以大于 2MPa 的高压将浆液从喷嘴喷出，冲击、切割周围地层，并产生搅和、充填作用，硬化后形成凝结体。该方法施工简易，但有效范围小。

（2）二重管法。有两个管道，分别将浆液和压缩空气直接射入地层，浆压达 45～50MPa，气压在 1～1.5MPa。由于射浆具有足够的射流强度和比能，所以易于将地层加压密实。这种方法工效高，效果好，尤其适合处理地下水丰富、含大粒径块石及孔隙率大的地层。

（3）三重管法。用水管、气管和浆管组成喷射杆，水、气的喷嘴在上，浆液的喷嘴在下。随着喷射杆的旋转和提升，先有高压水和气的射流冲击扰动地层，再以低压注入浓浆进行掺混搅拌。常用参数为水压 38～40MPa，气压 0.6～0.8MPa，浆压 0.3～0.5MPa。

如果将浆液也改为高压（浆压在 20～30MPa）喷射，则浆液可对地层进行二次切割、充填，其作用范围就更大。这种方法称为新三重管法。

（4）多管法。其喷管包含输送水、气、浆管、泥浆排出管和探头导向管。采用超高压（40MPa）水射流切削地层，所形成的泥浆由管道排出，用探头测出地层中形成的空间，最后由浆液、砂浆、砾石等置换充填。多管法可在地层中形成直径较大的柱状凝结体。

3.4.4 施工程序与工艺

高压喷射灌浆的施工程序主要有造孔，下喷射管，喷射灌浆，最后成桩或墙。

1. 造孔

在软弱透水的地层进行造孔，应采用泥浆固壁法或跟管法（套管法）确保成孔。造孔机具有回转式钻机、冲击式钻机等。目前用得较多的是立轴式液压回转钻机。

为保证钻孔质量，孔位偏差应不大于 2cm，孔斜率小于 1%。

2. 下喷射管

用泥浆固壁的钻孔，可以将喷射管直接伸入孔内，直到孔底。用跟管钻进的孔，可在拔管前向套管内注入密度大的塑性泥浆，边拔边注，并保持液面与孔口齐平，直至套管拔出，再将喷射管下到孔底。

将喷嘴对准设计的喷射方向，不偏斜，是确保喷射灌浆成墙的关键。

3. 喷射灌浆

根据设计的喷射方法与技术要求，将水、气、浆送入喷射管，喷射 1～3rain，待注入的浆液冒出后，按预定的速度自上而下边喷射，边转动、摆动，逐渐提升到设计高度。

进行高压喷射灌浆的设备由造孔、供水、供气、供浆和喷灌五大系统组成。

4. 施工要点

（1）管路、旋转活接头和喷嘴必须拧紧，安全密封；高压水泥浆液、高压水和压缩空气各管路系统均应不堵、不漏、不串。设备系统安装后，必须进行运行实验，实验压力为工作压力的 1.5～2 倍。

（2）旋喷管进入预定深度后，应先进行试喷，待达到预定压力、流量后，再提升旋喷。中途若发生故障，应立即停止提升和旋喷，以防止桩体中断，同时应进行检查，排除故障。若发现浆液喷射不足，影响桩体质量时，应进行复喷。施工中应做好详细记录。旋喷水泥浆应严格过滤，防止水泥结块和杂物堵塞喷嘴及管路。

（3）旋喷结束后要进行压力注浆，以补填桩柱凝结收缩后产生的顶部空穴。每次施工完毕后，均须立即用清水冲洗旋喷机具和管路，检查磨损情况，如有损坏零部件应及时更换。

3.4.5　旋喷桩的质量检查

旋喷桩的质量检查通常采取钻孔取样、贯入试验、荷载试验或开挖检查等方法。对于防渗的联锁桩、定喷桩，应进行渗透试验。

第4章　爆破工程

爆破是利用炸药的爆炸能量对周围的岩石、混凝土或土等介质进行破碎、抛掷或压缩，从而达到预定的开挖、填筑或处理工程的目的。在水利工程施工中，爆破技术被广泛地应用于建筑物基础、隧洞与地下厂房的开挖，以及骨料开采、定向爆破筑坝和建筑物拆除等方面。

探索爆破的机理，了解炸药的性能，正确掌握各种爆破施工技术，对加快工程进度、保证工程质量和降低工程造价等都具有十分重要的意义。

4.1　爆破的基本原理

4.1.1　爆破机理

介质在炸药爆炸作用下破坏，是由于炸药爆轰产生冲击波的动态作用和爆轰气体产物膨胀的准静态作用。由于问题的复杂性，目前对土岩爆破作用的理论研究大体上还处于定性分析阶段。在工程爆破设计中，采用经验和半经验的计算方法。

在科学研究上，由于介质性能的差异，出现了3种不同的爆破机理假说。

1. 爆轰气体产物膨胀推力破坏论

爆轰气体产物膨胀推力破坏论不考虑爆轰在介质中引起的冲击波作用，认为爆轰气体产物膨胀所产生的巨大推力作用于药包周围的岩壁上，促使土岩质点径向移动而产生径向裂隙。如果药包附近存在自由面，则从药包中心到自由面的最短距离处，土质质点移动的阻力最小，由于各方向阻力不等而产生剪切应力，并导致剪切破坏。如果爆轰气体产物的压力在土岩开始破裂时还很大，就会使破碎后的土岩沿径向朝外抛掷。

爆轰气体产物膨胀推力破坏论比较适合于低猛度炸药、装药不耦合系数（炮孔直径与药卷直径之比值）较大条件下的波阻抗较低的土岩爆破。

2. 应力波反射破坏论

应力波反射破坏论该观点不考虑爆轰气体产物膨胀推力作用，认为炸药爆轰时，强大的冲击波首先冲击和压缩周围介质，而后衰减为应力波，传至自由面对反射为拉伸波，当应力大于介质的动态抗拉强度时，从自由面开始向爆源方向产生片裂破坏。

应力波反射破坏论比较适合于高猛度炸药，装药不耦合系数较小条件下的波阻抗较高的岩石爆破。

3. 气体推力与应力波共同作用论

气体推力与应力波共同作用论认为，不论是爆轰气体膨胀推力所产生的剪切作用，还是应力波反射拉伸所引起的复杂应力状态，都是造成土岩，特别是硬岩破坏的重要原因。介质中最初形成的裂缝是由冲击波和应力波造成的，而后爆轰气体渗入裂缝，形成尖劈效应，使初始裂缝进一步扩展。

4.1.2 无限介质中的爆破作用

无限介质中的爆破作用埋置很深的单个集中药包的爆破，可以看作无限介质的爆破，为了方便研究，将周围的介质简化为均匀介质，则药包爆炸后的破坏状况较为均匀。一般工程爆破，炸药爆轰后，气体产物温度在 2500℃ 以上，作用在药室壁面的初始压力高达数千乃至上万兆帕，冲击压力远大于介质的动抗压强度，致使药包附近的介质粉碎（主要为硬岩）或压缩（如软岩、土），即形成粉碎（压缩）区。这一圈层称为粉碎圈（压缩圈）。粉碎区介质消耗了冲击波的很大部分能量，致使冲击波迅速衰减为应力波，其压力已不能直接将岩石粉碎，所以粉碎区范围很小，其半径为药包半径的 2~3 倍。

粉碎区外紧接破碎区。在破碎区内，应力波引起的介质径向压缩导致环向拉伸。由于岩石的动抗拉强度只有动抗压强度的 1/10 左右，所以环向拉应力很容易超过岩石的抗拉强度而产生径向裂隙。径向裂隙发展速度为应力波波速的 0.15~0.4 倍。径向裂隙与粉碎区连通，爆生气体以很高的压力呈尖劈之势渗入裂隙并将其扩展。岩石中，径向裂隙一般可延伸到 8~10 倍药包半径处。

应力波通过后，破碎区岩石应力释放，产生与原压应力方向相反的拉伸应力而导致环向裂隙。径向裂隙和环向裂隙相互交叉、连通，越接近粉碎区，裂隙间距越小，破碎区中的岩石被纵横交错的裂隙切割成碎块。这一圈层称为破碎圈。

破碎区以外，应力波和爆生气体的准静态应力场都不能再引起岩体破坏，只能引起弹性变形。实际上，破碎区之外，应力波已衰减为地震波，统称为弹性震动区，也叫震动圈。无限介质中，球形药包爆炸对介质的破坏状态呈球形对称分布，无限介质中的药包也被称为内部作用药包。

4.1.3　半无限介质中的爆破作用

所谓半无限介质中的爆破，是指在药包附近存在自由面（即介质与空气的接触面）的爆破。这种爆破在实际工程中是最常见的。自由面的存在，使得应力波产生的动态应力场和爆生气体产生的准静态应力场更为复杂。根据爆破试验及应力分析，两种应力场的主应力方向大体相同，因而裂隙的发展方向也大体一致，生成的裂隙群大致呈漏斗状排列。整个破坏区（包括粉碎区和破碎区）呈漏斗状，即形成爆破漏斗。如果药包能量足够大，则破坏区内的破碎岩块就会沿径向抛掷出漏斗。

4.1.4　爆破漏斗

1. 爆破漏斗形状及参数

当球形药包在有临空面的半无限介质表面附近进行爆破时，若药包的爆破作用使部分破碎介质具有抛向临空面的能量，则往往会形成一个倒立的圆锥形爆破坑，其形状如漏斗，称为爆破漏斗，如图4—1所示。

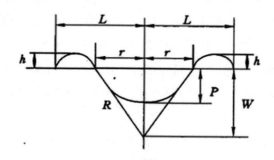

图4—1　爆破漏斗不意图

爆破漏斗的主要几何特征参数如下：

（1）药包中心至自由面的最小距离称为最小抵抗线，用 W 表示。

（2）爆破漏斗底半径，用 r 表示。

（3）爆破破坏半径，用 R 表示。

（4）可见漏斗深度，用 P 表示。

（5）抛掷距离，用 L 表示。

（6）爆堆最大高度，用 h 表示。

爆破漏斗的几何特征反映了药包重量和埋深的关系，反映了爆破的影响范围。

2. 爆破类型

爆破漏斗底的半径 r 和最小抵抗线 W 的比值称为爆破作用指数，用 n 表示，即 $n = r/W$。爆破作用指数能很好地反映爆破漏斗的几何特征，它是爆破设计中的重要参数。工程应用中，通常根据爆破作用指数的大小对爆破进行分类。

当 n=1 即 r=W 时，称为标准抛掷爆破；

当 n>1 即 r>W 时，称为加强抛掷爆破；

当 0.75≤n<1 时，称为减弱抛掷爆破；

当 n<0.75 时，称为松动爆破。

松动爆破无岩块抛掷，漏斗半径范围内可见岩石破碎后的鼓胀现象。抛掷爆破中，爆后岩块部分抛掷于漏斗半径以外，n 愈大，岩土抛出愈多、愈远，抛起的部分渣料回落到漏斗坑内，形成可见漏斗，可见漏斗深度 P 可用式（4—1）计算：

$$P = CW(2n-1) \tag{4—1}$$

式（4—1）中，C 表示介质系数，对岩石取 C =0.33，对黏土取 C =0.4。

抛掷体距药包中心的最大距离 L，可按式（4—2）计算：

$$L = 5nW \tag{4—2}$$

4.1.5　影响爆破效果的因素

工程爆破效果可分为两个方面。一是工程所需的正面效果，即一般所谓爆破效果，如爆除的介质体积、爆后保留体的形状、爆后岩块块度分布、爆堆形状等。二是应尽量弱化负面效果，即一般所谓爆破公害效应，如个别飞石的飞散距离、空气冲击波与地震强度及其影响范围等。

1. 炸药威力

工程爆破中，一般用炸药的爆力和猛度来表示威力的大小。一定量的炸药，爆力愈高，炸除的体积愈多；猛度愈大，爆后岩块愈小。

2. 地质条件

不同类型的岩石，具有不同的波阻抗、弹性模量和强度，因此会产生不同的爆破效果。对于坚硬的岩石，以选用猛度或爆速高的炸药为宜；对于松软岩土，以选用爆力较高、爆容较大的炸药为宜；对于周边控制爆破，以选用临界直径较小、爆速较低的炸药为宜。爆破漏斗的形状及最小抵抗线，一般是在假定介质为匀质体的条件下按几何关系确定。实际上，地质构造对漏斗形状及最小抵抗线均会产生一定影响，岩性愈不均匀，影响愈大。岩层中的软弱破碎带，有可能导致爆生气体过早泄漏而降低对炸药能量的有效利用，同时可能改变最小抵抗线的方向而且破坏区边缘容易沿某条明显裂隙发展而改变漏斗的设计形状。

3. 药量分布

为了爆除一定体积的介质，既可采用少数的大药包，也可采用众多的小药包。大药包，如洞室爆破，药量集中，每个药包负担的爆落体积大，爆炸能量在爆区内的分布极不均匀，岩块大小也极不均匀。小药包，如钻孔爆破则相反，块度比较均匀。

4. 装药结构

装药结构是指炸药在药室中的分布。以钻孔爆破为例，其装药结构有连续装药、轴向间隔装药和径向间隔装药三种类型。连续装药，操作最方便，常用于没有特殊要求的开挖爆破。轴向间隔装药，因药量沿炮孔分布较均匀，故爆块较均匀，大块率较低。轴向间隔装药的间隔材料有空气、土壤和锯木屑等。孔底留有锯木屑等柔性材料的轴向间隔，可减轻乃至防止药包对孔底岩石的破坏作用，近年来已广泛应用于水工建筑物地基保护层的开挖。径向间隔装药常用于周边控爆，因为其径向间隔可降低爆轰对孔壁的冲击压力，防止孔壁外围出现粉碎区。

5. 自由面数量

自由面数量对爆破效果会产生重大影响。自由面愈多，应力波反射面也愈多，从而有利于介质破碎。一般地，每增加一个自由面，单位体积岩石的耗药量可减少 10% ~ 20%。在基坑开挖和料场开采中，都应采用台阶爆破，以增加自由面数量。

6. 爆破参数

爆破参数包括炸药单耗、药包间距、最小抵抗线、钻孔深度等设计参数以及参数间的相互关系。药包间距不能过大，如大于 2 倍最小抵抗线，则药包间将留下岩埂；药包间距过小，如小于最小抵抗线，则爆岩过碎，从而造成能量浪费。

7. 堵塞

药室与地表面（或自由面）的通道必须用炮泥堵塞。堵塞的作用在于保证炸药进行完全的爆轰反应，以放出最大热量、减少有毒气体生成量，延长爆生气体的作用时间，以提高对介质的做功能力。

堵塞材料要求有较高的密实性和较高的摩擦系数。对钻孔爆破，以黏土与砂的混合材料作炮泥为佳；对洞室爆破，可在紧靠洞室部位，沿导洞堵塞 2 ~ 3m 的土壤，再以石渣堵至要求的长度。

8. 起爆方法

起爆材料的多样化及起爆技术的进步为提高爆破效果开辟了新的领域。适当的起爆时序不仅可大大增强爆破效果，而且还可大大降低爆破公害效应。对钻孔爆破，起爆药包的位置也会影响爆破效果。孔口正向起爆（雷管置于药包的孔口端，聚能穴朝下），装药方便，但爆破效果不如孔底反向起爆（雷管置于药包的孔底端，聚能穴朝向孔口）。反向起爆可提高炮孔利用率，降低大块率。

4.1.6 药量计算的基本方法

1. 药量计算原理

装药量是工程爆破中的一个重要指标，它既反映了爆破效果，也反映了经济效益。炸药用量与众多因素有关。由于岩石类型与地质状况以及爆破工艺和条件的复杂、多变性，至今尚未建立起一个理论性的、包括各种影响因素的药量计算式。人们在长期的生产实践中，对爆破效果的追求总是离不开以少量的炸药爆除更多的介质体积，并认为在某种规定的标准爆破条件下，装药量与爆除介质的体积成正比。其表达式为

$$Q = q_0 V \tag{4—3}$$

式（4—3）中，Q 表示装药量，kg；q_0 表示规定标准条件下爆破单位体积介质的炸药消耗量，简称标准单耗，kg/m^3；V 表示被爆除介质的体积，kg/m^3。

设计时，一般可按查表法、工程类比法和现场试验法综合分析选用 q_0 值。选择 q_0 值时，一定要注意 q_0 值所规定的标准条件。严格来说，标准条件应涉及所有影响爆破效果的因素，实际上，由于情况的复杂性，只能考虑以下主要方面。

（1）炸药品种。当未特别指明时，即指标准炸药。我国以 2 号岩石铵梯炸药作为标准炸药，其爆力 $B_0 = 320mL$，猛度 $m_0 = 12mm$。若实际使用的为非标准炸药，其爆力为 B，猛度为 m 时，则实际单耗应为标准炸药单耗与 e（e 为炸药换算系数）之乘积：

$$e = B_0 / B \tag{4—4}$$

$$或 e = \frac{1}{2}(B_0 / B + M_0 / M) \tag{4—5}$$

（2）爆破方法。其分为洞室、浅孔和深孔爆破三种。

（3）爆破部位。其分为露天和地下爆破两种。

（4）地质条件。一般资料仅根据岩石种类与抗压强度确定单耗，应用时还需根据岩体节理裂隙发育状况做适当调整。

（5）自由面数目。地下工程中的导洞及全断面一次开挖，均为一个自由面；扩大开挖为两个自由面。露天工程的松动爆破通常采用台阶状开挖，属两个自由面；平地开槽则仅一个自由面。

2. 集中药包的用药量计算

在爆破中通常按照形状将所用的药包分为集中药包和延长药包两种。若药包的长边和短边分别用 L 和 a 以表示，当 L/a≤4 时，为集中药包；当 L/a>4 时，则为延长药包。

(1) 单个标准抛掷爆破药包的用药量

单个标准抛掷爆破的标准条件是：单个球形集中药包；爆破作用指数 n=1；使用标准炸药，标准单位耗药量用 q 表示，只有一个水平临空面。因 n=1，故漏斗体积为

$$V = \frac{1}{3}\pi r^2 W \approx W^3 \qquad (4—6)$$

将式（4—6）代入式（4—3）便得到标准条件下，标准抛掷爆破药包的用药量计算公式：

$$Q = qW^3 \qquad (4—7)$$

(2) 单个集中药包用药量单个集中药包用药量的计算公式为

$$Q = qW^3 f(n) \qquad (4—8)$$

式（4—8）中，$f(n)$ 表示爆破作用指数函数，其他符号意义同前。

标准抛掷爆破：$f(n) = 1$；

加强抛掷爆破：$f(n) = 0.4 + 0.6\,n^3$；

减弱抛掷爆破：$f(n) = (\frac{4+3n}{7})^3$；

松动爆破：$f(n) = n^3$。

在工程中，若采用的不是标准炸药，则尚需根据式（4—4）或式（4—5）计算出爆力换算系数 e，对炸药用量进行修正。

(3) 延长药包的用药量

延长药包的用药量可参照式（4—3）进行计算。

4.2 爆破器材

所谓爆炸，是指物质的潜能瞬时转化为作用于周围介质的机械功的过程，并伴随有声、光等效应的出现。

爆破是利用爆炸所产生的热和极高的压力，来改变或破坏周围介质的过程。爆破必须使用一定的爆破材料，它通常分为炸药和起爆材料两类。

4.2.1 炸药的基本概念

炸药是在外界能力激发作用下很容易发生高速化学反应，并产生大量气体和热量的物质。同时，炸药是一种能把它所集中的能量在瞬间释放出来的物质。

物质能成为炸药并发生爆炸，必须具备以下三个要素：

1. 产生放热反应

炸药在爆炸瞬间释放出相当大的热量，是它对周围介质做机械功的物质基础，也是能使反应独立、高速进行的首要因素。显然，如果是吸热反应，则必须从外部补充热量，才能保证反应继续进行。

2. 反应速度快

由于反应速度快，生成的气体产物来不及扩散就被反应生成的热量加热到很高温度。这种高温气体几乎全部聚集在药室内，压力可达几万到几十万个大气压，因而具有很大的能量密度。煤在空气中获取氧，故燃烧速度缓慢，生成的热量不断扩散到大气中，能量密度只有 17.14kJ/L，所以不能形成爆炸。TNT 炸药的爆热虽只有 3971kJ/kg，但靠本身所含的氧进行反应，反应时间只有几万分之一秒，气体产物瞬间就被加热到 3000℃ 以上，能量密度高达 6563kJ/L。这种高温、高压和高能量密度的气体迅速膨胀，就产生了爆炸现象。

3. 生成大量气体

高速放热反应虽是爆炸的必要条件，但还不是充分条件。有些化学反应，虽能迅速放出巨大热量，但因不生成大量气体，故不会产生爆炸现象。由于气体可压缩性和膨胀系数很大，在炸药爆炸瞬间处于强烈的压缩状态，储存了极大的压缩能，因而在其膨胀过程中，可将内能释放出来，迅速转变为机械功。

炸药就是具备上述三要素的物质，通常由碳、氢、氧、氮等元素组成。

4.2.2 炸药的主要性能

炸药的种类、品种很多，性能各不相同。即使是同一品种的炸药，在储存一段时间后，爆炸性能也会发生变化。炸药的主要性能有安定性、敏感度和氧平衡密度等。了解和掌握炸药的性能，是安全可靠地使用炸药的基础。

1. 炸药的物理化学性能

（1）炸药的安定性

炸药在长期储存过程中，保持其原有物理、化学性质不变的能力，称为炸药的安定性，包括物理安定性和化学安定性。

① 物理安定性。物理安定性取决于炸药的物理性质，主要有吸湿、结块、挥发、渗油、老化、冻结、耐水等性能。固态硝酸铵类炸药易吸湿变潮，从而降低爆炸威力，严重时产生拒爆。含水硝酸铵类炸药易产生析晶、逸气、渗油和冻结等现象，从而降低爆炸威力乃至拒爆。

② 化学安定性。化学安定性取决于炸药的化学性质，特别是热分解作用。炸药的有效期取决于安定性。储存环境温度、湿度及通风条件等对炸药的实际有效期

影响很大。

（2）炸药的敏感度

炸药是一种相对稳定的物质，仅当获得足够强度的某种形式的起始能量时，才会产生爆轰。炸药在外界能量作用下激起爆轰的过程，称为炸药的起爆。炸药起爆所需的外界能量，称为起爆冲能。炸药起爆的难易程度，称为炸药的敏感度。

有不同的起爆冲能，相应地，炸药也就有不同的敏感度，如热感度、火焰感度、冲击感度、摩擦感度、冲击波感度和爆轰感度等。炸药感度指标通过规定条件下的试验确定，该值对于指导炸药的安全生产、运输、储存和使用具有重大意义。

不同的炸药，具有不同的敏感度。同一种炸药，对于不同的外能，其敏感度可能出现较大差异。对于工业炸药，常用雷管以爆轰波作为起爆冲能，故要求其爆轰感度和冲击波感度不应过低。为了生产安全，又要求工业炸药冲击和摩擦感度不能过高。

装填雷管用的起爆药，具有较高的火焰感度和冲击波感度，生产中更应注意安全。

（3）炸药的氧平衡

炸药爆炸的化学过程首先是物质分解为碳、氢、氧、氮4种主要元素，而后是可燃元素进行氧化放热反应，形成新的稳定爆生产物，如CO_2、H_2O、CO、NO_x、H_2、NO和CH_4等。产物种类、数量及热效应与炸药所含助燃元素和可燃元素的数量有着密切的关系。

炸药的氧平衡是指炸药所含氧量能将炸药中的其他元素氧化的程度。在爆炸化学反应中，若炸药内的氧元素正好将炸药中的碳、氢完全氧化为CO_2、H_2O，而氮呈游离态N_2，则称为零氧平衡。零氧平衡是最理想的状态，氧、碳、氢元素均得到充分利用，放出的热量最多，而且不会产生有毒气体。氧含量过多为正氧平衡，生成NO_x，放出热量较少；含氧过少为负氧平衡，生成CO，放出热量较少。正氧和负氧平衡均会使炸药中的某些元素得不到充分利用，导致反应热降低和产生有毒气体。

工业炸药应力求零氧平衡或微量正氧平衡，避免负氧平衡。

（4）炸药的密度

单位体积炸药的重量称为炸药的密度。随着密度增大，炸药的爆速和猛度提高，但当密度增大到一定限度后，炸药的爆速和猛度又开始降低。

2.炸药威力的理论指标

炸药威力即炸药做功的能力。一定质量的炸药，若初始体积为V_0，温度为T_0，

压力为 P_0 ，由于爆轰过程的高速度，可视爆轰为一定容绝热过程。爆轰结束时，反应热全部放出，体积仍为 V_0 ，但压力上升为 P ，温度上升为 T 。随后，爆生气体绝热膨胀，压力由 P 降至 P_0 ，温度由 T 降至 T_0 ，体积由 V_0 膨胀至 V 。

炸药爆轰做功过程的两种状态，对应着周围介质承受的两种力的作用。在定容绝热阶段，爆轰波对周围介质产生冲击波，形成动态作用，使介质在一定范围内破裂。在爆生气体绝热膨胀阶段，压力作用时间相对较长，变化较缓慢，可视为静态作用。在静态作用过程中，介质中的裂缝进一步扩展，介质破碎成块体，并获得抛掷能量。

以下五个指标综合地反映了炸药的威力，即反映动态作用与静态作用的大小。

（1）爆热。1kg 或 1mol 炸药在定容条件下爆炸时放出的热量叫作爆热 Q_V 。

（2）爆温。爆轰结束瞬间，爆轰产物在炸药初始体积内达到热平衡后的温度叫作爆温 T 。

（3）爆容。1kg 炸药爆轰生成气体产物在标准状态下所具有的体积叫作爆容 V 。

（4）爆压。爆轰结束瞬间，爆轰产物在炸药初始体积内达到热平衡后的压力叫作爆压 P 。

（5）爆速。爆轰波传播速度叫作爆速 D。爆速与装药密度及药柱直径有关，因而在提出爆速值时，应指明相应的装药密度和药柱直径。化合炸药爆速随密度增大而提高；混合炸药则存在最佳密度，如药柱直径为 32mm 的固态硝铵类炸药的最佳密度为 $0.95 \sim 1.05$ g/cm^3，密度过大或过小，爆速均会下降。

3. 炸药威力的实用指标

在炸药威力的理论指标中，爆速可用较简单的方法准确测定，其余指标则不然。因此，在生产实践中，为比较各种炸药的威力，常采用爆力、猛度与殉爆距离等相对比较实用的指标。

（1）爆力是指炸药爆炸破坏一定量介质能力的大小。如图 4—2 所示为爆力试验的铅柱扩孔法。直径与高度均为 200mm 的铅铸圆柱体，中心留有直径为 25mm、深 125mm 的圆柱形孔。将受试炸药 10g 用锡筒纸作外壳制成直径为 24mm 的药柱，插入 8 号雷管后一并置于圆柱形孔底，将通过每平方厘米 144 孔筛的石英砂填满圆孔。炸药爆炸后，圆孔体积的增值叫作受试炸药的爆力 (mL)。试验要求的标准环境温度为 15℃，否则应对实测值进行温度修正。

从试验方法可以看出，爆力反映炸药破坏介质体积的大小，爆力愈大，炸除介质的体积愈大。从爆力的化学、物理过程看，爆力反映了爆生气体产物膨胀做功的能力，即反映了炸药爆轰过程的静态作用，与爆热、爆容和爆压有关。

（2）猛度是指炸药爆炸将一定量介质破坏成细块的能力。如图4—3所示为猛度试验的铅柱压缩法。在厚度为20mm的底部钢板中央，放置直径为40mm、高60mm的铅柱，其上再放直径为41mm、厚10mm的钢板一块。受试炸药置于上层钢板上，四周用细绳固定。受试炸药以牛皮纸作外筒，直径40mm，药量50g，控制密度为1g/cm³，药的上面放一中心带孔纸板，8号雷管通过纸板孔插入药内15mm深。

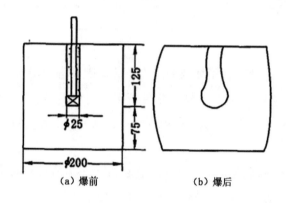

（a）爆前 　　　　　　　（b）爆后

图4—2　铅柱扩孔法

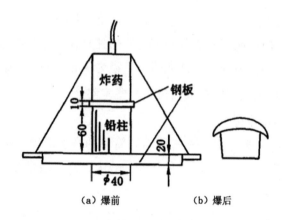

（a）爆前 　　　　　　　（b）爆后

图4—3　铅柱压缩法

爆后铅柱呈蘑菇状。爆炸前后的铅柱高差称受试炸药猛度(mm)。

猛度试验中的受试炸药并不像爆力试验那样封闭于孔内。猛度反映了炸药的动态作用，表征爆炸冲击波和应力波强度，即爆轰波参数的大小。这些参数的集中代表就是爆速。爆速愈高，猛度愈大。就爆破效果而言，猛度反映炸药对介质破碎的程度。猛度愈高，爆后块度愈小。

（3）殉爆距离是指炸药药包的爆炸引起相邻药包起爆的最大距离。殉爆距离的测试方法如图4—4所示。用直径与受试药卷直径(一般为32mm)相同的木棒在松砂地上压出一条半圆地槽。沿地槽放置两卷受试药包，其中一卷为主动药包，端头插入 8 号雷管，药卷聚能穴正对另一药卷 (被动药包) 平头端部，净间距为 D。主动药包起爆后，若引起被动药包爆炸，则称后者为"殉爆"，能引起殉爆的最大间距称为殉爆距离。

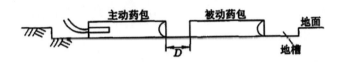

图 4—4 殉爆试验

被动药包殉爆，是由主动药包产生的冲击波所致。殉爆距离反映了炸药的动态作用，也反映了炸药的敏感度。

4.3 爆破施工安全技术

爆破作业必然会产生爆破飞石、地震波、空气冲击波、噪声、粉尘和有毒气体等负面效应，即爆破公害。因此在爆破作业中，要研究爆破公害的产生原因、公害强度分布及其规律，并通过科学的设计，采取有效的施工措施，以确保保护对象 (包括人员、设备及临近的建筑物或构筑物) 的安全。

4.3.1 爆破、起爆材料的储存与保管

(1) 爆破材料应储存在干燥、通风良好、相对湿度不大于 65% 的仓库内，库内温度应保持在 18 ~ 30℃。爆破材料周围 5m 内的范围，须清除一切树木和草皮。库房应有避雷装置，接地电阻不大于 10 Ω。库内应有消防设施。

(2) 爆破材料仓库与民房、工厂、铁路、公路等应有一定的安全距离。炸药与雷管 (导爆索) 须分开储存，两库房的安全距离不应小于有关规定。同一库房内不同性质、批号的炸药应分开存放。严防虫、鼠等啃咬。

(3) 炸药与雷管成箱 (盒) 堆放要平稳、整齐。成箱炸药宜放在木板上，堆摆高度不得超过 1.7m，宽不超过 2m，堆与堆之间应留有不小于 1.3m 的通道，药堆与墙壁间的距离不应小于 0.3m。

(4) 严格控制施工现场临时仓库内爆破材料的储存数量，炸药不得超过 3t，雷管不得超过 10000 个和相应数量的导火索。雷管应放在专用的木箱内，离炸药不小于 2m 的距离。

4.3.2 装卸、运输与管理

（1）爆破材料的装卸均应轻拿轻放，不得受到摩擦、震动、撞击、抛掷或转倒。堆放时要摆放平稳，不得散装、改装或倒放。

（2）爆破材料应使用专车运输，炸药与起爆材料、硝铵炸药与黑火药均不得在同一车辆、车厢装运。用汽车运输时，装载不得超过允许载重量的2/3，行驶速度不应超过20km/h，车顶部需加以遮盖。

4.3.3 爆破操作安全要求

（1）装填炸药应按照设计规定的炸药品种、数量、位置进行。装药要分次装入，用竹棍轻轻压实，不得用铁棒或用力压入炮孔内，不得用铁棒在药包上钻孔以安设雷管或导爆索，必须用木棒或竹棒进行。当孔深较大时，药包要用绳子吊下，或用木制炮棍护送，不允许直接往孔内丢放药包。

（2）起爆药卷（雷管）应设置在装药全长的1/3～1/2(从炮孔口算起)位置上，雷管应置于装药中心，聚能穴应指向孔底，导爆索只许用锋利的刀一次切割好。

（3）遇有暴风雨或闪电打雷时，应禁止装药、安设电雷管和连接电线等操作。

（4）在潮湿条件下进行爆破，药包及导火索表面应涂防潮剂加以保护，以防受潮失效。

（5）爆破孔洞的堵塞应保证要求的堵塞长度，充填密实不漏气。

（6）导火索长度应根据爆破员完成全部炮眼和进入安全地点所需的时间来确定。

4.3.4 爆破安全距离

1. 爆破地震

岩石爆破过程中，除对临近炮孔的岩石产生破碎、抛掷外，爆炸能量的很大部分将以地震波的形式向四周传播，导致地面震动。当爆破地震达到一定强度后，将会破坏地面建筑物，引起边坡失稳等现象。因此爆破地震位于爆破公害之首。

衡量爆破地震强度的参数主要包括：质点位移、速度和加速度。其中质点震动速度与建筑物的破坏关系最密切，并且相关关系最稳定，因此国内外普遍采用质点峰值震动速度安全判据。《爆破安全规程》(GB6722—2003)对建筑物的允许质点峰值震动速度作了具体规定。

2. 爆炸空气冲击波和水中冲击波

炸药爆炸产生的高温高压气体，或直接压缩周围空气，或通过岩体裂缝及药室通道高速冲入大气并对其压缩形成空气冲击波。空气冲击波超压达到一定量值后，就会导致建筑物破坏和人体器官损伤。因此在爆破作业中，需要根据被保护对象的允许超压确定爆炸空气冲击波安全距离。

埋入式药包爆破的爆破作用指数不超过 3 时，其空气冲击波的破坏范围比爆破震动和飞石的破坏范围小得多。因此，一般工程爆破的安全距离由爆破震动及飞石决定。

对露天裸露爆破，《爆破安全规程》(GB6722—2003) 规定，为确保作业人员安全，裸露药包每次爆炸的总药量不得大于 20kg，并由式 (4—9) 确定爆炸空气冲击波对掩体内避炮作业人员的安全距离：

$$R_F = 25\sqrt[3]{Q} \tag{4—9}$$

式 (4—9) 中，R_F 表示空气冲击波对掩体内人员的最小安全距离，m；Q 表示一次爆破装药量，秒延迟爆破时，Q 按各延迟段中最大药量计算，当采用毫秒延迟爆破时，Q 按一次爆破的总药量计算，kg。

当进行水下爆破时，同样会在水中产生冲击波。因此，同样需要针对水中的人员及施工船舶等被保护对象按有关规定确定最小安全距离。

3. 爆破飞石

洞室爆破飞石安全距离按式 (4—10) 计算：

$$R_F = 20K_F n^2 W \tag{4—10}$$

式 (4—10) 中，R_F 表示洞室爆破的飞石变全距离，m；W 表示最小抵抗线，m；n 表示爆破作用指数；；K_F 表示与地形、风向、风速和爆破类型有关的安全系数，一般取 1～1.5，最小抵抗

线方向取大值，当风大而又顺风时，取 1.5～2 或更大的值，山谷或垭口地形时，应取 1.5～2。

对于钻孔爆破，目前尚无公式计算飞石的安全距离。《爆破安全规程》(GB6722—2003) 对飞石安全距离仅规定了最小值。

4.3.5　爆破公害的控制与防护

爆破公害的控制与防护是工程爆破设计中的重要内容。为防止爆破公害带来破坏，应调查周围环境，掌握人员、机械设备及重要建 (构) 筑物等保护对象的分布状况，并根据各种保护对象的承受能力，按照有关规范、规程规定的安全距离，确定允许爆破规模。爆破施工过程中，处于危险区的人员、设备应撤至安全区，无法撤离的建 (构) 筑物及设施必须予以防护。

爆破公害的控制与防护可以从爆源、公害传播途径以及保护对象三方面采取

措施。

1. 控制爆源公害强度

在爆源控制公害强度是公害防护最为积极有效的措施。

合理的爆破参数、炸药单耗和装药结构既可达到预期的爆破效果，又可避免爆炸能量过多地转化为震动、冲击波、飞石和爆破噪声等公害。采用深孔台阶微差爆破技术可有效地削弱爆破震动和空气冲击波强度。合理布置岩石爆破中最小抵抗线的方向不仅可有效控制飞石的方向和距离，而且对降低与控制爆破震动、空气冲击波和爆破噪声强度也有明显效果。保证炮孔的堵塞长度与质量，针对不良地质条件采取相应的爆破控制措施，对消减爆破公害的强度也是非常重要的。

2. 在传播途径上削弱公害强度

在爆区的开挖线轮廓进行预裂爆破或开挖减震槽，可有效降低传播至保护区岩体中的爆破地震波强度。

对爆区的临空面进行覆盖、架设防波屏可削弱空气冲击波的强度，阻挡飞石。

3. 保护对象的防护

当爆破规模已定，而在传播途径上的防护措施尚不能满足要求时，可对危险区内的建（构）筑物及设施进行直接防护。对保护对象的直接防护措施有防震沟、防护屏以及表面覆盖等。

此外，严格执行爆破作业的规章制度，对施工人员进行安全教育也是保证施工安全的重要环节。

4.3.6　爆破震动安全监测

1. 爆破震动安全监测是爆破安全控制的有效方法

在水利工程施工中，经常会遇到在已建（构）筑物及特殊部位（如灌浆帷幕等）附近进行开挖爆破施工的情况，而爆破地震效应会对它们产生震动破坏影响，如何避免爆破震动破坏或采用何种控制方式避免产生爆破震动破坏是人们普遍关心的问题。由于影响震动的因素太多，而且不易分析清楚，因此爆破应力波的传播规律及建筑物的破坏标准，主要采用现场试验的方法，以获得经验或半经验公式。由于影响该经验公式的因素很多，即使在同一爆区，实测经验公式也主要起宏观安全控制作用，即采用振速预报的方法来控制爆破震动对建筑物的振动破坏，但因爆破部位与建筑物的位置关系经常发生变化，地质条件变化复杂，各次爆破施工质量和爆破方式不同，以及爆破参数、爆破器材和起爆网络的变化，均可导致爆破振速发生变化，故振速预报不能替代日常监测。最为可靠的是参考经验公式预报振速，采用现场跟踪振速监测的方法，对爆破规模进行安全控制，当振速值超标时，应对保护对象进行宏观调查，判明爆破震动对保护对象的影响程度，并将信息反馈给施工单位，控制爆破施工规模。监测资料将是工程施工质量评定的依据之一，应存档备查。

2. 爆破震动安全监测的测试参量

波的传播过程是一个行进的扰动，也是能量从介质的一点传递到另一点的反映。这里有两种速度必须区分：一种是波的传播速度，它描述扰动通过介质传播的速度；另一种是质点振动的速度，它描述质点在受到波动能量扰动时，围绕平衡位置做微小振动的速度。

要完整地描述一个质点在空间的运动状态，原则上应该确定质点的位移、速度和加速度 (3 个正交分量) 随时间变化的过程。20 世纪二三十年代以来，世界上著名的爆破研究机构进行了大量研究，认为质点振动速度与建 (构) 筑物破坏的关系最为密切，且相关关系稳定。故进行爆破震动安全监测时，采用建筑物基础的最大质点振动速度作为控制爆破震动影响的评断依据是恰当的。

3. 安全标准确定

建筑物爆破震动安全控制标准的确定可通过三种方法：① 通过现场爆破试验确定；② 采用类比法选择安全控制标准；③ 其他工程经验公式借鉴。要确定某一特定建筑物的爆破安全控制标准，首先应考虑采用现场试验的方法确定。在无条件时，可考虑工程条件相似的建筑物所使用的安全标准，在比较两建筑物结构形式、地质条件的异同点后，综合分析建筑物与爆源的位置关系、传播介质、地形地貌、地质构造以及爆破震动频度和量级关系，并按相关规程、规范的要求最终确定其爆破安全控制标准，即建筑物基础允许的最大爆破质点振动速度。

第5章 土石方工程

5.1 土石分级

在水利工程施工中,根据开挖的难易程度,可将土分为4级,岩石分为12级。

5.1.1 土的分级

土的分级按开挖方法的不同和难易程度来确定,用铁锹或略加脚踩开挖的为Ⅰ级;用铁锹,且需用脚踩开挖的为Ⅱ级;用镐、三齿耙开挖或用铁锹需用力加脚踩开挖的为Ⅲ级;用镐、三齿耙等开挖的为Ⅳ级。具体见表5—1。

表5—1 土的分级表

土的等级	土的名称	自然湿密度	外观及其组成特性	开挖工具
Ⅰ	砂土、种植土	1650~1750	疏松、黏着力差	用铁锹或略加脚踩开挖
Ⅱ	壤土、淤泥、含根种植土	1750~1850	开挖时能成块,并易打碎	用铁锹且需用脚踩开挖
Ⅲ	黏土、干燥黄土、干淤泥、含少量砾石的黏土	1800~1950	粘手、看不见砂粒或干硬	用镐、三齿耙开挖或用铁锹需用力加脚踩开挖
Ⅳ	坚硬黏土、砾质黏土、含卵石黏土	1900~2100	结构坚硬,分裂后呈块状,或含黏粒、砾石较多	用镐、三齿耙等工具开挖

土的工程性质对土方工程的施工方法及工程进度影响很大。主要的工程性质有:密度、含水量、渗透性、可松性等。土的可松性是指自然状态的土挖掘后变松散的性质。

5.1.2 岩石的分级

根据岩石的坚固系数的大小,对岩石进行分级。前10级(Ⅴ~ⅩⅣ)的坚固系数在1.5~20之间,除Ⅴ级的坚固系数在1.5~2之间外,其余以2为级差;坚固系数在20~25之间,为ⅩⅤ级;坚固系数在25以上,为ⅩⅣ级。

5.2　石方开挖程序和方式

5.2.1　选择开挖程序的原则

从整个枢纽工程施工的角度考虑，选择合理的开挖程序，对加快工程进度具有重要的作用。选择开挖程序时，应遵循以下原则：

（1）根据地形条件、枢纽建筑物布置、导流方式和施工条件等具体情况合理安排。

（2）把保证工程质量和施工安全作为安排开挖程序的前提，尽量避免在同一垂直空间同时进行双层或多层作业。

（3）按照施工导流、截流、拦洪度汛、蓄水发电以及施工期通航等项工程进度的要求，分期、分阶段地安排好开挖程序，注意开挖施工的连续性，并考虑后续工程的施工要求。

（4）对受洪水威胁和与导、截流有关的部位，应先安排开挖；对不适宜在雨、雪天或高温、严寒季节开挖的部位，应尽量避免在相应的气候条件下安排施工。

（5）对不良地质地段或不稳定岩体岸（边）坡的开挖，必须十分重视，做到开挖程序合理、措施得当，以保证施工安全。

5.2.2　开挖程序及其适用条件

水利水电工程的基础石方开挖，一般包括岸坡和基坑的开挖。岸坡开挖一般不受季节限制，而基坑开挖则多在围堰的防护下施工，它是主体工程控制性的第一道工序。对于溢洪道或渠道等工程的开挖，如无特殊要求，则可按渠首、闸室、渠身段、尾水消能段或边坡、底板等部位的石方做分项分段安排，并考虑其开挖程序的合理性。设计时，可结合工程本身的特点，参照表5—2选择开挖程序。

表5—2　石方开挖程序及其适用条件

开挖程序	安排步骤	适用条件
自上而下开挖	先开挖岸坡，后开挖基坑；或先开挖边坡，后开挖底板	用于施工场地狭窄、开挖量大且集中的部位
自下而上开挖	先开挖下部，后开挖上部	用于施工场地较大、岸坡（边坡）较低缓或岩石条件许可，并有可靠技术措施
上下结合开挖	岸坡与基坑，或边坡与底板上下结合开挖	用于有较宽阔的施工场地和可以避开施工干扰的工程部位
分期或分段开挖	按照施工时段或开挖部位、高程等进行安排	用于分期导流的基坑开挖或有临时过水需求的工程项目

5.2.3 开挖方式

1. 基本要求

在开挖程序确定之后，根据岩石的条件、开挖尺寸、工程量和施工技术要求，通过方案比较拟定合理的开挖方式。其基本要求如下：

(1) 保证开挖质量和施工安全；

(2) 符合施工工期和开挖强度的要求；

(3) 有利于维护岩体完整性和边坡稳定性；

(4) 可以充分发挥施工机械的生产能力；

(5) 辅助工程量小。

2. 各种开挖方式的适用条件

按照破碎岩石的方法，主要有钻爆开挖和直接应用机械开挖两种施工方法。20世纪80年代初开始，国内外出现一种用膨胀剂作破碎岩石材料的"静态破碎法"。

(1) 钻爆开挖

钻爆开挖是当前广泛采用的开挖施工方法。其开挖方式有薄层开挖、分层开挖(梯段开挖)、全断面一次开挖和特高梯段开挖等类型。

(2) 直接用机械开挖

使用带有松土器的重型推土机破碎岩石，一次破碎 0.6 ~ 1 m，该法适用于施工场地宽阔、大方量的软岩石方工程。其优点是没有钻爆作业，不需要风、水、电辅助设施，不但简化了布置，而且施工进度快，生产能力高；缺点是不适宜破碎坚硬岩石。

(3) 静态破碎法

在炮孔内装入破碎剂，利用药剂自身的膨胀力，缓慢地作用于孔壁，经过数小时达到 $300 \sim 500 \ \mathrm{kgf/cm^3}$ 的压力，使介质开裂。该法适用于在设备附近、高压线下以及开挖与浇筑过渡段等特定条件下的开挖与岩石切割或拆除建筑物。其优点是安全可靠，没有爆破所产生的公害；缺点是破碎效率低，开裂时间长。对于大型的或复杂的工程，使用破碎剂时，还要考虑使用机械挖除等联合作业手段，或与控制爆破配合，才能提高效率。

5.2.4 坝基开挖

1. 坝基开挖程序

坝基开挖程序的选择与坝型、枢纽布置、地形地质条件、开挖量以及导流方式等因素有关，其中导流程序与导流方式是主要因素。

2. 坝基开挖方式

开挖程序确定以后，开挖方式的选择主要取决于总开挖深度、具体开挖部位、开挖量、技术要求以及机械化施工因素等。

（1）薄层开挖

岩基开挖深度小于4m，采用浅孔爆破。开挖方式有劈坡开挖、大面积群孔爆破开挖和先掏槽后扩大开挖等。

（2）分层开挖

当开挖深度大于4m时，一般采用分层开挖。开挖方式有自上而下逐层开挖、台阶式分层开挖、竖向分段开挖、深孔与洞室组合爆破开挖以及洞室爆破开挖等。

（3）全断面开挖和高梯段开挖

梯段高度一般大于20m，主要特点是通过钻爆使开挖面一次成型。

5.2.5 溢洪道和渠道的开挖

1. 开挖程序

溢洪道、渠道的常用过水断面一般为梯形或矩形。选择开挖程序时，应考虑现场地形与施工道路等条件，结合混凝土衬砌的安排以及拟采用的施工方法等，其开挖程序的选择见表5—3。

表5—3 溢洪道、渠道开挖程序

主要因素	开挖程序	适用工程类型
考虑临时泄洪的需要	分期开挖，每一期根据需要开挖到一定高程	溢洪道
根据现场的地形、道路等施工条件和挖方利用情况	可分期、分段开挖	溢洪道
结合混凝土衬砌边坡和浇筑底板的顺序	先开挖两岸边坡，后开挖底板，或上下结合开挖	溢洪道
按照构筑物的分类	先开挖闸室或渠首，后开挖消能段或渠尾部分	溢洪道、渠道
根据采用人工或机械等不同施工方法划分开挖段	分段开挖	渠道

设计开挖程序须注意以下问题：

① 应在两侧边坡顶部修建排水天沟，减少雨水冲刷。施工中要保持工作面平整，并沿上、下游方向贯通以利于排水和出渣。

② 根据开挖断面的宽窄、长度和挖方量的大小，一般应同时对称开挖两侧边坡，并随时修整，以保持稳定。

③ 对于窄而深的渠道，爆破受两侧岩壁的约束力大，爆破效果一般较差，应

结合钻爆设计安排合理的开挖程序。

④ 渠身段可采用大爆破施工方法，但要注意控制渠首附近的最大起爆药量，防止因破坏山岩而造成渗漏。

2. 开挖方式

溢洪道、渠道一般采用爆破开挖的方式。

5.2.6 边坡开挖

在边坡稳定性分析的基础上，判明影响边坡稳定性的主导因素，对边坡变形破坏的形式和原因作出正确判断，并制定可行的开挖措施，以免影响工程施工进程和边坡的稳定性。

1. 开挖控制措施

（1）尽量改善边坡的稳定性。拦截地表水和排除地下水，防止边坡稳定恶化。可在边坡变形区以外 5m 处开挖截水天沟和在变形区以内开挖排水沟，拦截和排除地表水的同时，可采用喷浆、勾缝、覆盖等方式避免坡体受到渗水侵害。对于地下水的排除，可根据岩体结构特征和水文地质条件，采用倾角小于 115° 的钻孔排水；对于有明显含水层，可能产生深层滑动的边坡，可以采用平洞排水。对于不稳定型边坡开挖，可以先作稳定处理，然后再进行开挖。例如，采用抗滑挡墙、抗滑桩、锚筋桩、预应力锚索以及化学灌浆等方法，必要时进行边挡护边开挖。尽量避免雨季施工，并力争一次处理完毕。若雨季必须施工则应采取临时封闭措施，做好稳定性观测和预报工作。

（2）按照"先坡面、后坡脚"自上而下的开挖程序施工，并限制坡比，坡高要在允许范围之内，必要时可增设马道。开挖时，注意不切断层面或楔体棱线，不使滑体悬空而失去支撑作用。坡高应尽量控制在不涉及有害软弱面及不稳定岩体。

（3）控制爆破规模，应不使爆破震动附加动荷载使边坡失稳。为避免造成过多的爆破裂隙，开挖邻近最终边坡时，应采用光面、预裂爆破的方式，必要时可改用小炮、风镐或人工撬挖。

2. 不稳定岩体的开挖

（1）一次削坡开挖

一次削坡开挖主要用于开挖边坡高度较低的不稳岩体，如溢洪道或渠道边坡。其施工要点是由坡面至坡脚顺面开挖，即先降低滑体高度，再循序向里开挖。

（2）分段跳槽开挖

分段跳槽开挖主要用于有支挡（如挡土墙、抗滑桩）要求的边坡开挖。其施工要点是开挖一段即支护一段。

（3）分台阶开挖

在坡高较大时，采用分层留出平台或马道的方式提高边坡的稳定性。台阶高度由边坡处于稳定状态下的极限滑动体高度和极限坡高来确定，其值由力学计算的有关算式求得。为保证施工安全，应将计算的极限值除以安全系数 K，作为允许值。

5.3　土方机械化施工

5.3.1　挖土机械

挖掘机的种类繁多，根据行走装置的不同，可分为履带式和轮胎式两种；根据工作方式的不同，可分为循环式和连续式两种；根据工作传动方式的不同，可分为索式、链式和液压式等类型。

1. 单斗挖掘机

按用途分为建筑用和专用两种。

按行走装置分为履带式、汽车式、轮胎式和步行式几种。

按传动装置分为机械传动、液压传动和液力机械传动几种。

按工作装置分为正向铲、反向铲、拉（索）铲、抓铲几种。

按动力装置分为内燃机驱动、电力驱动两种。

按斗容量分为 0.5 m^3、1 m^3、2 m^3 等类型。

挖掘机有回转、行驶和工作三个装置。正向铲挖掘机有强有力的推力装置，能挖掘 I~IV 级土和破碎后的岩石。正向铲主要用来挖掘停机面以上的土石方，也可以挖掘停机面以下不深的地方，但不能用于水下开挖。

2. 多斗式挖掘机

多斗式挖掘机又称挖沟机、纵向多斗挖土机。与单斗挖土机比较，多斗式挖土机有这些优点：挖土作业是连续的，在同样条件下生产率高；开挖单位土方量所需的能量消耗较低；开挖沟槽的底和壁较整齐；在连续挖土的同时，能将土自动卸在沟槽一侧。

多斗式挖土机不宜开挖坚硬的土和含水量较大的土，它适宜开挖黄土、粉质黏土等。

多斗式挖土机由工作装置、行走装置和动力、操纵及传动装置等几部分组成。

按工作装置的不同分为链斗式和轮式两种；按卸土方式的不同分为装有卸土皮带运输器和未装卸土皮带运输器两种。通常挖沟机大多装有皮带运输器。行走装置有履带式、轮胎式和履带轮胎式三种。其动力一般为内燃机。

5.3.2 挖运组合机械

1. 推土机

以拖拉机为原动机械，另加切土刀片的推土器，既可薄层切土又能短距离推运。

推土机是一种挖运综合作业机械，是在拖拉机上装上推土铲刀而成。按推土板的操作方式不同，其可分为索式和液压式两种。索式推土机的铲刀是借刀具自重切入土中，切土深度较小；液压推土机能强制切土，推土板的切土角度可以调整，切土深度较大，因此液压推土机是目前工程中常用的一种推土机。

推土机构造简单，操作灵活，运转方便，所需作业面小，功率大，能爬 30° 左右的缓坡，适用于施工场地清理和平整，开挖深度不超过 1.5 m 的基坑以及沟槽的回填土，堆筑高度在 1.5m 以内的路基、堤坝等。在推土机后面安装松土装置，可破松硬土和冻土，还可牵引无动力的土方机械（如拖式铲运机、羊脚碾等）进行其他土方作业。推土机的推运距离宜在 100m 以内，当推运距离在 30 ~ 60m 时，经济效益最高。

利用下述方法可提高推土机的生产效率：

（1）下坡推土。借推土机自重，使铲刀的切土深度加深运土数量加大，以提高推土能力和缩短运土时间。一般可提高 30% ~ 40% 的效率。

（2）并列推土。对于大面积土方工程，可用两三台推土机并列推土。推土时，两铲刀相距 15 ~ 30cm，以减少土的侧向散失，倒车时，分别按先后顺序退回。平均运距在 50 ~ 75m 时，效率最高。

（3）沟槽推土。当运距较远，挖土层较厚时，利用前次推土形成的槽推土，可大大减少土方散失，从而提高效率。此外，还可在推土板两侧附加侧板，增大推土板前的推土体积，以提高推土效率。

2. 铲运机

按行走方式不同，铲运机分为牵引式和自行式两种。前者用拖拉机牵引铲斗，后者自身有行驶动力装置。现在多用自行式。根据操作方式不同，式铲运机又分索式和液压式两种。

铲运机能独立完成铲土、运土、卸土和平土作业，对行驶道路要求低，操作灵活，运转方便，生产效率高。铲运机适用于大面积场地平整，开挖大型基坑、沟槽以及填筑路基、堤坝等，最适合开挖含水量不大于 27% 的松土和普通土，不适合在砂砾层和沼泽区工作。当铲运较硬的土壤时，宜先用推土机翻松 0.2 ~ 0.4m，以减少机械磨损，提高效率。常用铲运机斗容量为 1.5 ~ 6 m³。牵引式铲运机的运距以不超过 800m 为宜，当运距在 300m 左右时效率最高；自行式铲运机的经济运距为 800～1500m。

3.装载机

装载机是一种高效的挖运组合机械。其主要用途是铲取散粒料并装上车辆，可用于装运。

5.4　土石坝施工技术

土石坝是一种充分利用当地材料的坝型。随着大型高效施工机械的广泛使用，施工人数大量减少，施工工期不断缩短，施工费用显著降低，施工条件日益改善，土石坝工程的应用比其他任何坝型的应用都更加广泛。

根据施工方法的不同，土石坝分为干填碾压、水牛填土、水力冲填（包括水坠坝）和定向爆破筑坝等类型。国内以碾压式土石坝应用最广泛。

碾压土石坝的施工，包括施工准备作业、基本作业、辅助作业和附加作业等。

准备作业包括"三通一平"，即通车、通水、通电和平整场地，架设通信线路，修建生产、生活及行政办公用房以及排水清基等项工作。

基本作业包括料场土石料开采，挖、装、运、卸以及坝面铺平、压实和质检等项工作。

辅助作业是保证准备作业及基本作业顺利进行，创造良好工作条件的作业，包括清除施工场地及料场的覆盖层，从上坝土料中剔除超径石块、杂物，坝面排水、层间刨毛和洒水等工作。

附加作业是保证坝体长期安全运行的防护及修整工作，包括坝坡修整，铺砌护面块石及种植草皮等。

5.4.1　土石料场的规划

土石坝用料量很大，在选坝阶段需对土石料场做全面调查，施工前配合施工组织设计，对料场作深入勘测，并从时间、空间、质量和数量等方面进行全面规划。

1.时间上的规划

所谓时间规划，就是要考虑施工强度和坝体填筑部位的变化。随着季节及坝前蓄水情况的变化，料场的工作条件也在变化。在用料规划上应力求做到上坝强度高时用近料场，上坝强度低时用较远的料场，使运输任务比较均衡；对近料和上游易淹料场应先用，远料和下游不易淹料场后用；含水量高的料场旱季用，含水量低的料场雨季用。在料场使用规划中，还应保留一部分近料场供合拢段填筑和拦洪度汛高峰强度时使用。此外，还应对时间和空间进行统筹规划，否则会产生事与愿违的后果。

2. 空间上的规划

所谓空间规划，是指对料场位置、高程的恰当选择，合理布置。土石料的上坝运距尽可能短些，高程上有利于重车下坡，减少运输机械功率的消耗。近料场不应因取料影响坝的防渗稳定和上坝运输，也不应使道路坡度过陡引起运输事故。坝的上、下游，左、右岸最好都选有料场，这样有利于上、下游和左、右岸同时供料，减少施工干扰，保证坝体均衡上升。用料时原则上应低料低用，高料高用，当高料场储量有富裕时，亦可高料低用。同时料场的位置应有利于布置开采设备，交通及排水通畅。对于石料场，尚应考虑与重要建筑物、构筑物、机械设备等保持足够的防爆、防震安全距离。

3. 质与量上的规划

料场质与量的规划，是料场规划最基本的要求，也是决定料场取舍的重要因素。在选牵引择和规划使用料场时，应对料场的地质成因、产状、埋深、储量以及各种物理力学指标进行全面勘探和试验。勘探精度应随设计深度的加深而提高。在施工组织设计中，进行用料规划，不仅应使料场的总储量满足坝体总方量的要求，而且应满足施工各个阶段最大上坝强度的要求。

料尽其用，充分利用永久和临时建筑物基础开挖渣料是土石坝料场规划的又一重要原则。为此应增加必要的施工技术组织措施，确保碴料的充分利用。若导流建筑物和永久建筑物的基础开挖时间与上坝时间不一致，则可以调整开挖和填筑进度，或增设堆料场储备料渣，供填筑时使用。料场规划还应对主要料场和备用料场分别加以考虑。前者要求质好、量大、运距近，且有利于常年开采；后者通常在淹没区外，当前者被淹没或因库区水位抬高，土料过湿或其他原因中断使用时，则用备用料场保证坝体填筑不致中断。

在规划料场实际可开采总量时，应考虑料场查勘的精度、料场天然容重与坝体压实容重的差异，以及开挖运输、坝面清理、返工削坡等损失。实际可开采总量与坝体填筑量之比一般为：土料 2~2.5；砂砾料 1.5~2；水下砂砾料 2~3；石料 1.5~2；反滤料应根据筛后有效方量确定，一般不宜小于3。另外，料场选择还应与施工总体布置结合考虑，应根据运输方式、强度来进行运输线路的规划和装料面的布置。料场内装料面应保持合理的间距，间距太小会使道路频繁搬迁，影响工效，间距太大影响开采强度，通常装料面间距取 100m 为宜。整个场地规划还应排水通畅，全面考虑出料、堆料、弃料的位置，力求避免干扰，以加快采运速度。

5.4.2 坝面作业施工组织规划

当基础开挖和基础处理基本完成后，就可进行坝体的铺填、压实施工。

坝面作业施工程序包括铺土、平土、洒水、压实（对于黏性土采用平碾，压实后尚须刨毛以保证层间结合的质量）、质检等工序。坝面作业，工作面狭窄，工种多，工序多，机械设备多，施工时须有妥善的施工组织规划。

为避免坝面施工中的干扰，延误施工进度，坝面压实宜采用流水作业施工。

流水作业施工组织应先按施工工序数目对坝面分段，然后组织相应的专业施工队依次进入各工段进行施工。这样，对同一工段而言，各专业队按工序依次连续施工；对各专业施工队而言，依次不停地在各工段完成固定的专业工作。其结果是实现了施工专业化，有利于工人熟练程度的提高。同时，各工段都有专业队使用固定的施工机具，从而保证施工过程中人、机、地三不闲，避免施工干扰，有利于坝面作业多、快、好、省、安全地进行。

设拟开展的坝面作业划分为铺土、平土洒水、压实、刨毛质检四道工序，于是将坝面至少划分成四个相互平行的工段。在同一时间内，四个工段均有一个专业队完成一道工序，各专业队依次流水作业。

正确划分工段是组织流水作业的前提，每个工段的面积取决于各施工时段的上坝强度，以及不同高程坝面面积的大小。工段数目可按式（5—1）计算：

$$m = \frac{W_D}{W_B} \tag{5—1}$$

其中

$$W_D = \frac{Q_D}{h} \tag{5—2}$$

式（5—1）、式（5—2）中，W_D 表示坝体某一高程工作面面积，可根据施工进度按图确定，m^2；W_B 表示每一工作时段的铺土面积，m^2；h 表示根据压实试验确定的每层铺土厚度，m。

若 m' 为流水工序数，m 为每层流水工段数，则二者的大小关系反映流水作业的组织情况。当 $m=m'$ 时，表示流水工段数等于流水工序数，有条件使流水作业在人、机、地三不闲的情况下进行；当 $m>m'$ 时，表示流水工段数大于流水工序数，这样流水作业在"地闲"而人和机械不闲的情况下进行；当 $m<m'$ 时，表示流水工段数小于流水工序数，表明人、机闲置，流水作业无法正常进行，这种情况应予以避免。

出现 $m<m'$ 的情况是由于坝面升高、工作面减小或划分流水工序（即划分专

业队) 过多。要增多流水工段数 m, 可通过缩短流水单位时间, 或降低上坝强度 Q_D, 减少单位时间的铺土面积 W_B。来解决。另一条途径是减少流水工序数 m', 合并某些工序, 如将铺土、平土洒水、压实和质检刨毛四道工序, 合并为三道工序 (如可将前两道工序合并为铺土平土洒水一道工序)。

铺土宜平行坝轴线进行, 铺土厚度要匀, 超径不合格的土块应打碎, 石块、杂物应剔除。进入防渗体内铺土, 自卸汽车卸料宜用进占法倒退铺土, 使汽车始终在松土上行驶, 避免在压实土层上开行, 造成超压, 引起剪力破坏。汽车穿越反滤层进入防渗体, 容易将反滤料带入防渗体内, 造成防渗土料与反滤料混杂, 从而影响坝体的质量。因此, 应在坝面每隔 40 ~ 60m 处设专用"路口", 每填筑二、三层换一次"路口"位置, 这样既可防止不同土料混杂, 又能防止超压产生剪切破坏, 即便在"路口"出现质量事故, 也便于集中处理, 不影响整个坝面作业。

按设计厚度铺土平土是保证压实质量的关键。采用带式运输机或自卸汽车上坝, 卸料集中。为保证铺土均匀, 需用推土机或平土机散料平土。国内不少工地采用"算方上料、定点卸料、随卸随平、定机定人、铺平把关、插杆检查"的措施, 使平土工作取得良好的效果。铺填中不应使坝面起伏不平, 避免降雨积水。

黏性土料含水量偏低, 主要应在料场加水, 若需在坝面加水, 应力求"少、勤、匀", 以保证压实效果。对非黏性土料, 为防止运输过程脱水过量, 加水工作主要在坝面进行。石碴料和砂砾料压实前应充分加水, 确保压实质量。

对于汽车上坝或光面压实机具压实的土层, 应刨毛处理, 以利层间结合。通常刨毛深度在 3 ~ 5cm, 可用推土机改装的刨毛机刨毛, 其工效高、质量好。

5.4.3 压实机械及其生产能力的确定

土料不同, 其物理力学性质也不同, 因此使之密实的作用外力也不同。黏性土料的粘结力是主要的, 因此要求压实作用外力能克服粘结力; 非黏性土料 (砂性土料、石渣料、砾石料) 的内摩擦力是主要的, 因此要求压实作用外力能克服颗粒间的内摩擦力。不同的压实机械设备产生的压实作用外力不同, 大体可分为碾压、夯击和震动三种基本类型。

碾压的作用力是静压力, 其大小不随作用时间而变化。

夯击的作用力为瞬时动力, 有瞬时脉冲作用, 其大小随时间和落高而变化。

震动的作用力为周期性的重复动力, 其大小随时间呈周期性变化, 震动周期的长短, 随震动频率的大小而变化。

1.压实机械及其压实方法

根据压实作用力来划分, 通常有碾压、夯击、震动压实三种机具。随着工程机械的发展，又有震动和碾压同时作用的震动碾，产生震动和夯击作用的震动夯等。常用的压实机具有以下几种：

（1）羊脚碾

羊脚碾的外形与平碾不同，在碾压滚筒表面设有交错排列的截头圆锥体，状如羊脚。钢铁空心滚筒侧面设有加载孔，加载的大小根据设计需要来确定。加载物料有铸铁块和砂砾石等。碾滚的轴由框架支承，与牵引的拖拉机用杠辕相连。羊脚的长度随碾滚的重量增加而增加，一般为碾滚直径的 1/7 ~ 1/6。羊脚过长，其表面积过大，压实阻力增加，羊脚端部的接触应力减小，影响压实效果。重型羊脚碾碾重可达 30 t，羊脚相应长 40cm。拖拉机的牵引力随碾重增加而增加。

羊脚碾的羊脚插入土中，不仅使羊脚端部的土料受到压实，而且使侧向土料受到挤压，从而达到均匀压实的效果。在压实过程中，羊脚对表层土有翻松作用，无须刨毛就能保证土料层间结合。

和其他碾压机械一样，羊脚碾的开行方式有两种：进退错距法和圈转套压法。进退错距法操作简便，碾压、铺土和质检等工序协调，便于分段流水作业，压实质量容易保证。圈转套压法要求开行的工作面较大，适合于多碾滚组合碾压。其优点是生产效率较高，但碾压中转弯套压交接处重压过多，易于超压，当转弯半径小时，容易引起土层扭曲，产生剪力破坏，在转弯的四角容易漏压，因此质量难以保证。

国内多采用进退错距法，使用这种开行方式时，为避免漏压，可在碾压带的两侧先往复压够遍数后，再进行错距碾压。错距宽度 b 按式 (5—3) 计算：

$$b = \frac{B}{n} \tag{5—3}$$

式 (5—3) 中，B 表示碾滚净宽，m；n 表示设计碾压遍数。

（2）震动碾

震动碾是一种震动和碾压相结合的压实机械，它是由柴油机带动与机身相连的附有偏心块的轴旋转，迫使碾滚产生高频震动。震动功能以压力波的形式传到土体内。非黏性土料在震动作用下，土粒间的内摩擦力迅速降低，同时由于颗粒大小不均匀，质量有差异，导致惯性力存在差异，从而产生相对位移，使细颗粒填入粗颗粒间的空隙而达到密实。然而，黏性土颗粒间的粘结力是主要的，且土粒相对比较均匀，因此在震动作用下，无法取得像非黏性土那样的压实效果。

由于震动作用，震动碾的压实影响深度比一般碾压机械大 1 ~ 3 倍，可达 1m 以上。它的碾压面积比震动夯、震动器压实面积大，生产率高。震动碾压实效果好，使非黏性土料的相对密度大为提高，坝体的沉陷量大幅度降低，稳定性明显增强，使土工建筑物的抗震性能大为改善。故抗震规范明确规定，对有防震要求的土工建筑物必须用震动碾压实。震动碾结构简单，制作方便，成本低廉，生产率高，是压实非黏性土石料的高效压实机械。

（3）气胎碾

气胎碾有单轴和双轴之分。单轴的构造主要由装载荷重的金属车箱和装在轴上的4~6个气胎组成。碾压时在金属车箱内加载，并同时将气胎充气至设计压力。为防止气胎损坏，停工时应用千斤顶将金属箱支托起来，并把胎内的气放掉。

气胎碾在碾压土料时，气胎会随土体的变形而变形。随着土体压实密度的增加，气胎的变形也相应增加，从而使气胎与土体的接触面积随之增大，始终能保持较为均匀的压实效果。与刚性碾相比，气胎碾不仅对土体的接触压力分布均匀，而且作用时间长，压实效果好，压实土料厚度大，生产效率高。

气胎碾可根据压实土料的特性调整其内压力，使气胎对土体的压力始终保持在土料的极限强度内。通常而言，气胎的内压力，对黏性土以525—630Pa、非黏性土以210~420Pa最好。平碾碾滚是刚性的，不能适应土体的变形，荷载过大就会使碾滚的接触应力超过土体极限强度，这就导致这类碾无法朝重型方向发展。气胎碾却不然，随着荷载的增加，气胎与土体的接触面增大，接触应力仍不致超过土体的极限强度，所以只要牵引力能满足要求，就不妨碍气胎碾朝重型高效方向发展。

（4）夯板及其压实方法

夯板可以吊装在去掉土斗的挖掘机的臂杆上，借助卷扬机操纵绳索系统，使夯板上升。夯击土料时将索具放松，使夯板自由下落，夯实土料，其压实铺土厚度可达1m，生产效率较高。大颗粒填料可用夯板夯实，其破碎率比用碾压机械压实大得多。为了提高夯实效果，适应夯实土料特性，在夯击黏性土料或略受冰冻的土料时，尚可将夯板装上羊脚，即成羊脚夯。

夯板的尺寸与铺土厚度 h 密切相关。在夯击作用下，土层沿垂直方向应力的分布随夯板短边 b 的尺寸而变化。当 $b=h$ 时，底层应力与表层应力之比为0.965；当 $b=h/2$ 时，底层应力与表层应力之比为0.473。若夯板尺寸不变，则表层和底层的应力差值，随铺土厚度的增加而增加。差值越大，压实后的土层竖向密度越不均匀。故选择夯板尺寸时，应尽可能使夯板的短边尺寸接近或略大于铺土厚度。

夯板工作时，机身在压实地段中部后退移动，随夯板臂杆的回转，土料被夯实的夯迹呈扇形。为避免漏夯，夯迹与夯迹之间要套夯，其重叠宽度为10~15cm，夯迹排与排之间也要搭接相同的宽度。为充分发挥夯板的工作效率，避免前后排套压过多，夯板的工作转角以80°~90°为宜。

2. 压实机械的生产率

(1) 碾压机械的生产率

$$p = \frac{v(B-C)h}{n}K_B \qquad (5—4)$$

式（5—4）中，v ——碾的行驶速度，m/h；B 表示碾压带宽度，m；C 表示碾压带搭接宽度，m；h 表示碾压层厚度，m；n 表示碾压遍数；K_B 表示时间利用系数。

(2) 夯实机械的生产率声

$$p = \frac{60(B-C)^2h}{n}K_B \qquad (5—5)$$

式（5—5）中，m ——每分钟夯击次数；

B 表示夯板底宽，m；C 表示夯迹重叠宽度，m；h 表示夯实厚度，m；n 表示夯实遍数；K_B 表示时间利用系数。

3. 压实机械的选择

(1) 选择压实机械的原则

① 选可取得的设备类型。

② 能够满足设计压实标准。

③ 与压实土料的物理力学性质相适应。

④ 满足施工强度的要求。

⑤ 设备类型、规格与工作面的大小、压实部位相适应。

⑥ 施工队伍现有的装备和施工经验等。

(2) 各种压实机械的适用情况

根据国产碾压设备情况，宜用 50t 气胎碾碾压黏性土、砾质土，或含水量略高于最优含水量（或塑限）的土料；用 9 ~ 16.4t 的双联羊脚碾压实黏性土；重型羊脚碾宜用于压实含水量低于最优含水量的重黏性土，对于含水量较高、压实标准较低的轻黏性土也可用肋型碾和平碾压实。13.5t 的震动碾可压实堆石与含有大于 500mm 特大粒径的砂卵石。用直径为 110cm、重 2.5t 的夯板夯实砂砾料和狭窄部位的填土，对刚性建筑物、岸坡等的接触带以及边角、拐角等部位可用轻便夯夯实，如采用 HW—01 型蛙式夯。

各种碾压机械的适用性见表 5—4，表中"○"表示适用，"△"表示可用。

5—4   各种碾压机械的适用性

碾压设备 土料种类	堆石	砂、砂砾料		砾质土	黏性土	黏土		软弱风化土 石混合料
		优良级 配	均匀级 配			低中强度 黏土	高强度 黏土	
5~10t 震动平碾	△	○	○	○	△	△	△	
5~10t 震动平碾	○	○	○	○	△	△	△	
震动凸块碾		△	△	○	○	△		
震动羊角碾			△	△	○	○	△	
气胎碾		○	○	○	○	○	○	
羊角碾				△	○	○	○	
夯板		○	○	○	○	△	△	
尖齿碾								○

5.4.4   压实标准与压实参数

1. 土料的压实标准

土石坝的土料压实标准是根据水工设计要求和土料的物理力学特性提出来的。对黏性土用干容重 γ_d 来控制，对非黏性土用相对密度 D 来控制。控制标准随建筑物的等级不同而异。近些年来由于震动碾的采用，坝体相对密度值大为提高，设计边坡更陡，设计断面更为紧凑，设计工程量显著减少。对于填方，一级建筑物 D 可取 0.7~0.75，二级建筑物 D 可取 0.65~0.7。

在现场用相对密度来控制施工质量不太方便，通常将相对密度 D 转换成对应的干容重 γ_d 来控制，其大小按非黏性土的砾石含量不同确定标准。在实际工程中用相对干容重来控制。其换算公式为

$$\gamma_d = \frac{\gamma_1\gamma_2}{\gamma_2(1-D)+\gamma_1 D} \qquad (5—6)$$

式（5—6）中，γ_1、γ_2 分别为土料极松散和极紧密时的干容重，t/m^3。

2. 压实参数的确定

在确定土料压实参数前必须对土料场进行充分调查，全面掌握各料场土料的物理力学指标，并在此基础上选择具有代表性的料场进行碾压试验，作为施工过程的控制参数。当所选料场土性差异较大时，应分别进行碾压试验。因试验模拟情况不能完全与施工条件吻合，所以在确定压实标准的合格率时，应略高于设计标准。

先以室内试验确定的最优含水量进行现场试验。进行压实试验前，应先通过理论计算并参照已建类似工程的经验，初选几种碾压机械和拟定几组碾压参数，采用逐步收敛法进行试验。所谓逐步收敛法是指固定其他参数，变动一个参数，通过试验得到该参数的最优值。将优选的此参数和其他参数固定，再变动另一个参数，通过试验确定其最优值。以此类推，通过试验得到每个参数的最优值，最后将这组最优参数再进行一次复核试验，若试验结果满足设计、施工的要求，便可作为现场使用的施工碾压参数。实验中，碾压参数组合可参照表5—5而定。

表5—5　施工碾压参数

压实参数 碾压机械	平碾	羊角碾	气胎碾	夯板	震动碾
机械参数	选择三种单宽压力或碾重	选择三种羊角接触压力或碾重	气胎的内压力和碾重各选择三种	夯板的自重和直径各选择三种	对确定的一种机械，碾重为定值
施工参数	1. 选三种铺土厚度 2. 选三种碾压遍数 3. 选三种含水量	1. 选三种铺土厚度 2. 选三种碾压遍数 3. 选三种含水量	1. 选三种铺土厚度 2. 选三种碾压遍数 3. 选三种含水量	1. 选三种铺土厚度 2. 选三种碾压遍数 3. 选三种夯板落距 4. 选三种含水量	1. 选三种铺土厚度 2. 选三种碾压遍数 3. 充分洒水[①]
复核试验参数	按最优参数试验	按最优参数试验	按最优参数试验	按最优参数试验	按最优参数试验
全部试验组数	13	13	16	19(16)[②]	10(7)[③]
每个参数试验场地大小 /m²	3×10	6×10	6×10	8×8	10×20

注：① 堆石的洒水量为其体积的 30% ~ 50%，砂砾料为 20% ~ 40%；
② 通常固定夯板直径，这时只试验16组；
③ 通常固定碾重，这时只试验7组。

黏性土料压实含水量可取 $\omega_1 = \omega_p + 2\%$，$\omega_2 = \omega_p$，$\omega_3 = \omega_p - 2\%$ 三组进行试验，ω_p 为土料的塑限。

试验的铺土厚度和碾压遍数可参照表5—6选取，并测定相应的含水量和干容重，作出对应的关系曲线。再按铺土厚度、碾压遍数、最优含水量和最大干容重进行整理并绘制相应的曲线，根据两种曲线算出最经济与最合理的方式。

表5—6　试验取用铺土厚度和碾压遍数

序号	压实机械名称	铺土厚度 h / cm	碾压遍数	
			粘性土	非黏性土
1	80型履带拖拉机	10—13—16	6—10—12	4—8—10
2	10t 平碾	16—20—24	4—8—10	4—6—8
3	5t 双联羊角碾	19—23—27	10—14—18	
4	30t 双联羊角碾	50—58—65	6—8—10	
5	13.5t 震动羊角碾	75—100—150		4—6—8
6	25t 气胎碾	28—34—40	6—8—10	4—6—8
7	50t 气胎碾	40—50—60	4—6—8	2—6—8
8	2~3t 夯板	80—100—150	2—4—6	2—3—4

在施工中选择合理的碾压方式、铺土厚度及碾压遍数，是综合各种因素试验确定的。有时对同一种土料采用两种压实机具、两种碾压遍数是最经济合理的。

5.4.5　土石坝施工的质量控制要点

施工质量检查和控制是土石坝安全运行的重要保证，它应贯穿于土石坝施工的各个环节和施工全过程。

1. 料场的质量检查和控制

对于土料场，应经常检查所取土料的土质情况、土块大小、杂质含量和含水量是否符合规范规定。其中含水量的检查和控制尤为重要。

经测定，若土料的含水量偏高，则一方面应改善料场的排水条件和采取防雨措施；另一方面需对含水量偏高的土料做翻晒处理，或采取轮换掌子面的办法，使土料的含水量降低到规定范围再开挖。若以上方法仍难满足要求，则可以采用机械烘干法烘干。

当土料含水量不均匀时，应考虑堆筑"土牛"（大土堆），使含水量均匀后再外运。当含水量偏低时，对于黏性土料应考虑在料场加水。料场加水量 Q_D 可按式（5—7）计算：

$$Q_D = \frac{Q_D}{K_P} \gamma_c (\omega_0 + \omega - \omega_e) \tag{5—7}$$

式（5—7）中，Q_D 表示土料上坝强度；K_P 表示土料的可松性系数；γ_c 表示料场的土料容重；ω_0、ω、ω_e 分别为坝面碾压要求的含水量、装车和运输过程中的蒸发损失量以及料场土料的天然含水量，通常取 0.02 ~ 0.03，最好在现场测定。

料场加水的有效方法是采用分块筑畦埂，灌水浸渍，轮换取土。地形高差大时，也可采用喷灌机喷洒，此法易于掌握，节约用水。无论采用何种加水方式，均应进行现场试验。对非黏性土料，可用洒水车在坝面喷洒加水，从而消除运输时从料场至坝上的水量损失。

对石料场应经常检查石质、风化程度、爆落块料级配大小及形状是否满足上坝的要求。如发现不合要求的现象，应查明原因，及时处理。

2. 坝面的质量检查和控制

在坝面作业中，应对铺土厚度、填土块度、含水量大小和压实后的干容重等进行检查，并提出质量控制措施。对于黏性土，含水量的检测是关键，最简单的办法是"手检"，即手握土料能成团，手指撮可成碎块，则含水量合适，更精确可靠的方法是用含水量测定仪测定。为便于现场的质量控制，及时掌握填土压实的情况，可绘制干容重、含水量的质量管理图。

对于干容重取样试验结果，其合格率应不低于 90%，不合格干容重不得低于设计干容重的 98%，且不合格样不得集中。对于干容重的测定，黏性土一般可用体积为 200 ~ 500cm³ 的环刀测定；砂可用体积为 500cm³ 的环刀测定；砾质土、砂砾料、反滤料用灌水法或灌砂法测定；堆石因其空隙大，一般用灌水法测定。当砂砾料因缺乏细料而被架空时，也用灌水法测定。

根据地形、地质、坝料特性等因素，在施工特征部位和防渗体中，选定一些固定取样断面，沿坝高 5 ~ 10m，取代表性试样（总数不宜少于 30 个），进行室内物理力学性能试验，作为核对设计及工程管理之根据。坝体取样要求见表 5—7。此外，还须对坝面、坝基、削坡、坝肩接合部、与刚性建筑物连接处以及各种土料的过渡带进行检查。应确认土层层间结合处是否出现光面和剪力破坏。对施工中发现的可疑问题，如上坝土料的土质、含水量不合要求，漏压或碾压遍数不够，超压或碾压遍数过多，铺土厚度不均匀及坑洼部位等应进行重点抽查，不合格者要返工。

表 5—7　坝体取样要求

坝料类别部位			试验项目	取样试验次数
防渗体	黏性土	边角夯实部位	干容重、含水量	2 或 3 次每层
		碾压部位	干容重、含水量、结合层描述	1 次 / (100 ~ 200) m^3
		均质坝	干容重、含水量	1 次 / (100 ~ 400) m^3

坝料类别部位			试验项目	取样试验次数
防渗体	黏性土	边角夯实部位	干容重、含水量、砾石含量	2～3次/每层
		碾压部位	干容重、含水量、砾石含量	1次/(200～400)m^3
反滤料、过滤料颗粒分析、含泥量 1次/(1～2)m厚			干容重、含水量、砾石含量	1次/1000 m^3
坝壳砂砾料颗粒分析、含泥量 1次/5m厚			干容重、砾石含量	1次/(400～2000) m^3
坝壳砾质土			千容重、含水量，小于5mm 含量上、下限值	1次/(400～2000) m^3
碾压堆石颗粒分析 1次/(5～10)m厚			千容重、小于5mm含量	1 次/(10000～50000) m^3

对于反滤层、过渡层、坝壳等非黏性土的填筑，除按表5—7取样检查外，主要应控制压实参数，如不符合要求，施工人员应及时纠正。在填筑排水反滤层的过程中，每层在25m×25m的范围内取样1或2个；对条形反滤层，每隔50m设一取样断面，每个取样断面每层取样不得少于4个，均匀分布在断面的不同部位，且层间取样位置应彼此对应。对于反滤层铺填的厚度、是否混有杂物、填料的质量及颗粒级配等应全面检查。通过颗粒分析，查明反滤层的层间系数（D_{50}/d_{50}）和每层的颗粒不均匀系数（d_{60}/d_{10}）是否符合设计要求。如不符合要求，应重新筛选，重新铺填。

土坝的堆石棱体与堆石体的质量检查大体相同。主要应检查上坝石料的质量、风化程度、石块的重量、尺寸、形状、堆筑过程有无离析架空现象发生等。对于堆石的级配、孔隙率的大小，应分层分段取样，检查是否符合规范要求。随坝体的填筑应分层埋设沉降管，对施工过程中坝体的沉陷进行定期观测，并做出沉陷随时间的变化过程线。

对于填筑土料、反滤料、堆石等的质量检查记录，应及时整理，分别编号存档，编制数据库。其既可作为施工过程全面质量管理的依据，也可作为坝体运行后进行长期观测和事故分析的佐证。

5.5　堤防及护岸工程施工技术

堤防工程包括土料场选择、土料挖运、堤基处理、堤身施工、防渗工程施工、防护工程施工、堤防加固及扩建等内容。

护岸工程是指直接或间接保护河岸，并保持适当整治线的任何一种结构，它包括用混凝土、块石或其他材料做成的直接（连续性的）护岸工程，也包括诸如用丁坝等建筑物来改变和调整河槽的间接（非连续性的）护岸工程。

5.5.1　堤身填筑

堤防施工的主要内容包括土料选择、土场布置、施工放样、堤基清理、铺土压实与竣工验收等。

1. 土料选择

土料选择的原则包括两方面：一是要满足防渗要求；二是应就地取材，因地制宜。

（1）开工前，应根据设计要求、土质、天然含水量、运距及开采条件等因素选择取料区。

（2）均质土堤宜选用中壤土或亚黏土；铺盖、心墙、斜墙等防渗体宜选用黏性较大的土；堤后盖宜选用砂性土。

（3）淤泥土、杂质土、冻土块、膨胀土、分散性黏土等特殊土料，一般不宜用于填筑堤身。

2. 土料开采

（1）地表清理。土料场地表清理包括清除表层杂质和耕作土、植物根系及表层稀软淤土。

（2）排水。土料场排水应采取截、排结合，以截为主的措施。对于地表水应在采料高程以上修筑截水沟加以拦截。对于流入开采范围的地表水应挖纵横排水沟迅速排除。在开挖过程中，应保持地下水位在开挖面 0.5m 以下。

（3）常用挖运设备。堤防施工是挖、装、运、填的综合作业。开挖与运输是施工的关键工序，是保证工期和降低施工费用的主要环节。堤防施工中常用的设备按其功能不同可分为挖装、运输和碾压三类。主要设备有挖掘机、铲运机、推土机、碾压设备和自卸汽车等。

（4）开采方式。土料开采主要有立面开采和平面开采两种方式，对于两者的比较见表5—8。

表5—8 土料开采方式比较

开采条件	立面开采	平面开采
料场条件	土层较厚(大于5m),土料成层分布不均	地形平坦,面积较大,适应薄层开挖
含水率	损失小,适用于接近或略小于施工控制含水率的土料	损失大,适用于稍大于施工控制含水率的土料
冬季施工	土温散失小	土温易散失,不宜在零下气温下施工
雨季施工	不利影响较小	不利影响较大
适用机械	正铲挖掘机、装载机	推土机、铲运机、反向挖掘机
层状土料情况	层状土料允许掺混	层状土料有须剔除的不合格料层

无论采用何种开采方式,均应在料场对土料进行质量控制,检查土料性质及含水率是否符合设计规定,不符合规定的土料不得上堤。

3.填筑技术要求

(1)堤基清理

①筑堤工作开始前,必须按设计要求对堤基进行清理。

②堤基清理范围包括堤身、铺盖和压载的基面。堤基清理边线应比设计基面边线宽30~50cm。如果老堤加高培厚,则其清理范围还应包括堤顶和堤坡。

③堤基清理时,应将堤基范围内的淤泥、腐殖土、泥炭、不合格土、杂草及树根等清除干净。

④堤基内的井窖、树坑、坑塘等应按堤身要求进行分层回填处理。

⑤堤基清理后,应在第一层铺填前进行平整压实,压实后的土体干密度应符合设计要求。

⑥堤基冻结后不应有明显冻夹层、冻胀现象或浸水现象。

(2)填筑作业的一般要求

①地面起伏不平时,应按水平分层由低处开始逐层填筑,不得顺坡铺填;堤防横断面上的地面坡度陡于1∶5时,应削至缓于1∶5。

②分段作业面长度,机械施工时工段长不应小于100m,人工施工时段长可适当减短。

③作业面应分层统一铺土,统一碾压,并进行平整,界面处要相互搭接,严禁出现界沟。

④在软土堤基上筑堤时,如堤身两侧设有压载平台,则应按设计断面同步分层填筑。

⑤相邻施工段的作业面宜均衡上升，若段与段之间不可避免地出现高差时，应以斜坡面相接，并按堤身接缝施工要点的要求作业。

⑥已铺土料表面在压实前被晒干时，应洒水湿润。

⑦光面碾压的黏性土填筑层，在新层铺料前，应作刨毛处理。

⑧若发现局部"弹簧土"、层间光面、层间中空和松土层等质量问题时，应及时进行处理，经检验合格后，方可铺填新土。

⑨在软土地基上筑堤，或用较高含水量土料填筑堤身时，应严格控制施工速度，必要时应在地基、坡面设置沉降和位移观测点，根据观测资料分析结果，指导安全施工。

⑩堤身全断面填筑完毕后，应作整坡压实及削坡处理，并对堤防两侧护堤地面的坑洼进行铺填平整。

4.铺料作业的要求

（1）铺料前应将已压实的压光面层刨毛，含水量应适宜，过干时要洒水湿润。

（2）铺料要求均匀、平整。每层铺料厚度和土块直径的限制尺寸应通过碾压试验确定。在缺乏试验资料时，可参照表5—9(但应通过压实效果验证)。

表5—9　不同碾压机具土料块径和铺土厚度控制参考表

压实机具类型	碾压机具	土块限制块径／cm	每层铺土厚度／cm
轻型	人工夯、机械夯	≤5	15～20
	5～10t平碾或凸块碾	≤8	20～25
中型	12～15t平碾或凸块碾、5～8 t振动碾、2.5 m³铲运机	≤10	25～30
重型	加载气胎碾、10～16 t振动碾、大于7 m³铲运机	≤15	30～35

（3）严禁砂(砾)料或其他透水料与黏性土料混杂，上堤土料中的杂质应当清除。

（4）土料或砾质土可采用进占法或后退法卸料；砂砾料宜用后退法卸料；砂砾料或砾质土卸料时如发生颗粒分离现象，应将其拌和均匀。砂砾料分层铺填的厚度不宜超过30～35 cm，用重型振动碾时，可适当加厚，但不超过60～80 cm。

（5）铺料至堤边时，应在设计边线外侧各超填一定余量。人工铺料宜为10cm，机械铺料宜为30cm。

（6）土料铺填与压实工序应连续进行，以免因土料含水量变化过大而影响填筑质量。

5. 压实作业的要求

（1）施工前应先做碾压试验，确定碾压参数，以保证碾压质量能达到设计干密度值。

（2）碾压时必须严格控制土料含水率。土料含水率应控制在最优含水率 ±3% 范围内。

（3）分段填筑，各段应设立标志，以防漏压、欠压和过压。上、下层的分段接缝位置应错开。

（4）分段、分片碾压时，相邻作业面的搭接碾压宽度，平行堤轴线方向不应小于 0.5m，垂直堤轴线方向不应小于 3m。

（5）砂砾料压实时，洒水量宜为填筑方量的 20% ~ 40%；中细砂压实时的洒水量，应按最优含水率控制。

5.5.2 护岸

护岸工程一般布设在受水流冲刷严重的险工险段，其长度一般应从开始塌岸处至塌岸终止点，并加一定的安全长度。通常堤防护岸工程包括水上护坡和水下护脚两部分，水上与水下之分均就枯水施工期而言。护岸工程的原则是先护脚、后护坡。

堤岸防护工程一般可分为坡式护岸（平顺护岸）、坝式护岸和墙式护岸等几种。

1. 坡式护岸

坡式护岸即顺岸坡及坡脚一定范围内覆盖抗冲材料，这种护岸形式对河床边界条件改变和对近岸水流条件的影响均较小，是一种较常采用的形式。

（1）护脚工程

下层护脚为护岸工程的根基，其稳固与否，直接决定着护岸工程的成败，实践中所强调的"护脚为先"就是对其重要性的经验总结。护脚工程及其建筑材料，要求能抵御水流的冲刷及推移质的磨损；具有较好的整体性并能适应河床的变形；较好的水下防腐性能；便于水下施工并易于补充修复。经常采用的形式有抛石护脚、抛石笼护脚、沉排护脚和沉枕护脚等。

① 抛石护脚

抛石护脚是平顺坡式护岸下部固基的主要方法，其施工技术特性见表 5—10。

表 5—10　抛石护脚施工技术特性

技术要点	技术条件	技术要求
抛石粒径	岸坡比为 1：2，水深超过 20m	粒径为 20~45cm
	岸坡比缓于 1：3，流速不大	粒径为 15~33cm
抛石厚度	抛石厚度应不小于抛石块径的 2 倍	一般堤段为 60~100cm
	水深流急时抛石厚度宜为抛石块径的 3~4 倍	重要堤段为 80~100cm
抛石坡度	枯水位以下	抛石坡度为 1：1.5~1：1.4

抛石护脚宜在枯水期组织施工。要严格按照施工程序进行，设计好抛石船的位置，抛投由上游往下游，由远及近，先点后线，先深后浅，循序渐进，自下而上分层均匀抛投。

②抛石笼护脚

现场石块尺寸较小，抛投后可能被水冲走时，可采用抛石笼的方法。石笼护脚多用于流速大于 5.0m/s、岸坡较陡的岸段。预先以编织、扎绳索而成的铅丝网、钢筋网，在现场充填石料后抛投入水。石笼体积在 1~2.5 m³，具体大小由现场抛投手段和能力而定。抛投完成后，要全面进行一次水下探测，对于笼与笼接头不严处则用大块石抛填补齐。

铅丝石笼，其主要优点是可以充分利用较小粒径的石料，具有较大体积与质量，整体性和柔韧性均较好，用于护岸时，可适应坡度较陡的河岸。

③沉排护脚

沉排又叫柴排，它是一种用梢料制成的大面积排状物，用块石压沉于近岸河床之上，以保护河床、岸坡免受水流淘刷的一种工程措施。

沉排是靠石块压沉的，石的大小和数量，应通过计算大致确定。

沉排护脚的主要优点是整体性和柔韧性强，能适应河床变形，同时坚固耐用，具有较长的使用寿命，以往一般认为在 10~30 年。沉排的主要缺点是成本高，用料多，制作技术和沉放要求较高，一旦散排上浮，器材损失严重。另外要及时抛石维护，防止因排脚局部淘刷而造成柴排折断破坏现象。

④沉枕护脚

抛沉柳石枕也是最常用的一种护脚工程形式，其是先用柳枝、芦苇、秸料等扎成直径为 15cm、长 5~10m 的梢把（又称梢龙），每隔 0.5m 紧扎篾子一道（或用 16 号铅丝捆扎），然后将其铺在枕架上，上面堆置块石，石块上再放梢把，最后用 14 号或 12 号铅丝捆紧成枕。枕体两端应装较大石块，并捆成布袋口形，以免枕石外漏。有时为了控制枕体沉放位置，在制作时会加穿心绳（三股 8 号铅丝绞成）。

沉枕一般设计成单层，对个别局部陡坡险段，也可根据实际需要设计成双层或三层。

沉枕上端应在常年枯水位下 0.5m，以防最枯水位时沉枕外露而腐烂，其上还应加抛接坡石。沉枕外脚，有可能因河床刷深而使枕体下滚或悬空折断，因此要加抛压脚石。为稳定枕体，延长使用寿命，最好在其上部加抛压枕石，压枕石一般平均厚 0.5m。

沉枕护脚的主要优点是能使水下掩护层联结成密实体，又因具有一定的柔韧性，入水后可以紧贴河床，起到较好的防冲作用。同时也容易滞沙落淤，稳定性能较好，在我国黄河干、支流治河工程中被广泛采用。

（2）护坡工程

护坡工程除受水流冲刷作用外，还要承受波浪的冲击及地下水外渗的侵蚀，另外，因处于河道水位变动区，时干时湿，所以就要求其建筑材料坚硬、密实、耐风化。

目前，常见的护坡工程结构形式有干砌石护坡、浆砌石护坡、混凝土护坡、模袋混凝土护坡等。

① 干砌石护坡

a. 坡面较缓（1∶2.5～1∶3）、受水流冲刷较轻的坡面，采用单层干砌块石护坡或双层干砌块石护坡。

b. 坡面有涌水现象时，应在护坡层下铺设 15cm 以上厚度的碎石、粗砂或砂砾作为反滤层。封顶用平整块石砌护。

c. 干砌石护坡的坡度，应根据土体的结构性质而定，土质坚实的砌石坡度可陡些，反之则应缓些。一般坡度为 1∶2.5～1∶3，个别可为 1∶2。

② 浆砌石护坡

a. 坡度在 1∶1～1∶2，或坡面位于沟岸、河岸，下部可能遭受水流冲刷，且洪水冲击力强的防护地段，宜采用浆砌石护坡。

b. 浆砌石护坡由面层和起反滤层作用的垫层组成。面层铺砌厚度为 25～35cm，垫层又分单层和双层两种，单层厚 5～15cm，双层厚 20～25cm。原坡面如为砂、砾、卵石，则可不设垫层。

c. 对较长的浆砌石护坡，应沿纵向每隔 10～15m 设置一道宽约 2cm 的伸缩缝，并用沥青或木条填塞。

③ 混凝土护坡

a. 在边坡坡脚可能遭受强烈洪水冲刷的陡坡段，采取混凝土（或钢筋混凝土）

护坡，必要时需加锚固定。

b.混凝土护坡施工工序有测量、放线、修整夯实边坡、开挖齿坎、滤水垫层、立模、混凝土浇筑和养护等，须注意预留排水孔。

c.预制混凝土块施工工序有预制混凝土块、、测量放线、整平夯实边坡、开挖齿坎、铺设垫层、混凝土砌筑和勾缝养护。

④ 模袋混凝土护坡

模袋混凝土护坡的主要工序如下：

a.清整浇筑场地。清除坡面杂物，平整浇筑面。

b.模袋铺设。开挖模袋埋固沟后，将模袋从坡上往坡下铺放。

c.充填模袋。利用灌料泵自下而上，按左、右、中灌入孔的次序充填。充填约1h后，清除模袋表面的漏浆，设渗水孔管，回填埋固沟，并按规定要求进行养护。

2.坝式护岸

坝式护岸是指修建丁坝、顺坝，将水流挑离堤岸，以防止水流、波浪或潮汐对堤岸边坡的冲刷，这种形式多用于游荡性河流的护岸。

坝式防护分为丁坝、顺坝、丁顺坝和潜坝四种形式，坝体结构基本相同其中，丁坝是一种间断性的、有重点的护岸形式，具有调整水流的作用。在河床宽阔、水浅流缓的河段，常采用这种护岸形式。

丁坝坝头底脚常有垂直旋涡发生，以致冲刷为深塘，故坝前应予以保护或将坝头构筑坚固，丁坝坝根则需埋入堤岸内。

3.墙式护岸

墙式护岸是指顺堤岸修筑竖直陡坡式挡墙，这种形式多用于城区河流或海岸防护。

在河道狭窄，堤外无滩且易受水冲刷，受地形条件或已建建筑物限制的重要堤段，常采用墙式护岸。

墙式防护（防洪墙）分为重力式挡土墙、扶壁式挡土墙和悬臂式挡土墙等形式。墙式护岸一般在临水侧采用直立式，在满足稳定要求的前提下，应尽量减小断面，以减少工程量和少占地为原则。墙体材料可采用钢筋混凝土、混凝土和浆砌石等。墙基应嵌入堤岸护脚一定深度，以满足墙体和堤岸整体抗滑稳定和抗冲刷的要求。如冲刷深度大，还需采取抛石等护脚固基措施，以减少基础埋深。

混凝土护岸可采用大型模板或拉模浇筑，并按规范施工。

第6章 混凝土工程施工

在水利工程中，混凝土是整个工程的主要原材料，混凝土本身具有很多优点，如价格低、抗压力大、耐久性强等。正是由于这些优点，混凝土才被广泛地运用到各种水利工程中。

水利工程混凝土施工的特点包括：

（1）施工季节性强。

（2）工期长，工程量大。

（3）施工技术复杂。

（4）要求严格控制温度。

6.1 混凝土的分类及性能

6.1.1 混凝土的分类

1. 按胶凝材料划分

（1）无机胶凝材料混凝土。无机胶凝材料混凝土包括石灰硅质胶凝材料混凝土（如硅酸盐混凝土）、硅酸盐水泥系混凝土（如硅酸盐水泥、普通水泥、矿渣水泥、粉煤灰水泥、火山灰质水泥、早强水泥混凝土等）、钙铝水泥系混凝土（如高铝水泥、纯铝酸盐水泥、喷射水泥，超速硬水泥混凝土等）、石膏混凝土、镁质水泥混凝土、硫黄混凝土、水玻璃氟硅酸钠混凝土、金属混凝土（用金属代替水泥作胶结材料）等。

（2）有机胶凝材料混凝土。有机胶凝材料混凝土主要有沥青混凝土和聚合物水泥混凝土、树脂混凝土、聚合物浸渍混凝土等。

2. 按表观密度划分

混凝土按照表观密度的大小可分为重混凝土、普通混凝土、轻质混凝土三种。这三种混凝土的不同之处在于骨料的不同。

（1）重混凝土

重混凝土是表观密度大于 2500 kg/m³，用特别密实和特别重的骨料制成的混凝土，如重晶石混凝土、钢屑混凝土等，它们具有不透 X 射线和 γ 射线的性能，常由重晶石和铁矿石配制而成。

（2）普通混凝土

普通混凝土即在建筑中常用的混凝土，表观密度为 1950 ~ 2500 kg/m³，主要以砂、石子为主要骨料配制而成，是土木工程中最常用的混凝土品种。

（3）轻质混凝土

轻质混凝土是表观密度小于 1950 kg/m³ 的混凝土。它又可以分为如下三类：

① 轻骨料混凝土，其表观密度为 800 ~ 1950 kg/m³。轻骨料包括浮石、火山渣、陶粒、膨胀珍珠岩、膨胀矿渣、矿渣等。

② 多孔混凝土（泡沫混凝土、加气混凝土），其表观密度是 300 ~ 1000 kg/m³。泡沫混凝土是由水泥浆或水泥砂浆与稳定的泡沫制成的。加气混凝土是由水泥、水与发气剂制成的。

③ 大孔混凝土（普通大孔混凝土、轻骨料大孔混凝土），其组成中无细骨料。普通大孔混凝土的表观密度为 1500 ~ 1900 kg/m³，是用碎石、软石、重矿渣作骨料配制的。轻骨料大孔混凝土的表观密度为 500 ~ 1500 kg/m³，是用陶粒、浮石、碎砖、矿渣等作为骨料配制的。

3. 按使用功能划分

按使用功能可分为结构混凝土、保温混凝土、装饰混凝土、防水混凝土、耐火混凝土、水工混凝土、海工混凝土、道路混凝土、防辐射混凝土等类型。

4. 按施工工艺划分

按施工工艺可分为离心混凝土、真空混凝土、灌浆混凝土、喷射混凝土、碾压混凝土、挤压混凝土、泵送混凝土等。按配筋方式分为素（即无筋）混凝土、钢筋混凝土、钢丝网水泥、纤维混凝土、预应力混凝土等。

5. 按拌和物的流动性能划分

按拌和物的流动性能可分为干硬性混凝土、半干硬性混凝土、塑性混凝土、流动性混凝土、高流动性混凝土、流态混凝土等。

6. 按掺合料划分

按掺合料可分为粉煤灰混凝土、硅灰混凝土、矿渣混凝土、纤维混凝土等。

除以上划分标准外，混凝土还可按抗压强度分为低强度混凝土（抗压强度小于 30MPa）、中强度混凝土（抗压强度为 30 ~ 60MPa）和高强度混凝土（抗压强度大于或等于 60MPa）；按每立方米水泥用量又可分为贫混凝土（水泥用量不超过 170kg）和富混凝土（水泥用量不小于 230kg）等。

6.1.2 混凝土的性能

混凝土的性能主要有以下几项。

1. 和易性

和易性是混凝土拌和物最重要的性能，主要包括流动性、黏聚性和保水性三个方面。它综合表示拌和物的稠度、流动性、可塑性、抗分层离析泌水的性能及易抹面性等。测定和表示拌和物和易性的方法与指标有很多，我国主要采用截锥坍落筒测定的坍落度及用维勃仪测定的维勃时间，作为稠度的主要指标。

2. 强度

强度是混凝土硬化后的最重要的力学性能，是指混凝土抵抗压、拉、弯、剪等应力的能力。水灰比、水泥品种和用量、骨料的品种和用量以及搅拌、成型、养护，都直接影响混凝土的强度。混凝土按标准抗压强度（以边长为150mm的立方体为标准试件，在标准养护条件下养护28d，按照标准试验方法测得的具有95010保证率的立方体抗压强度）划分的强度等级，分为C10、C15、C20、C25、C30、C35、C40、C45、C50、C55、C60、C65、C70、C75、C80、C85、C90、C95、C100共19个等级。混凝土的抗拉强度仅为其抗压强度的1/20～1/10。提高混凝土抗拉强度、抗压强度的比值是混凝土改性的重要方面。

3. 变形

混凝土在荷载或温湿度作用下会产生变形，主要包括弹性变形、塑性变形、收缩和温度变形等。混凝土在短期荷载作用下的弹性变形主要用弹性模量表示。在长期荷载作用下，应力不变，应变持续增加的现象为徐变；应变不变，应力持续减少的现象为松弛。由于水泥水化、水泥石的碳化和失水等原因产生的体积变形，称为收缩。

硬化混凝土的变形来自两方面，即环境因素（温度、湿度变化）和外加荷载因素，因此有以下结论：

① 荷载作用下的变形包括弹性变形和非弹性变形两方面。

② 非荷载作用下的变形包括收缩变形（干缩、自收缩）和膨胀变形（湿胀）两种。

③ 复合作用下的变形包括徐变。

4. 耐久性

混凝土在使用过程中抵抗各种破坏因素作用的能力称为耐久性。混凝土耐久性的好坏，决定混凝土工程的寿命。它是混凝土的一个重要性能，因此长期以来受到人们的高度重视。

在一般情况下，混凝土具有良好的耐久性，但在寒冷地区，特别是在水位变化的工程部位以及在饱水状态下受到频繁的冻融交替作用时，混凝土易于损坏。为此，对混凝土要有一定的抗冻性要求。用于不透水的工程时，要求混凝土具有良好的抗渗性和耐蚀性。

混凝土耐久性包括抗渗性、抗冻性和抗侵蚀性。

影响混凝土耐久性的破坏作用主要有以下 6 种：

① 冰冻——融解循环作用。这是最常见的破坏作用，以至于有时人们用抗冻性来代表混凝土的耐久性。冻融循环在混凝土中产生内应力，促使裂缝发展、结构疏松，直至表层剥落或整体崩溃。

② 环境水的作用：包括淡水的浸溶作用、含盐水和酸性水的侵蚀作用等。其中硫酸盐、氯盐、镁盐和酸类溶液在一定条件下可产生剧烈的腐蚀作用，导致混凝土被迅速破坏。环境水作用的破坏过程可概括为两种变化：一是减少组分，即混凝土中的某些组分直接溶解或经过分解后溶解；二是增加组分，即溶液中的某些物质进入混凝土中产生化学、物理或物理化学变化，生成新的产物。上述组分的增减会导致混凝土体积的不稳定。

③ 风化作用：包括干湿、冷热的循环作用。在温度和湿度变幅大、变化快的地区以及兼有其他破坏因素（例如盐、碱、海水、冻融等）作用时，常能加速混凝土的崩溃。

④ 中性化作用：在空气中的某些酸性气体，如 H_2S 和 CO_2 在适当温度、湿度条件下使混凝土中液相的碱度降低，引起某些组分分解，并使体积发生变化。

⑤ 钢筋锈蚀作用：在钢筋混凝土中，钢筋因电化学作用生锈，体积增加，胀坏混凝土保护层，结果又加速了钢筋的锈蚀，这种恶性循环会使钢筋与混凝土同时受到严重的破坏，成为毁坏钢筋混凝土结构的一个主要原因。

⑥ 碱——骨料反应：最常见的是水泥或水中的碱分 (Na_2O、K_2O) 和某些活性骨料（如蛋白石、燧石、安山岩、方石英）中的 SiO_2 发生反应，在界面区生成碱的硅酸盐凝胶，使体积膨胀，最后会使整个混凝土建筑物崩解。这种反应又名碱——硅酸反应。此外，还有碱——硅酸盐反应与碱——碳酸盐反应。

有人将抵抗磨损、气蚀、冲击以至高温等作用的能力也纳入耐久性的范围。

上述各种破坏作用还常因其具有循环交替和共存叠加而加剧。前者导致混凝土材料疲劳；后者则使破坏过程加剧并复杂化而难以防治。

要提高混凝土的耐久性，必须从抵抗力和作用力两个方面入手。增加抵抗力就能抑制或延缓作用力的破坏。因此，提高混凝土的强度和密实性有利于耐久性的改善，其中密实性尤为重要，因为孔、缝是破坏因素进入混凝土内部的途径，所以混凝土的抗渗性与抗冻性密切相关。另外，通过改善环境以削弱作用力，也能提高混凝土的耐久性。此外，还可采用外加剂（例如引气剂之对于抗冻性等）、谨慎选择水泥和集料、掺加聚合物、使用涂层材料等来有效提高混凝土的耐久性，延长混凝土工程的安全使用期。

耐久性是一项长期性能，而破坏过程又十分复杂，因此要较准确地进行测试及评价，还存在不少困难。只是采用快速模拟试验，对在一个或少数几个破坏因素作用下的一种或几种性能变化，进行对比并加以测试的方法还不够理想，评价标准也不统一，对于破坏机制及相似规律更缺乏深入的研究，因此到目前为止，混凝土的耐久性还难以预测。除了实验室快速试验以外，进行长期暴露试验和工程实物的观测，从而积累长期数据，将有助于耐久性的正确评定。

6.2 混凝土的组成材料

普通混凝土是由水泥、粗骨料（碎石或卵石）、细骨料（砂）、外加剂和水拌和，经硬化而成的一种人造石材。砂、石在混凝土中起骨架作用，并能抑制水泥的收缩；水泥和水形成水泥浆，包裹在粗、细骨料表面并填充骨料间的空隙。水泥浆体在硬化前起润滑作用，使混凝土拌和物具有良好的工作性能，硬化后将骨料胶结在一起，形成坚强的整体。

6.2.1 水泥的分类及命名

1. 水泥的分类

（1）按用途及性能分

水泥按用途及性能分为如下几类：

① 通用水泥：一般土木建筑工程通常采用的水泥。通用水泥主要是指GB175—2007规定的六大类水泥，即硅酸盐水泥、普通硅酸盐水泥、矿渣硅酸盐水泥、火山灰质硅酸盐水泥、粉煤灰硅酸盐水泥和复合硅酸盐水泥。

② 专用水泥：专门用途的水泥。如 G 级油井水泥、道路硅酸盐水泥。

③ 特性水泥：某种性能比较突出的水泥。如快硬硅酸盐水泥、低热矿渣硅酸盐水泥、膨胀硫铝酸盐水泥、磷铝酸盐水泥和磷酸盐水泥。

2. 按其主要水硬性物质名称划分

水泥按其主要水硬性物质名称分为如下类型：

① 硅酸盐水泥（国外通称为波特兰水泥）；

② 铝酸盐水泥；

③ 硫铝酸盐水泥；

④ 铁铝酸盐水泥;

⑤ 氟铝酸盐水泥;

⑥ 磷酸盐水泥;

⑦ 以火山灰或潜在水硬性材料及其他活性材料为主要组分的水泥。

(3) 按主要技术特性划分

按主要技术特性水泥分为以下类型:

① 快硬性 (水硬性) 水泥:分为快硬和特快硬两类。

② 水化热:分为中热水泥和低热水泥两类。

③ 抗硫酸盐水泥:分中抗硫酸盐腐蚀和高抗硫酸盐腐蚀两类。

④ 膨胀水泥:分为膨胀和自应力两类。

⑤ 耐高温水泥:铝酸盐水泥的耐高温性以水泥中氧化铝含量分级。

2. 水泥命名的原则

水泥主要根据水硬性矿物、混合材料、用途和主要特性等命名,力求简明准确。当名称过长时,允许有简称。

通用水泥以水泥的主要水硬性矿物名称冠以混合材料名称或其他适当名称命名。专用水泥以其专门用途命名,并可冠以不同型号。

特种水泥以水泥的主要水硬性矿物名称冠以水泥的主要特性命名,并可冠以不同型号或混合材料名称。

以火山灰性、潜在水硬性材料以及其他活性材料为主要组分的水泥,是以主要组成成分的名称冠以活性材料的名称的方式命名,也可再冠以特性名称,如石膏矿渣水泥、石灰火山灰水泥等。

3. 水泥类型的定义

(1) 水泥:加水拌和成塑性浆体,能胶结砂、石等材料,既能在空气中硬化,又能在水中硬化的粉末状水硬性胶凝材料。

(2) 硅酸盐水泥:由硅酸盐水泥熟料、0~5% 的石灰石或粒化高炉矿渣、适量石膏磨细制成的水硬性胶凝材料,分 P·I 和 P·Ⅱ。

(3) 普通硅酸盐水泥:由硅酸盐水泥熟料、6%~20% 的混合材料、适量石膏磨细制成的水硬性胶凝材料,简称普通水泥,代号为 P·0。

(4) 矿渣硅酸盐水泥:由硅酸盐水泥熟料、20%~70% 的粒化高炉矿渣和适量石膏磨细制成的水硬性胶凝材料,代号为 P·S。

(5) 火山灰质硅酸盐水泥:由硅酸盐水泥熟料、20%~40% 的火山灰质混合材料和适量石膏磨细制成的水硬性胶凝材料,代号为 P·P。

(6) 粉煤灰硅酸盐水泥:由硅酸盐水泥熟料、20%~40% 的粉煤灰和适量石膏磨细制成的水硬性胶凝材料，代号为 P·F。

（7）复合硅酸盐水泥：由硅酸盐水泥熟料、20%～50% 两种或两种以上规定的混合材料和适量石膏磨细制成的水硬性胶凝材料，简称复合水泥，代号为 P·C。

（8）中热硅酸盐水泥：以适当成分的硅酸盐水泥熟料，加入适量石膏磨细制成的具有中等水化热的水硬性胶凝材料。

（9）低热矿渣硅酸盐水泥：以适当成分的硅酸盐水泥熟料，加入适量石膏磨细制成的具有低水化热的水硬性胶凝材料。

（10）快硬硅酸盐水泥：由硅酸盐水泥熟料加入适量石膏，磨细制成早强度高的以 3d 抗压强度表示强度等级的水泥。

（11）抗硫酸盐硅酸盐水泥：由硅酸盐水泥熟料，加入适量石膏磨细制成的抗硫酸盐腐蚀性能良好的水泥。

（12）白色硅酸盐水泥：由氧化铁含量少的硅酸盐水泥熟料加入适量石膏，磨细制成的白色水泥。

（13）道路硅酸盐水泥：由道路硅酸盐水泥熟料、0～10% 的活性混合材料和适量石膏磨细制成的水硬性胶凝材料，简称道路水泥。

（14）砌筑水泥：由活性混合材料，加入适量硅酸盐水泥熟料和石膏，磨细制成的主要用于砌筑砂浆的低强度等级水泥。

（15）油井水泥：由适当矿物组成的硅酸盐水泥熟料、适量石膏和混合材料等磨细制成的适用于一定井温条件下油、气井固井工程的水泥。

（16）石膏矿渣水泥：以粒化高炉矿渣为主要组分材料，加入适量石膏、硅酸盐水泥熟料或石灰磨细制成的水泥。

4. 生产工艺

硅酸盐类水泥的生产工艺在水泥生产中具有代表性，是以石灰石和黏土为主要原料，经破碎、配料、磨细制成生料，然后喂入水泥窑中煅烧成熟料，再将熟料加适量石膏（有时还掺加混合材料或外加剂）磨细而成。

水泥生产随生料制备方法不同，可分为干法（包括半干法）与湿法（包括半湿法）两种。

（1）干法生产：将原料同时烘干并粉磨，或先烘干经粉磨成生料粉后喂入干法窑内煅烧成熟料的方法。但也有将生料粉加入适量的水制成生料球，然后送入立波尔窑内煅烧成熟料的方法，称为半干法，其仍属干法生产的一种。

新型干法水泥生产线是指采用窑外分解新工艺生产的水泥。其生产以悬浮预热器和窑外分解技术为核心，采用新型原料、燃料均化和节能粉磨技术及装备，全线采用计算机集散控制，实现水泥生产过程自动化，具有高效、优质、低耗、环保的特点。

新型干法水泥生产技术是 20 世纪 50 年代发展起来的。日本、德国等发达国家，以悬浮预热和预分解为核心的新型干法水泥熟料生产设备率占 95%，中国第一套悬浮预热和预分解窑于 1976 年投产。该技术的优点是传热迅速、热效率高，单位容积较湿法水泥产量大，热耗低。

（2）湿法生产：将原料加水粉磨成生料浆后，喂入湿法窑煅烧成熟料的方法。也有将湿法制备的生料浆脱水后，制成生料块入窑煅烧成熟料，这种方法称为半湿法，其仍属湿法生产的一种。

干法生产的主要优点是热耗低（如带有预热器的干法窑熟料热耗为 3140～3768J/kg），缺点是生料成分不易均匀、车间扬尘大、电耗较高。湿法生产具有操作简单、生料成分容易控制、产品质量好、料浆输送方便、车间扬尘少等优点，缺点是热耗高（熟料热耗通常为 5234～6490J/kg）。

水泥的生产，一般可分生料粉磨、熟料煅烧和水泥粉磨三个工序，整个生产过程可概括为"两磨一烧"。

① 生料粉磨

生料粉磨分干法和湿法两种。干法一般采用闭路操作系统，即原料经磨机磨细后，进入选粉机分选，粗粉回流入磨再行粉磨的操作，并且多数采用物料在磨机内同时烘干并粉磨的工艺，所用设备有管磨、中卸磨及辊式磨等。湿法通常采用管磨、棒球磨等一次通过磨机不再回流的开路系统，但也有采用带分级机或弧形筛的闭路系统的。

② 熟料煅烧

煅烧熟料的设备主要有立窑和回转窑两类，立窑适用于生产规模较小的工厂，大中型厂宜采用回转窑。

a. 立窑

窑筒体立置不转动的称为立窑，分为普通立窑和机械化立窑两种。普通立窑是人工加料和人工卸料或机械加料，人工卸料；机械化立窑是机械加料和机械卸料。机械化立窑是连续操作的，它的产量、质量及生产率都比普通立窑高。国外大多数立窑已被回转窑所取代，但在当前中国水泥工业中，立窑仍占有重要地位。根据建材技术政策要求，小型水泥厂应用机械化立窑逐步取代普通立窑。

b. 回转窑

窑筒体卧置（略带斜度，约为 3%），并能做回转运动的称为回转窑。分煅烧生料粉的干法窑和煅烧料浆（含水率通常在 35% 左右）的湿法窑。

干法窑。干法窑又可分为中空式窑、余热锅炉窑、悬浮预热器窑和悬浮分解炉窑几种。20 世纪 70 年代前后，出现了一种可大幅度提高回转窑产量的煅烧工艺——窑外分解技术。其特点是采用了预分解窑，它以悬浮预热器窑为基础，在预热器与窑之间增设了分解炉。在分解炉中加入占总燃料用量 50% ~ 60% 的燃料，使燃料的燃烧过程与生料的预热和碳酸盐分解过程相结合，从窑内传热效率较低的地带移到分解炉中进行，生料在悬浮状态或沸腾状态下与热气流进行热交换，从而提高传热效率，使生料在入窑前的碳酸钙分解率在 80% 以上，达到减轻窑的热负荷，延长窑衬的使用寿命和窑的运转周期，在保持窑的发热能力的情况下，大幅度提高产量的目的。

湿法窑。用于湿法生产中的水泥窑称湿法窑，湿法生产是将生料制成含水率为 32% ~ 40% 的料浆。由于制备成具有流动性的泥浆，所以各原料之间混合好，生料成分均匀，烧成的熟料质量高，这是湿法生产的主要优点。

湿法窑可分为湿法长窑和带料浆蒸发机的湿法短窑，目前长窑使用广泛，短窑已很少采用。为了降低湿法长窑的热耗，窑内装设有各种形式的热交换器，如链条、料浆过滤预热器、金属或陶瓷热交换器等。

③ 水泥粉磨

水泥熟料的细磨通常采用圈流粉磨工艺（即闭路操作系统）。为了防止生产中粉尘飞扬，水泥厂均装有收尘设备。电收尘器、袋式收尘器和旋风收尘器等是水泥厂常用的收尘设备。由于在原料预均化、生料粉的均化输送和收尘等方面采用了新技术和新设备，尤其是窑外分解技术的出现，一种干法生产新工艺也随之产生。采用这种新工艺使干法生产的熟料质量不亚于湿法生产，电耗也有所降低，已成为各国水泥工业发展的趋势。

以下以立窑为例来说明水泥的生产过程。

原料和燃料进厂后，由化验室采样分析检验，同时按质量进行搭配均化，存放于原料堆棚。黏土、煤、硫铁矿粉由烘干机烘干水分至工艺指标值，通过提升机提升到相应原料贮库中。石灰石、萤石、石膏经过两级破碎后，由提升机送入各自贮库。

化验室根据石灰石、黏土、无烟煤、萤石、硫铁矿粉的质量情况，计算工艺配方，通过生料微机配料系统进行全黑生料的配料，由生料磨机进行粉磨，每小时采样化验一次生料的 CaO、Fe_2O_3 的百分含量，并及时进行调整，使各项数据符合工艺配方的要求。磨出的黑生料经过斗式提升机提入生料库，化验室依据出磨生料的质量情况，通过多库搭配和机械倒库的方法进行生料的均化，经提升机提入两个生料均化库，生料经两个均化库进行搭配，将料提至成球盘料仓，由设在立窑面上的预加水成球控制装置进行料、水的配比，通过成球盘进行生料的成球。所成的球由立窑布料器将生料球布于窑内不同位置进行煅烧，烧出的熟料经卸料管、鳞板机送至熟料破碎机进行破碎，由化验室每小时采样一次进行熟料的化学、物理分析。

根据熟料质量情况由提升机放入相应的熟料库，同时根据生产经营要求及建材市场情况，化验室将熟料、石膏、矿渣通过熟料微机配料系统进行水泥配比，由水泥磨机进行普通硅酸盐水泥的粉磨，每小时采样一次进行分析检验。磨出的水泥经斗式提升机提入 3 个水泥库，化验室依据出磨水泥质量情况，通过多库搭配和机械倒库方法进行水泥的均化。经提升机送入 2 个水泥均化库，再经两个水泥均化库搭配，由微机控制包装机进行水泥的包装，包装出来的袋装水泥存放于成品仓库，再经化验采样，检验合格后签发水泥出厂通知单。

④ 化学反应

硅酸盐水泥的主要化学成分有 CaO、SiO_2、Fe_2O_3、Al_2O_3。

硅酸盐水泥的主要矿物有 $3CaO \cdot SiO_2$，（简式 C_3S）、$2CaO \cdot SiO_2$，（简式 C_2S）$3CaO \cdot Al_2O_3$，（简式 C_3A）、$4CaO \cdot Al_2O_3 \cdot Fe_2O_3$（简式 C_4AF）。

水泥的凝结和硬化中发生的反应如下：

a. $3CaO \cdot SiO_2 + H_2O \rightarrow CaO \cdot SiO_2 . YH_2O$（凝胶）$+ Ca(OH)_2$。

b. $2CaO \cdot SiO_2 + H_2O \rightarrow CaO \cdot SiO_2 . YH_2O$（凝胶）$+ Ca(OH)_2$。

c. $3CaO \cdot Al_2O_3 + 6H_2O \rightarrow 3CaO \cdot Al_2O_3 . 6H_2O$（水化铝酸钙，不稳定）。

$3CaO \cdot Al_2O_3 + 3CaSO_4 . 2H_2O + 26H_2O \rightarrow 3CaO \cdot Al_2O_3 . 3CaSO_4 . 32H_2O$（钙矾石，三硫型水化铝酸钙）。

$3CaO \cdot Al_2O_3 . 3CaSO_4 . 32H_2O + 2(3CaO \cdot Al_2O_3) + 4H_2O \rightarrow 3(3CaO \cdot Al_2O_3 . CaSO_4 . 12H_2O)$（单硫型水化铝酸钙）。

d. $4CaO \cdot Al_2O_3 . Fe_2O_3 + 7H_2O \rightarrow 3CaO \cdot Al_2O_3 . 6H_2O + CaO \cdot Fe_2O_3 . H_2O$。

水泥速凝是指水泥的一种不正常的早期固化或过早变硬现象。高温使得石膏中的结晶水脱水，变成浆状体，从而失去调节凝结时间的能力。假凝现象与很多因素有关，一般认为主要是由于水泥粉磨时磨内温度较高，使二水石膏脱水成半水石膏。当水泥拌水后，半水石膏迅速与水反应为二水石膏，形成针状结晶网状结构，从而引起浆体固化。另外，某些含碱较高的水泥，硫酸钾与二水石膏生成钾石膏迅速长大，也会造成假凝。假凝与快凝不同，前者放热量甚微，且经剧烈搅拌后浆体可恢复塑性，并进行正常凝结，对强度无不利影响。

6.2.2　粗骨料

在混凝土中，砂、石起骨架作用，称为骨料或集料，其中粒径大于 5mm 的骨料称为粗骨料。普通混凝土常用的粗骨料有碎石及卵石两种。碎石是天然岩石、卵石或矿山废石经机械破碎、筛分制成的，粒径大于 5mm 的岩石颗粒。卵石是由自然风化、水流搬运和分选、堆积而成的，粒径大于5mm的岩石颗粒。卵石和碎石颗粒的长度大于该颗粒所属相应粒级的平均粒径2.4倍者为针状颗粒，厚度小于平均粒径0.4倍者为片状颗粒(平均粒径指该粒级上、下限粒径的平均值)。

混凝土用粗骨料的技术要求有以下几方面。

1. 颗粒级配及最大粒径

粗骨料中公称粒级的上限称为最大粒径。当骨料粒径增大时，其比表面积减小，混凝土的水泥用量也减少，故在满足技术要求的前提下，粗骨料的最大粒径应尽量选大一些。在钢筋混凝土工程中，粗骨料的粒径不得大于混凝土结构截面最小尺寸的1/4，且不得大于钢筋最小净距的3/4。对于混凝土实心板，其最大粒径不宜大于板厚的1/3，且不得超过40mm。泵送混凝土用的碎石，不应大于输送管内径的1/3，卵石不应大于输送管内径的1/2.5。

2. 有害杂质

粗骨料中所含的泥块、淤泥、细屑、硫酸盐、硫化物和有机物都是有害杂质，其含量应符合国家标准《建筑用卵石、碎石》(GB/T14685—2011)的规定。另外，粗骨料中严禁混入煅烧过的白云石或石灰石块。

3. 针、片状颗粒

粗骨料中针、片状颗粒过多，会使混凝土的和易性变差，强度降低，故粗骨料的针、片状颗粒含量应控制在一定的范围内。

6.2.3 细骨料

细骨料是与粗骨料相对的建筑材料，混凝土中起骨架或填充作用的粒状松散材料，直径相对较小(粒径在4.75mm以下)。

相关规范对细骨料(人工砂、天然砂)的品质要求如下：

(1)细骨料应质地坚硬、洁净、级配良好。人工砂的细度模数宜为2.4~2.8，天然砂的细度模数宜为2.2~3.0。使用山砂、粗砂时，应采取相应的试验论证。

(2)细骨料在开采过程中应定期或按一定开采的数量进行碱活性检验，有潜在危害时，应采取相应措施，并经专门试验论证。

(3)细骨料的含水率应保持稳定，必要时应采取加速脱水措施。

1. 泥和泥块的含量

含泥量是指细骨料中粒径小于0.075mm的细尘屑、淤泥、黏土的含量。砂、石中的泥和泥块限制应符合《建筑用砂》(GB/T14684—2011)的要求。

2. 有害杂质

《建筑用砂》(GB/T14684—2011)和《建筑用卵石、碎石》(GB/T14685—2011)

中强调不应有草根、树叶、树枝、煤块和矿渣等杂物。

细骨料的颗粒形状和表面特征会影响其与水泥的黏结以及混凝土拌和物的流动性。山砂的颗粒具有棱角，表面粗糙，含泥量和有机物杂质较多，与水泥的结合性差。河砂、湖砂因长期受到水流作用，颗粒多呈现圆形，比较洁净且使用广泛，一般工程都采用两种砂。

6.2.4　外加剂

混凝土外加剂是在搅拌混凝土过程中掺入的，占水泥质量 5% 以下的，能显著改善混凝土性能的化学物质。在混凝土中掺入外加剂，具有投资少、见效快、技术经济效益显著的特点。

随着科学技术的不断进步，外加剂已越来越多地得到应用，外加剂已成为混凝土除四种基本组分以外的第五种重要组分。

混凝土外加剂常用的主要是萘系高效减水剂、脂肪族高效减水剂和聚羧酸高性能减水剂。

1. 萘系高效减水剂

萘系高效减水剂是经化工合成的非引气型高效减水剂。化学名称为萘磺酸盐甲醛缩合物，它对于水泥粒子有很强的分散作用。对配制大流态混凝土，有早强、高强要求的现浇混凝土和预制构件，使用效果良好，可全面提高和改善混凝土的各种性能，被广泛用于公路、桥梁、大坝、港口码头、隧道、电力、水利及民建工程、蒸养及自然养护预制构件等。

（1）技术指标

① 外观：粉剂为棕黄色粉末，液体为棕褐色黏稠液。

② 固体含量：粉剂不小于 94%，液体不小于 40%。

③ 净浆流动度不小于 230mm。

④ 硫酸钠含量不超过 10%。

⑤ 氯离子含量不超过 0.5%。

（2）性能特点

① 在混凝土强度和坍落度基本相同时，可减少水泥用量 10%~25%。

② 在水灰比不变时，使混凝土初始坍落度提高 10cm 以上，减水率可在 15%~25%。

③ 对混凝土有显著的早强、增强效果，其强度提高幅度为 20%~60%。

④ 改善混凝土的和易性，全面提高混凝土的物理力学性能。

⑤ 对各种水泥适应性好，与其他各类型的混凝土外加剂配伍良好。

⑥ 特别适合在这些混凝土工程中使用：流态混凝土、塑化混凝土、蒸养混凝土、抗渗混凝土、防水混凝土、自然养护预制构件混凝土、钢筋及预应力钢筋混凝土、高强度超高强度混凝土。

（3）掺量范围

粉剂的掺量范围为 0.75% ~ 1.5%，液体的掺量范围为 1.5% ~ 2.5%。

（4）注意事项

① 采用多孔骨料时宜先加水搅拌，再加减水剂。

② 当坍落度较大时，应注意振捣时间不易过长，以防止泌水和分层。

萘系高效减水剂根据其产品中 Na_2SO_4 含量的高低，可分为高浓型产品（Na_2SO_4 含量 <3%）、中浓型产品（Na_2SO_4 含量为 3% ~ 10%）和低浓型产品（Na_2SO_4 含量 >10%）。大多数萘系高效减水剂合成厂都具备将 Na_2SO_4 含量控制在 3% 以下的能力，有些先进企业甚至可将其控制在 0.4% 以下。

萘系减水剂是我国目前生产量最大、使用最广的高效减水剂（占减水剂用量的 70% 以上），其特点是减水率较高（15% ~ 25%），不引气，对凝结时间影响小，与水泥适应性相对较好，能与其他各种外加剂复合使用，价格也相对便宜。萘系减水剂常被用于配制流动性大、高强、高性能的混凝土。单纯掺加萘系减水剂的混凝土坍落度损失较快。另外，萘系减水剂与某些水泥的适应性还需改善。

2. 脂肪族高效减水剂

脂肪族高效减水剂是丙酮磺化合成的羰基焦醛。憎水基主链为脂肪族烃类，是一种绿色高效减水剂，不污染环境，不损害人体健康。对水泥适用性广，对混凝土增强效果明显，坍落度损失小，低温无硫酸钠结晶现象，被广泛用于配制泵送剂、缓凝、早强、防冻、引气等各类个性化减水剂，也可以与萘系减水剂、氨基减水剂、聚羧酸减水剂复合使用。

（1）主要技术指标

① 外观：棕红色的液体。

② 固体含量超过 35%。

③ 比重为 1.15 ~ 1.2。

（2）性能特点

① 减水率高。掺量在 1% ~ 2% 的情况下，减水率在 15% ~ 25%。在同等强度的坍落度条件下，掺脂肪族高效减水剂可节约 25% ~ 30% 的水泥用量。

② 早强、增强效果明显。混凝土掺入脂肪族高效减水剂，3d 可达到设计强度的 60% ~ 70%，7d 可达到 100%，28d 比空白混凝土强度提高 30% ~ 40%。

③ 高保塑。混凝土坍落度经时损失小，60min 基本不损失，90min 损失

10%～20%。

④ 对水泥适用性广泛，和易性、黏聚性好，与其他各类外加剂配伍良好。

⑤ 能显著提高混凝土的抗冻融、抗渗、抗硫酸盐侵蚀性能，并能全面提高混凝土的其他物理性能。

⑥ 特别适用于这些混凝土：流态塑化混凝土，自然养护、蒸养混凝土，抗渗防水混凝土，抗冻融混凝土，抗硫酸盐侵蚀海工混凝土，以及钢筋、预应力混凝土。

⑦ 脂肪族高效减水剂无毒，不燃，不腐蚀钢筋，冬季无硫酸钠结晶。

（3）使用方法

① 通过试验找出最佳掺量，推荐掺量为 1.5%～2%。

② 脂肪族高效减水剂与拌和水一并加入混凝土中，也可以采取后加法，加入脂肪族高效减水剂混凝土要延长搅拌 30s。

③ 由于脂肪族高效减水剂的减水率较大，因此混凝土初凝以前，表面会泌出一层黄浆，这属于正常现象。打完混凝土收浆抹光，颜色则会消除，或在混凝土上强度以后，颜色会自然消除，浇水养护颜色会消除得快一些，不影响混凝土的内在和表面性能。

6.3　钢筋工程

钢筋混凝土施工是水利工程施工的重要组成部分，它在水利工程中的施工主要分骨料及钢筋的材料加工、混凝土拌制、运输、浇筑、养护等几个重要方面。

6.3.1　钢筋的检验与储存技术要点

在水利工程施工过程中，如果发现施工材料的手续与水利工程的施工要求不符，或者是没有出厂合格证，货量不清，也没有验收检测报告等，一定要严禁使用。在水利工程钢筋施工中必须做好钢筋的检验与存储工作，同时要经过试验、检查，如果都没有问题，则说明是合格的钢筋，才可以使用。与此同时，还要把与钢筋相关的施工材料合理有序地放在材料仓库中。如果没有存储施工材料的仓库，则要把钢筋施工材料堆放在比较开阔、平坦的露天场地上，最好是一目了然的地方。另外，在堆放钢筋材料的地方以及周围，要有适当的排水坡。如果没有排水坡，就要挖掘出适当的排水沟，以便排水。在钢筋垛的下面，还要适当铺些木头，钢筋和地面之间的距离要超过 20cm。除此之外，还要建立一个钢筋堆放架，它们之间要有 3m 左右的间隔距离，钢筋堆放架可以用来堆放钢筋施工材料。

6.3.2　钢筋的连接技术要点

（1）钢筋的连接方式主要有绑扎搭接、机械连接以及焊接等。一定要把钢筋的接头合理地接在受力最小的地方，而且在同一根钢筋上还要尽量减少接头。同时，要按照我国当前相关规范的规定，确保机械焊接接头和连接接头的类型和质量。

（2）在轴心受拉的情况下，钢筋不能采用绑扎搭接接头方式。

（3）同一构件中，相邻纵向受力钢筋的绑扎搭接接头，应该相互错开。

6.4　模板工程

模板安装与拆卸是模板施工工程的重要环节，在进行模板工程施工的时候应该对其进行控制。另外，还应当对施工原料的性能、品质进行全面掌握，明确模板施工的要求。

6.4.1　概述

模板工程是水利水电工程施工中的基础性工程，与水利水电工程建设的质量直接挂钩，因此在施工时必须对模板工程加以重视，并进行全面的控制。模板工程中最重要的部分是它在混凝土施工工程中的运用。模板的选择、安装以及拆卸是模板工程施工中最主要的三个环节，对混凝土施工质量的影响也最为深刻。曾有调查显示，模板工程施工费用在整个混凝土工程施工费用中所占比例在 30% 左右。模板工程施工要求技术工人能够熟练掌握板材结构和特性，了解各类板材的施工优势，严格并科学地控制拆模时间。材料用量、工期的掌握、质量的控制都是模板工程施工中必须加以重视的。

模板系统一般由模板以及模板支撑系统两部分组成。模板是混凝土的容器，控制混凝土的浇筑与成型；模板支撑系统则起到稳定模板的作用，避免模板变形，从而影响混凝土质量，并将模板中的混凝土固定在需要的位置上。在实际施工过程中，模板的选择、安装与拆卸是施工中控制难度较高的部分。

6.4.2　模板工程施工中的常见问题

模板工程施工中常见的问题主要有几类：板材选择不符合标准，板材质量不合格，影响了混凝土的凝结和成型；模板安装没有按照相关的图纸标准进行，结构安装有问题，位置安装不当以及模板稳定性差；模板拆卸时间选择不恰当，拆卸过程中影响到了混凝土的质量，模板拆卸之前的准备与检查工作不全面。模板工程施工

出现的这些问题一直困扰和影响着模板工程施工的质量控制与工期管理，并给后期
水利工程的使用和维护保养留下隐患，影响水利工程的使用。

6.4.3　模板工程施工工艺技术

模板工程的施工工艺技术分类可从板材、安装、拆卸等几个方面来进行说明。
在实际施工过程中，只要能够对主要的几个工艺技术进行掌握和控制，就能够以较
高的品质完成模板工程施工。

1. 模板要求与设计

模板工程施工对模板特性有着较高的要求，首先应当保证模板具有较强的耐
久性和稳定性，能够应对复杂的施工环境，不会被气象条件以及施工中的磕碰所影
响。最重要的是，模板必须保证在混凝土浇筑完成之后，自身的尺寸不会发生较大
的变形，导致影响混凝土浇筑质量和成型。在混凝土施工过程中，恶劣的天气、多
变的空气条件以及混凝土本身的变化都会对模板产生影响，因此要求模板板材必须
是低活性的，不会与空气、水、混凝土材料发生锈蚀、腐蚀等反应。由于模板是重
复使用的，所以还要求模板具有较强的适应性，能够应用于各类混凝土施工场地。
模板板材的形状特点、外观尺寸对混凝土浇筑会产生较大的影响，所以模板的选择
是模板工程施工的第一要素。模板的设计则按照施工要求和混凝土浇筑状况进行，
模板的设计与现场地形勘察是分不开的，模板设置要求符合地形勘测，模板结构稳
定，便于模板安装与拆除以及混凝土浇筑工作的开展。

2. 板材分类

模板按照外观形状和板材材料、使用原理可以分为不同的种类。一般按照板材
外观形状分类，模板分为曲面模板和平面模板两种类型，不同类型的模板用于不同
类型的混凝土施工。例如曲面模板，一般用于隧道、廊道等曲面混凝土浇筑的施工
当中。而按照板材材料进行分类，模板则可以被分为很多种类型，如由木料制成则
称为木模板，由钢材制成则称为钢模板。按照使用原理进行分类，模板可分为承重
模板和侧面模板两种类型。侧面模板按照支撑方式和使用特点可以被划分为更多类
型的模板，不同的模板的使用原理和使用对象也各有差异。

一般来讲，模板都是重复使用的，但是某些用于特殊部位的模板却是一次性
的，例如用于特殊施工部位的固定式侧面模板。拆移式、滑动式和移动式侧面模板
一般都是可以重复利用的。滑动式侧面模板可以进行整体移动，能够用于具有连续
性和跨度大的混凝土浇筑，而拆移式侧面模板则不能够进行整体移动。

3. 模板安装

模板安装的关键在于技术工人对模板设计图纸的掌握以及技艺的熟练程度。模

板安装必须保障钢筋绑扎和混凝土浇筑工作的协调性和配合性，避免各类施工发生矛盾和冲突。在模板安装中应当注意以下几点：

（1）模板投入使用后必须对其进行校正，校正次数在两次及以上，多次校正能够保障模板的方位以及大小的准确度，保障后续施工顺利进行。

（2）保障模板接洽点之间的稳固性，避免出现较为明显的接洽点缺陷。尤其要重视混凝土振捣位置的稳定性和可靠性，充分保障混凝土振捣的准确性和振捣顺利进行，有效避免由振捣不善引起的混凝土裂缝问题。

（3）严格控制模板支撑结构的安装，保证其具备强大的抗冲击能力。在施工过程中，工序复杂、施工类目繁多，这些都不可避免地给模板造成了冲击力，因此模板需要具备较强的抗冲击力。可以在模板支撑柱下方设置垫板以增加受力面积，减少支撑柱的摇晃。

4. 模板拆卸

（1）模板的拆卸必须严格按照施工设计进行。拆卸前需要做好充分的准备工作。对混凝土的成型进行严格的检查，查看其凝固程度是否符合拆卸要求，对模板结构进行全方位的检查，确定使用何种拆卸方式。一般来讲，对于模板的拆卸，都会使用块状拆卸法进行。块状拆卸的优势在于：它符合混凝土成型的特点，不容易对混凝土表面和结构造成损害，块状拆卸的难度比较低，拆卸速度也更快。拆卸前必须准备好拆卸所使用的工具和机械，保证拆卸器具的所有功能能正常使用。拆卸中，首先对螺栓等连接件进行拆卸，其次对模板进行松弛处理，以方便整体拆卸工作的进行。

（2）对于拱形模板，应当先拆除支撑柱下方位置的木楔，这样可以有效防止拱架快速下滑造成施工事故。

对于模板工程施工来说，考究的就是管理人员的胆大心细。在施工过程中需要管理人员细心面对施工中的细节管理，大胆开拓和创新管理模式及施工技艺，对模板工程进行深度研究，严格、科学地控制工艺的使用。

6.5 混凝土配合比设计

混凝土配合比是指混凝土中各组成材料（水泥、水、砂、石）用量之间的比例关系。常用的表示方法有两种：① 以每立方米混凝土中各项材料的质量表示，如水泥300kg、水180kg、砂720kg、石子1200kg；② 以水泥质量为1的各项材料相互间的质量比及水灰比来表示，如将上例换算成质量比为水泥：砂：石 =1：2.4：4，水灰比 =0.6。

6.5.1　混凝土配合比设计的基本要求

设计混凝土配合比的任务，就是要根据原材料的技术性能及施工条件，确定出能满足工程所要求的各项技术指标并符合经济原则的各项组成材料的用量。混凝土配合比设计的基本要求如下：

(1) 满足混凝土结构设计所要求的强度等级；

(2) 满足施工所要求的混凝土拌和物的和易性；

(3) 满足混凝土的耐久性（如抗冻等级、抗渗等级和抗侵蚀性等）；

(4) 在满足各项技术性质的前提下，使各组成材料经济合理，尽量做到节约水泥和降低混凝土的成本。

6.5.2　混凝土配合比设计的三个参数

1. 水灰比（W/C）

水灰比是混凝土中水与水泥质量的比值，是影响混凝土强度和耐久性的主要因素。其确定原则是在满足强度和耐久性要求的前提下，尽量选择较大值，以节约水泥。

2. 砂率（β_s）

砂率是指砂子质量占砂、石总质量的百分率。砂率是影响混凝土拌和物和易性的重要指标。砂率的确定原则是在保证混凝土拌和物黏聚性和保水性要求的前提下，尽量取小值。

3. 单位用水量

单位用水量是指 $1~m^3$ 混凝土的用水量，反映混凝土中水泥浆与骨料之间的比例关系。在混凝土拌和物中，水泥浆的多少显著影响混凝土的和易性，同时也影响混凝土的强度和耐久性。其确定原则是在达到流动性要求的前提下取较小值。

水灰比、砂率、单位用水量是混凝土配合比设计的三个重要参数。

6.5.3　混凝土配合比设计的方法及步骤

1. 配合比设计的基本资料

(1) 明确设计所要求的技术指标，如结构、工程部位、强度、和易性、耐久性等。

(2) 合理选择原材料，并预先检验，明确所用原材料的品质及技术性能指标，如水泥品种及强度等级、密度等；砂的细度模数及级配；石子种类、最大粒径及级配；是否掺用外加剂及掺合料等。

2. 配合比的计算

（1）确定混凝土配制强度（$f_{cu,0}$）

在正常施工条件下，由于人、材、机、工艺、环境等的影响，混凝土的质量总是会产生波动，经验证明，这种波动符合正态分布。为使混凝土的强度保证率能满足规定的要求，在设计混凝土配合比时，必须使混凝土的配制强度 $f_{cu,0}$ 高于设计强度等级 $f_{cu,k}$。

当混凝土强度等级小于 C60 时，配制强度按式（6—1）计算：

$$f_{cu,0} \geq f_{cu,k} - t\sigma \qquad (6—1)$$

当混凝土强度等级大于等于 C60 时，配制强度按式（6—2）计算：

$$f_{cu,0} \geq 1.15 f_{cu,k} \qquad (6—2)$$

式（6—1），（6—2）中，$f_{cu,0}$ 表示混凝土的配制强度，MPa；$f_{cu,k}$ 设计要求的混凝土强度等级，MPa；t 表示与混凝土要求的保证率所对应的概率度，见表6—1。σ 表示施工单位的混凝土强度标准差的历史统计水平，MPa。

表6—1　不同 t 值的保证率 P

t	0.00	- 0.50	- 0.80	- 0.84	- 1.00	- 1.04	- 1.20	- 1.28	- 1.40	- 1.50	- 1.60
P(%)	50.0	69.2	78.8	80.0	84.1	85.1	88.5	90.0	91.9	93.3	94.5
t	- 1.65	- 1.70	- 1.75	- 1.81	- 1.88	- 1.96	- 2.00	- 2.05	- 2.33	- 2.50	- 3.00
P(%)	95.0	95.5	96.0	96.5	97.0	97.5	97.7	98.0	99.0	99.4	99.9

$f_{cu,k}$ 一般以 28d 龄期进行设计。但根据《水工混凝土配合比设计规程》(DL/T5330—2005)，水工大体积混凝土多以 90d 龄期的强度为设计标准，回归系数 A（α_a）和 B（α_b）的确定是以 90d 龄期的混凝土强度资料为依据的。其他设计龄期的混凝土可参照表6—2的混凝土抗压强度增长率换算为90d的强度。

表6—2　常态混凝土强度增长率 (%)

水泥品种	粉煤灰掺量	龄期			
		7d	28d	90d	180d
普通硅酸盐水泥	0	80.2	100	118	127
	20	75.0	100	131	145
	30	70.7	100	133	155

续 表

水泥品种	粉煤灰掺量	龄期			
		7d	28d	90d	180d
中热硅酸盐水泥	0	73.6	100	117	120
	20	67.9	100	129	141
	30	61.6	100	141	156
	40	55.7	100	155	164

注: ① 该表是以三峡工程、构皮滩工程、索风营工程等的试验数据统计的混凝土强度增长率。
② 表中所列的是粉煤灰（I级粉煤灰）的不同掺量对混凝土强度的影响。

σ 统计方法见混凝土质量控制,若无统计资料,可参考《普通混凝土配合比设计规程》(JGJ55—2011) 所提供的数值,见表6—3 或《水工混凝土配合比设计规程》(DL/T5330—2005) 所提供的数值,见表6—4。

表 6—3 混凝土强度标准差 σ 值（JGJ55—2011）

混凝土强度等级	≤ C20	C25—C45	C50 ~ C55
σ (MPa)	4.0	5.0	6.0

注: 施工单位可根据实际情况对 σ 值作适当调整。

表6.4 混凝土强度标准差 σ 值 (DUT5330—2005)（单位: MPa）

设计龄期混凝土抗压强度标准值	≤ 15	20—25	30—35	40—45	50
混凝土抗压强度标准差 σ	3.5	4.0	4.5	5.0	5.5

对于强度等级不大于C30的混凝土,当采用统计方法计算的 σ 值不小于3MPa时,应按实际结果取值;当计算的 σ 值小于3MPa时, σ 值应取3MPa。对于强度等级大于C30且小于C60的混凝土,当采用统计方法计算的 σ 值不小于4MPa时,应按实际结果取值;当计算的 σ 值小于4MPa时, σ 值应取4MPa。

根据《普通混凝土配合比设计规程》(JGJ55—2011) 的规定, $f_{cu,k}$ 为具有95%保证率时的抗压强度值,此时 t= - 1.645,式 (6—1) 变为

$$f_{cu,0} \geq f_{cu,k} + 1.645\sigma \qquad (6—3)$$

(2) 确定水灰比 (W/C)

① 满足强度要求的水灰比。根据已测定的水泥实际强度 f_{ce} (或选用的水泥强度等级 $f_{ce,g}$)、粗骨料种类及所要求的混凝土配制强度 $f_{cu,0}$,按混凝土强度经验公

式计算水灰比，则有

$$f_{cu,0} = \alpha_a f_{ce}(\frac{C}{W} - \alpha_b)$$ (6—4)

② 满足耐久性要求的水灰比。根据表6—5、表6—6分别查出满足抗渗性、抗冻性要求的水灰比值，与所设计工程对照选取最小水灰比，取其中的最小值作为满足耐久性要求的水灰比。

表6—5 抗渗等级允许的最大水灰比

设计抗渗等级	最大水灰比	
	C20 ~ C30	C30 以上
W6	0.60	0.55
W8 ~ W12	0.55	0.50
>W12	0.50	0.45

表6—6 抗冻等级允许的最大水灰比和最小水泥用量

设计抗冻等级	最大水灰比		最小水泥用量（kg/m^3）
	无引气剂	掺引气剂	
F50	0.55	0.60	300
F100	0.50	0.55	320
不低于 F150	—	0.50	350

③ 最终选取的水灰比是同时满足强度、耐久性要求的水灰比，即取①、②中的最小值的水灰比。

（3）确定单位用水量（m_{wa}）

根据《普通混凝土配合比设计规程》(JGJ55—2011)，单位用水量的确定方法如下。

① 干硬性和塑性混凝土用水量的确定

a. W/C 在 0.4 ~ 0.8 时，根据施工要求的坍落度值和已知的粗骨料种类及最大粒径，可由表6—7中的规定值选取单位用水量。

表6—7 混凝土单位用水量选用表 (JGJ55—2011)

项目	指标	卵石最大粒径 (mm)				碎石最大粒径 (mm)			
		10	20	31.5	40	16	20	31.5	40
坍落度 (mm)	10～30	190	170	160	150	200	185	175	165
	35～50	200	180	170	160	210	195	185	175
	55～70	210	190	180	170	220	205	195	185
	75～90	215	195	185	175	230	215	205	195
维勃稠度 (s)	16～20	175	160		145	180	170		155
	11～15	180	165		150	185	175		160
	5～10	185	170		155	190	180		165

注：① 本表用水量采用中砂时的平均取值，采用细砂时，1 m^3 混凝土用水量可增加 5～10kg，采用粗砂则可减少 5～10kg。

② 掺用各种外加剂或掺合料时，用水量应相应调整。

③ 本表不适用于水灰比小于 0.4 或大于 0.8 的混凝土以及采用特殊成型工艺的混凝土。

b. W/C 小于 0.4 或大于 0.8 的混凝土及采用特殊成型工艺的混凝土，用水量通过试验确定。

② 流动性、大流动性混凝土的用水量

流动性、大流动性混凝土的用水量按下列步骤计算：

a. 以表 6—7 中坍落度为 90mm 的用水量为基础，按坍落度每增大 20mm 用水量增加 5kg，计算出未掺外加剂的混凝土用水量。

b. 流动性、大流动性混凝土掺外加剂时，每立方米用水量 m_{wa} 可用式 (6—5) 计算：

$$m_{wa} = m_{w0}(1 - \beta) \tag{6—5}$$

式 (6—5) 中，m_{wa} 表示掺外加剂混凝土的单位用水量，kg/m³；m_{w0} 表示未掺外加剂混凝土的单位用水量，kg/m³；β 表示外加剂的减水率 (%)，须经试验确定。

根据《水工混凝土配合比设计规程》(DL/T5330—2005)，单位用水量的确定方法如下。

常态混凝土用水量：

a. 当水胶比在 0.40～0.708 范围且无试验资料时，可由表 6—8 中的规定值选取单位用水量。

表6—8 水工混凝土单位用水量参考值 (DUT5330—2005)

混凝土坍落度 (mm)	卵石最大粒径 (mm)				碎石最大粒径 (mm)			
	20	40	80	150	20	40	80	150
	单位用水量参考值 (kg/m^3)							
10 ~ 30	160	140	120	105	175	155	135	120
30 ~ 50	165	145	125	110	180	160	140	125
50 ~ 70	170	150	130	115	185	165	145	130
70 ~ 90	175	155	135	120	190	170	150	135

注: ① 本表适用于细度模数为 2.6 ~ 2.8 的天然中砂, 当采用细砂或粗砂时, 用水量需增加或减少 3 ~ 5 kg/m^3;

② 使用人工砂时, 用水量酌情增加 5 ~ 10 kg/m^3;

③ 掺入火山灰质掺合料时, 用水量需增加 10 ~ 20 kg/m^3。掺入 I 级粉煤灰时, 用水可减少 5 ~ 10 kg/m^3;

④ 掺入外加剂时, 用水量应根据外加剂的减水率作适当调整, 外加剂的减水率应通过验确定;

⑤ 本表适用于骨料含水状态为饱和面干状态的情况。

　　b. W/C 小于 0.4 或大于 0.8 的混凝土及采用特殊成型工艺的混凝土, 用水量通过试验确定。流动性、大流动性混凝土的用水量与《普通混凝土配合比设计规程》 (JGJ55—2011) 中提供的方法相同。

　　(4) 计算混凝土的单位水泥用量 (m_{c0})

　　根据已选定的单位用水量 (m_{w0}) 和已确定的水灰比 (W/C) 值, 可由式 (6—6) 求出水泥用量:

$$m_{c0} = \frac{m_{w0}}{W/C} \qquad (6—6)$$

　　水泥用量的选择还应考虑结构使用环境条件和耐久性要求, 根据所设计工程的特点从相关规范规定的最小水泥用量进行验证, 取两者中的最大值作为满足耐久性要求的 1 m^3 混凝土的水泥用量。

　　(5) 确定砂率 (β_s)

　　① 计算法。测得混凝土所用砂、石的表观密度和堆积密度, 求出石子的空隙率, 按以下原理计算砂率: 砂子填充石子空隙并略有剩余, 即

$$\beta_s = \frac{m_{s0}}{m_{s0} + m_{g0}} \times 100\% = \frac{k\rho'_{0s}P}{k\rho'_{0s}P + \rho'_{0g}} \times 100\% \qquad (6—7)$$

式（6—7）中，β_s——砂率 (%)；m_{s0}、m_{g0} 表示砂、石用量，kg；ρ'_{0s}、ρ'_{0g} 表示砂、石的堆积密度，kg/m³；P 表示石子的空隙率；k 表示拨开系数，取 1.1 ~ 1.4，碎石及粗砂取大值。

②试验法。在用水量和水灰比不变的条件下，拌制 5 组以上不同砂率的试样，每组相差 2% ~ 3%。测出各组的坍落度或维勃稠度。在坐标上绘出砂率与坍落度（或维勃稠度）关系曲线，从曲线上找出极大值所对应的砂率，其即为所求的最优含砂率。

③查实践资料法。根据本单位对所用材料的使用经验选用砂率。如无使用经验，按骨料种类规格及混凝土的水灰比值参照表 6—9、表 6—10 选取。

表 6—9　常态水工混凝土砂率参考值 (DL/T5330—2005)(%)

粗骨料最大粒径 (mm)	水灰比			
	0.4	0.5	0.6	0.7
20	36 ~ 38	38 ~ 40	40 ~ 42	42 ~ 45
40	30 ~ 32	32 ~ 34	34 ~ 36	36 ~ 38
80	24 ~ 26	26 ~ 28	28 ~ 30	30 ~ 32
150	20 ~ 22	22 ~ 24	24 ~ 26	26 ~ 28

注：1. 本表适用于卵石、细度模数为 2.6 ~ 2.8 的天然中砂拌制的混凝土；

2. 细度模数每增减 0.1，砂率相应增减 0.5% ~ 1.0%；

3. 使用碎石时，砂率需增加 3% ~ 5%；

4. 用人工砂时，砂率应增加 2% ~ 3%；

5. 掺用引气剂时，砂率可减少 2% ~ 3%；掺用粉煤灰时，砂率可减少 1% ~ 2%。

表 6—10　混凝土砂率选用表 (JGJ55—2011)

水灰比 (W/C)	卵石最大粒径 (mm)			碎石最大粒径 (mm)		
	10	20	40	16	20	40
0.4	26 ~ 32	25 ~ 31	24 ~ 30	30 ~ 35	29 ~ 34	27 ~ 32
0.5	30 ~ 35	29 ~ 34	28 ~ 33	33 ~ 38	32 ~ 37	30 ~ 35
0.6	33 ~ 38	32 ~ 37	31 ~ 36	36 ~ 41	35 ~ 40	33 ~ 38
0.7	36 ~ 41	35 ~ 40	34 ~ 39	39 ~ 44	38 ~ 43	36 ~ 41

注：1. 本表数值是中砂的选用砂率，对细砂或粗砂，可相应地减小或增大砂率。

2. 本表适用于坍落度在 10 ~ 60mm 的混凝土。对于坍落度大于 60mm 的混凝土，应在本表的基础上，按坍落度每增大 20mm，砂率增大 1% 的幅度予以调整。

3. 用一个单粒级粗骨料配制混凝土时，砂率应适当增大。

4. 对薄壁构件砂率取偏大值。

（6）计算 1 m^3 混凝土的砂、石用量（m_{s0}、m_{g0}）砂、石用量可用质量法或体积法求得，实际工程中常以质量法为准。

a. 质量法

根据经验，如果原材料情况比较稳定，所配制的混凝土拌和物的表观密度将接近一个固定值，可先假设（估计）每立方米混凝土拌和物的表观密度为 — ρ_{cp}（kg/m^3）。按式（6—8）计算 m_{s0}、m_{g0}：

$$\begin{cases} m_{c0} + m_{s0} + m_{g0} + m_{w0} = \rho_{cp} \times 1\text{m}^3 \\ \dfrac{m_{s0}}{m_{s0} + m_{g0}} = \beta_s \end{cases} \tag{6—8}$$

式（6—8）中，ρ_{cp}——混凝土拌和物的假定表观密度，kg/m^3，其中《普通混凝土配合比设计规程》(JGJ5—2011) 推荐每立方米混凝土拌和物的质量 ρ_{cp} — 取 $2350 \sim 2450\ kg/m^3$，《水工混凝土配合比设计规程》(DL/T5330—2005) 推荐每立方米混凝土拌和物的质量 ρ_{cp}（kg/m^3）见表6—11。m_{c0} 表示 1m^3 混凝土的水泥的质量，kg；m_{s0} 表示 1m^3 混凝土的砂的质量，kg；m_{g0} 表示 1m^3 混凝土的石子的质量，kg；m_{w0} 表示 1m^3 混凝土的水的质量，kg；β_s 表示砂率 (%)。

表6—11　混凝土拌和物质量假定值 (DL/T5330—2005)（单位：kg/m^3）

混凝土种类	卵石最大粒径 (mm)				
	20	40	80	120	150
普通混凝土	2380	2400	2430	2450	2460
引气混凝土（含气量）	2280(5.5%)	2320(4.5%)	2350(3.5%)	2380(3.0%)	2390(3.0%)

注：1. 适用于骨料表观密度为 $2600 \sim 2650\ kg/m^3$ 的混凝土；

2. 骨料表观密度每增减 $100\ kg/m^3$，混凝土拌和物质量相应增减 $60\ kg/m^3$；混凝土含气量每增减 1%，混凝土拌和物质量相应减增 1%。

b. 体积法

假定混凝土拌和物的体积等于各组成材料的绝对体积及拌和物中所含空气的体积之和，则可用式（6—9计算 1 m^3 混凝土拌和物的各材料用量：

$$
\begin{cases}
\dfrac{m_{s0}}{m_{s0}+m_{g0}} \times 100\% = \beta_s \\[3mm]
\dfrac{m_{c0}}{\rho_c}+\dfrac{m_{w0}}{\rho_w}+\dfrac{m_{g0}}{\rho_g}+\dfrac{m_{s0}}{\rho_s}+0.01\alpha = 1
\end{cases}
\tag{6—9}
$$

式（6—9）中，ρ_c、ρ_w 表示水泥、水的密度，kg/m^3；ρ_s、ρ_g 表示砂、石的表观密度，kg/m^3；α 表示混凝土含气量百分数，在不使用引气型外加剂时，可选取 $\alpha = 1$。

解以上联式，即可求出　　、m_{g0}。

至此，可得到初步的配合比，但以上各项计算多是利用经验公式或经验资料获得的，由此配成的混凝土有可能不符合实际要求，所以须对配合比进行试配、调整。

3. 确定基准配合比

采用工程中实际采用的原材料及搅拌方法，按初步配合比计算出试配所需的材料用量，拌制成混凝土拌和物。《普通混凝土配合比设计规程》(JGJ55—2011) 规定的试配的最小拌和量见表6—12，《水工混凝土配合比设计规程》(DL/T5330—2005) 规定的试配的最小拌和量见表6—13。

表6—12　混凝土试配的最小拌和量 (JCJ55—2011)

粗骨料最大粒径（mm）	≤31.5	40.0
拌和物数量（L）	20	25

表3—13　混凝土试配的最小拌和量 (DUT5330—2005)

骨料最大粒径（mm）	20	40	≥80
拌和物数量（L）	15	25	40

按计算的配合比进行试拌，根据坍落度、含气量、泌水、离析等情况判断混凝土拌和物的工作性（和易性），对初步确定的用水量、砂率、外加剂掺量等进行适当地调整。用选定的水胶比和用水量，每次增减砂率 1% ~ 2% 进行试拌，坍落度最大时的砂率即为最优砂率。用最优砂率试拌，调整用水量至混凝土拌和物满足工作性要求。当试拌调整工作完成后，应测出混凝土拌和物的表观密度（ρ_{ct}），重新计算出每立方米混凝土的各项材料用量，其即供混凝土强度试验用的基准配合比。

设调整和易性后试配的材料用量为水 m_{wb}、水泥 m_{cb}、砂 m_{sb}、石子 m_{gb}，则基准配合比为

$$m_{wJ} = \frac{\rho_{ct} \times 1\text{m}^3}{m_{wb} + m_{cb} + m_{sb} + m_{gb}} m_{wb}$$

$$m_{cJ} = \frac{\rho_{ct} \times 1\text{m}^3}{m_{wb} + m_{cb} + m_{sb} + m_{gb}} m_{cb}$$

$$m_{sJ} = \frac{\rho_{ct} \times 1\text{m}^3}{m_{wb} + m_{cb} + m_{sb} + m_{gb}} m_{sb}$$

$$m_{gJ} = \frac{\rho_{ct} \times 1\text{m}^3}{m_{wb} + m_{cb} + m_{sb} + m_{gb}} \tag{6—10}$$

式（6—10）中，m_{wJ}、m_{cJ}、m_{sJ}、m_{gJ} 表示基准配合比混凝土每立方米的用水量、水泥用量、细骨料用量和粗骨料用量，kg；ρ_{ct} 表示混凝土拌和物表观密度实测值，kg/m^3。

经过和易性调整试验得出的混凝土基准配合比，满足了和易性的要求，但其水灰比不一定选用恰当，混凝土的强度不一定符合要求，因此应对混凝土强度进行复核。

4.强度复核，确定实验室配合比

采用三个不同水灰比的配合比，其中一个是基准配合比，另外两个配合比的水灰比则分别比基准配合比增加及减少 0.05，其用水量与基准配合比相同，砂率可分别增加或减少 1%。每种配合比制作一组（三块）试件，每一组都应检验相应配合比拌和物的和易性及测定表观密度，其结果代表这一配合比的混凝土拌和物的性能，将试件标准养护至 28d 时试压，得出相应的强度。

由试验所测得混凝土强度与相应的灰水比作图或计算，求出与混凝土配制强度（$f_{cu,0}$）相对应的灰水比。最后按以下原则确定 1 m^3 混凝土拌和物的各材料用量，即为实验室配合比。

（1）用水量

取基准配合比中的用水量，并根据制作强度试件时测得的坍落度或维勃稠度值，进行调整确定。

（2）水泥用量

以用水量乘以通过试验确定的与配制强度相对应的灰水比值。

（3）砂、石用量

取基准配合比中的砂、石用量，并按定出的水灰比做适当调整。

(4) 混凝土表观密度的校正

强度复核之后的配合比, 还应根据实测的混凝土拌和物的表观密度 (ρ_{ct}) 作校正, 以确定 1m³ 混凝土的各材料用量。其步骤如下:

a. 计算出混凝土拌和物的表观密度 ($\rho_{c,\ c}$):

$$\rho_{c,\ c} \times 1\text{m}^3 = m_c + m_w + m_s + m_g \tag{6—11}$$

b. 计算出校正系数 (δ):

$$\delta = \frac{\rho_{ct}}{\rho_{c,\ c}} \tag{6—12}$$

c. 当混凝土表观密度实测值与计算值之差的绝对值不超过计算值的 2% 时, 上面确定出的配合比即为确定的设计配合比; 当二者之差超过 2% 时, 应按式 (6—13) 计算实验室配合比 (每 1 m^3 混凝土各材料用量):

$$\begin{cases} m_{c,\ sh} = m_c \delta \\ m_{w,\ sh} = m_w \delta \\ m_{s,\ sh} = m_s \delta \\ m_{g,\ sh} = m_g \delta \end{cases} \tag{6—13}$$

5. 混凝土施工配合比的确定

混凝土的实验室配合比中砂、石是以饱和面干状态 (工民建为干燥状态) 为标准计量的, 且不含有超、逊径。但施工时, 实际工地上存放的砂、石都含有一定的水分, 并常存在一定数量的超、逊径。所以在施工现场, 应根据骨料的实际情况进行调整, 将实验室配合比换算为施工配合比。

(1) 骨料含水率的调整

依据现场实测砂、石表面含水率 (砂、石以饱和面干状态为基准) 或含水率 (砂、石以干燥状态为基准), 在配料时, 从加水量中扣除骨料表面含水率或含水率, 并相应增加砂、石用量。假定工地测出砂的表面含水率为 $a\%$, 石子的表面含水率为 $b\%$, 设施工配合比 1m³ 混凝土各材料用量为 m_c' 、 m_s' 、 m_g' 、 m_w' (kg), 则

$$\begin{cases} m_c' = m_{c,\ sh} \\ m_s' = m_{s,\ sh}(1 + a\%) \\ m_g' = m_{g,\ sh}(1 + b\%) \\ m_w' = m_{w,\ sh} - m_{s\ sh}a\% - m_{g\ sh}b\% \end{cases} \tag{6—14}$$

(2) 骨料超、逊径的调整

根据施工现场实测某级骨料超、逊径颗粒含量, 将该级骨料中超径含量计入上一级骨料, 逊径含量计入下一级骨料中, 则该级骨料调整量为

调整量＝（该级超径量＋该级逊径量）－（下级超径量＋上级逊径量）

6.6 混凝土拌和与浇筑

6.6.1 混凝土原料质量控制要点

在施工过程中，认真做好混凝土工程的详细施工记录和报表，并将其作为施工作业实际与监理工作队伍连接的主要依据。原料质量检查内容包括以下几方面：

（1）每一构件或块体逐月的混凝土浇筑数量、累计浇筑数量；

（2）各种原材料的品种和质量检验成果；

（3）浇筑计划中各构件和块体实施浇筑起、迄时间；

（4）混凝土保温、养护和表面保护的作业记录；

（5）不同部位的混凝土等级和配合比；

（6）浇筑时的气温、混凝土的浇筑温度；

（7）模板作业记录和各种部件拆模日期；

（8）钢筋作业记录和各构件及块体实际钢筋用量。

6.6.2 混凝土原料的拌和工作要点

混凝土原料拌和过程中，要重点关注以下两个方面的问题：

（1）混凝土均采用人工进行拌和，其拌和质量应满足规范要求；

（2）因混凝土拌和及配料不当，或拌和时间控制不当的混凝土弃置在指定的现场。防止因拌和质量不良的混凝土进入施工现场而对混凝土工程施工整体质量产生不良影响。

6.6.3 对混凝土原料的运输入仓工作要点

混凝土原料拌和完成后，迅速运达浇筑地点，避免在运输过程中产生分离、漏浆和严重泌水现象。在运输至施工现场后，为防止混凝土产生离析等质量方面的问题，其垂直落差需要控制在一定范围内；否则，需要采用溜筒入仓方式，以保障混凝土工程的整体质量。

6.6.4 对混凝土原料的浇筑工作要点

浇筑环节是确保混凝土工程施工整体质量的核心所在。在浇筑过程中，所采取的施工技术方法包括以下几个方面：

（1）在基岩面浇筑仓施工过程中，浇筑第一层混凝土前应先用水冲洗模板，使模板保持湿润状态，铺一层 2~3cm 厚的水泥砂浆，砂浆铺设面积应与混凝土的浇筑强度相适应，铺设的水泥砂浆保证混凝土与基岩结合良好。

（2）分层浇筑过程中，混凝土浇筑需要人工用插钎进行插捣，其他用 50 型插入式振动棒振捣。

（3）混凝土浇筑时应尽可能保持连续，浇筑混凝土的允许间歇时间按试验确定，若超过允许间歇时间，则按工作缝处理。

（4）混凝土浇筑的厚度需要根据搅拌和运输的浇筑能力、振捣强度及气温等因素来确定。一般情况下，混凝土的浇筑层厚需要严格控制在 30cm 以内。

6.7　混凝土养护

混凝土养护是实现混凝土设计性能的重要基础，为确保这一目标的实现，混凝土养护宜根据现场条件、环境的温度与湿度、结构部位、构件或制品情况、原材料情况以及对混凝土性能的要求等因素，结合热工计算的结果，选择一种或多种合理的养护方法，满足混凝土的温控与湿控要求。

混凝土是土木工程中常用的建筑材料，混凝土养护则是混凝土设计性能实现的重要基础，也是影响工程质量与结构安全的关键因素之一，但水工混凝土经常或周期性受环境水作用，除具有体积大、强度高等特点外，设计与施工中，还要根据工程部位、技术要求和环境条件，优先选用中热硅酸盐水泥，在满足水工建筑物的稳定、承压、耐磨、抗渗、抗冲、抗冻、抗裂、抗侵蚀等特殊要求的同时，降低混凝土发热量，减少温度裂缝。鉴于水利水电工程施工及水工建筑物的这些特点，需根据水利工程的技术规范，采取专门的施工方法和措施，确保工程质量。混凝土浇筑成型后的养护对保证混凝土性能的实现有着特别重要的意义。

6.7.1　自然养护

自然养护即传统的洒水养护，主要有喷雾养护和表面流水养护两种方法。二滩工程经验证明，混凝土流水养护，不仅能降低混凝土表面温度，还能防止混凝土干裂。水利水电工程通常地处偏僻，供水、取水不便，成本也较高，水工建筑物一般具有或壁薄或大体积或外形坡面与直立面多、表面积大、水分极易蒸发等特点，喷雾养护和表面流水养护在实际应用中，很难保证在养护期内始终使混凝土表面保持湿润状态，难以达到养护要求。

喷雾养护一般适用于用水方便的地区及便于洒水养护的部位，如闸室底板等。

喷雾养护时，应使水呈雾状，不可形成水流，亦不得直接以水雾加压于混凝土表面。表面流水养护时要注意水的流速不可过大，混凝土面不得形成水流或冲刷现象，以免造成剥损。

水工混凝土主要采用塑性混凝土和低塑性施工，塑性混凝土水泥用量较少，并掺加较多的膨润土、黏土等材料，坍落度为 5～9cm，施工中一般是在塑性混凝土浇筑完毕 6～18h 内即开始洒水养护。低塑性混凝土坍落度为 1～4cm，较塑性混凝土的养护有一定的区别，为防止干缩裂缝的产生，其养护是混凝土浇筑的紧后工作，即在浇筑完毕后立即进行喷雾养护，并及早开始洒水养护。

对大体积混凝土而言，要控制混凝土内部和表面及表面与外界的温差，即使混凝土内外保持合适的温度梯度，不间断的 24h 养护至关重要，实际施工中很难满足洒水养护的次数，易造成夜间养护中断问题。根据以往的施工经验，在大体积混凝土养护过程中，采用强制或不均匀的冷却降温措施不仅成本相对较高，而且容易因管理不善而使大体积混凝土产生贯穿性裂缝。当施工条件允许时，对如底板类的大体积混凝土也可选择蓄水养护方式。

6.7.2　覆盖养护

覆盖养护是混凝土最常用的保湿、保温养护方法，一般用塑料薄膜、麻袋、草袋等材料覆盖混凝土表面养护。但在风较大时覆盖材料不易固定，覆盖过程中也存在易破损和接缝不严密等问题，不适用于外形坡面、直立面、弧形结构。

覆盖养护有时需和其他养护方法结合使用，如对风沙大、不宜搭设暖棚的仓面，可采用覆盖保温被下面布设暖气排管的办法。覆盖养护时，混凝土敞露的表面应以完好无破损的覆盖材料完全盖住混凝土表面，并予以固定妥当，保持覆盖材料如塑料薄膜内有凝结水。

在保温方面，覆盖养护的效果也较明显，当气温骤降时，未进行保温的表面最大降温量与气温骤降的幅度之比为 88%，一层草袋保温后为 60%，两层草袋保温为 45%，可见对结构进行适当的表面覆盖保温，减小混凝土与外界的热交换，对混凝土结构温控防裂是必要的。但对模板外和混凝土表面覆盖的保温层，不应采用潮湿状态的材料，也不应将保温材料直接铺盖在潮湿的混凝土表面，新浇混凝土表面应铺一层塑料薄膜，对混凝土结构的边及棱角部位的保温厚度应增大到面部位的 2～3 倍。

选择覆盖材料时，不可使用包装过糖、盐或肥料的麻袋。对于有可溶性物质的麻布袋，彻底清洗干净后方可作为养护用覆盖材料。

6.7.3 蓄热法与综合蓄热法养护

蓄热法是一种当混凝土浇筑后,利用原材料加热及水泥水化热的热量,通过适当保温延缓混凝土冷却,使混凝土冷却到0℃以前达到预期要求强度的施工方法。当室外最低温度不低于-15℃时,地面以下的工程,或表面系数 M<5 的结构,应优先采用蓄热法养护。蓄热法具有方法简单、不需混凝土加热设备、节省能源、混凝土耐久性较高、质量好、费用较低等优点,但强度增长较慢,施工要有一套严密的措施和制度。

当采用蓄热法不能满足要求时,应选用综合蓄热法养护。综合蓄热法是在蓄热法的基础上利用高效能的保温围护结构,使混凝土加热拌制所获得的初始热量缓慢散失,并充分利用水泥水化热和掺用相应的外加剂(或进行短时加热)等综合措施,使混凝土温度在降至冰点前达到允许受冻临界强度或者承受荷载所需的强度。综合蓄热法分高、低蓄热法两种养护方式,高蓄热养护过程,主要以短时加热为主,使混凝土在养护期间达到受荷强度;低蓄热养护过程则主要以使用早强水泥或掺用防冻外加剂等冷法为主,使混凝土在一定的负温条件下不被冻坏,仍可继续硬化。水利水电工程多使用低蓄热养护方式。

与其他养护方法不同的是,蓄热法养护与混凝土的浇筑、振捣是同时进行的,即随浇筑、随捣固、随覆盖,以防止表面水分蒸发,减少热量散失。采用蓄热法养护时,应用不易吸潮的保温材料紧密覆盖模板或混凝土表面,迎风面宜增设挡风保温设施,形成不透风的围护层,细薄结构的棱角部分,应加强保温,结构上的孔洞应暂时封堵。当蓄热法不能满足强度增长的要求时,可选用蒸气加热、电流加热或暖棚保温等方法。

6.7.4 搭棚养护

搭棚养护分为防风棚养护和暖棚法养护两种。混凝土在终凝前或刚刚终凝时几乎没有强度或强度很小,此时如果受高温或较大风力的影响,混凝土表面失水过快,易造成毛细管中产生较大的负压而使混凝土体积急剧收缩,而此时混凝土的强度又无法抵抗其本身的收缩,因此产生龟裂。风速对混凝土的水分蒸发会产生直接影响,不可忽视。在风沙较大的地区,当覆盖材料不易固定或不适合覆盖养护的部位,易搭防风棚养护;当阳光强烈、温度较高时,还须采取隔热遮阳等措施。

日平均气温在-15~-10℃时,除可采用综合蓄热法外,还可采用暖棚法。暖棚法养护是一种将被养护的混凝土构件或结构置于搭设的棚中,内部设置散热器、排管、电热器或火炉等,加热棚内空气,使混凝土处于正温环境养护并保持混凝土表面湿润的方法。暖棚构造最内层为阻燃草帘，用以防止发生火灾，中间为篷布，最外层为彩条布，主要作用是防风、防雨，各层保温材料之间的连接采用8#铅丝绑扎。搭设前要了解历年气候条件，进行抗风荷载计算；搭设时应注意在混凝土结构物与暖棚之间要留足够的空间，以使暖空气流通；为降低搭设成本和节能，应注意减小暖棚体积。同时应围护严密、稳定、不透风。采用火炉作热源时，要特别注意安全防火，应将烟或燃烧气体排至棚外，并应采取防止烟气中毒和防火措施。

暖棚法养护的基础是温度观测，对暖棚内的温度，已浇筑混凝土内部温度、外部温度，测温次数的频率，测温方法都有严格的规定。

暖棚内的测温频率为每4小时一次，测温时以距混凝土表面50cm处的温度为准，取四边角和中心温度的平均数为暖棚内的气温值；已浇筑混凝土块体内部温度，用电阻式温度计等仪器观测或埋设孔深大于15cm，孔内灌满液体介质的测温孔，用温度传感器或玻璃温度计测量。大体积混凝土应在浇筑后3d内加密观测温度变化，测温频率为内部混凝土8h观测1次，3d后宜12h观测1次。外部混凝土每天应观测最高、最低温度，测温频率同内部混凝土一致；气温骤降和寒潮期间，应增加温度观测次数。

值得注意的是，混凝土的养护并不仅仅局限于混凝土成型后的养护。低温环境下，混凝土浇筑后最容易受冻的部位主要是浇筑块顶面、四周、棱角和新混凝土与基岩或旧混凝土的结合处，即使受冻后做正常养护，其抗压强度仍比未受冻的正常温度下养护28~60d的混凝土强度低45%~60%，即使是轻微受冻抗剪强度也会降低40%左右。因此，浇筑大面积混凝土时，在覆盖上层混凝土前就应对底层混凝土进行保温养护，保证底层混凝土的温度不低于3℃。混凝土浇筑完毕后，外露表面应及时保温，尤其是新老混凝土接合处和边角处应做好保温措施，保温层厚度应是其他保温层厚度的2倍，保温层搭接长度不应小于30cm。

6.7.5　养护剂养护

养护剂养护就是将水泥混凝土养护剂喷洒或涂刷于混凝土表面，在混凝土表面形成一层连续的不透水的密闭养护薄膜的乳液或高分子溶液。当这种乳液或高分子溶液挥发时，迅速在混凝土体的表面结成一层不透水膜，将混凝土中大部分水化热及蒸发水积蓄下来进行自养。由于膜的有效期比较长，所以可使混凝土得到良好的养护。喷刷作业时，应注意混凝土须无表面水，即在用手指轻擦过表面无水迹时方可喷刷养护剂。使用模板的部位在拆模后立即实施喷刷养护作业，喷刷过早会腐蚀混凝土表面，过迟则混凝土水分蒸发，影响养护效果。养护剂的选择、使用方法和涂刷时间应按产品说明并通过试验确定，混凝土表面不得使用有色养护剂。养护剂养护比较适用于难以用洒水养护及覆盖养护的部位，如高空建筑物、闸室顶部及干旱缺水地区的混凝土结构，但养护剂养护对施工要求较高，应避免出现漏刷、漏喷及涂刷不均匀现象。

6.7.6　总结

（1）洒水养护适合混凝土的早期养护，为防止干缩裂缝的产生，低塑性混凝土养护是混凝土浇筑的紧后工作，即在浇筑完毕后立即喷雾养护。

（2）覆盖养护适合风沙大、不宜搭设暖棚的仓面，不适用于外形坡面、直立面、弧形结构。可视环境温度决定覆盖材料为单层还是多层。

（3）蓄热养护适合室外最低温度不低于 - 15℃时，地面以下的工程，或表面系数 M<5 的结构。蓄热养护与混凝土的浇筑、振捣应同时进行，以防止表面水分蒸发，减少热量散失。

（4）搭棚养护适合于有防风、隔热、遮阳需要的混凝土养护或低温环境下，日平均气温在 - 15 ~ - 10℃时的混凝土养护；为避免混凝土受冻，浇筑大面积混凝土时，在覆盖上层混凝土以前就应对底层混凝土进行保温养护。

（5）养护剂养护适合难以用洒水养护及覆盖养护的部位，如高空建筑物、闸室顶部及干旱缺水地区的混凝土结构，施工中要避免出现漏刷、漏喷及涂刷不均匀现象。

（6）水工混凝土的养护方法应根据现场条件、环境的温度与湿度、结构部位、构件或制品情况、原材料情况以及对混凝土性能的要求等因素，结合热工计算的结果来选择一种或多种合理的养护方法，满足混凝土的温控与湿控要求。

6.8　大体积水工混凝土施工

6.8.1　大体积混凝土的定义

大体积混凝土指的是最小断面尺寸大于 1m 的混凝土结构，其尺寸已经大到必须采用相应的技术措施妥善处理温度差值，合理解决温度应力并控制裂缝开展的混凝土结构。

大体积混凝土的特点是，结构厚实，混凝土量大，工程条件复杂（一般都是地下现浇钢筋混凝土结构），施工技术要求高，水泥水化热较大（预计超过 25℃），易使结构物产生温度变形。大体积混凝土除对最小断面和内外温度有一定的规定外，对平面尺寸也有一定限制。

6.8.2 具体的施工方式

1. 选择合适的混凝土配合比

某工程由于施工时间紧，材料消耗大，混凝土一次连续浇筑施工的工作量也比较大，所以选择以商品混凝土为主，其配合比以混凝土公司实验室经过试验后得到的数据为主。

混凝土坍落度为 130~150mm，泵送混凝土水灰比需控制在 0.3~0.5，砂率最好控制在 5%~40%，最小水泥用量超过 300 kg/m^3 才能满足需要。水泥选择质量合格的矿渣硅酸盐水泥，需提前一周将水泥入库储存，为避免水泥出现受潮，需要采取相应的预防措施。将碎卵石作为粗骨料，最大粒径为 24mm，含泥量在 1% 以下，不存在泥团，密度大于 2.55 t/m^3，超径低于 5%。选择河砂作为细骨料，通过 0.303mm 筛孔的砂大于 15%，含泥量低于 3%，不存在泥团，密度大于 2.50 t/m^3。膨胀剂 (UEA) 掺入量是水泥用量的 3.5%，从试验结果可得这种方式达到了理想的效果，能够降低混凝土的用水量、水灰比、使混凝土的使用性能大大提高。选择 Ⅱ 级粉煤灰作为混合料，细度为 7.7%~8.2%，烧失量为 4%~4.5%，SO_2 含量不超过 1.3%，由于矿渣水泥保水性差，因而粉煤灰取代 15% 的水泥用量。

2. 相关方面的情况

（1）混凝土的运输与输送。检查搅拌站的情况，主要涉及每小时混凝土的输出量、汽车数量等能否满足施工需要，根据需要制定相关的供货合同。通过对 3 家混凝土搅拌情况进行对比研究，得出了混凝土能够满足底板混凝土的浇筑要求。以混凝土施工的工程量作为标准，此次使用了 5 台 HBT-80 混凝土泵实施混凝土浇筑。

（2）考虑到底板混凝土是抗渗混凝土，所以将 UEA 膨胀剂作为外加剂。

（3）为满足外墙防水需要，外墙根据设计图设置水平施工缝。吊模部分在底板浇筑振捣密实后的一段时间进行浇筑，以 Φ16 钢筋实施振捣，使 300mm 高吊模处的混凝土达到稳定状态为止，外墙垂直施工缝需要设置相应的止水钢板。每段混凝土的浇筑必须持续进行，并结合振捣棒的有效振动来制定具体的浇筑施工方式。

（4）浇筑底板上反梁及柱帽时选择吊模，完成底板浇筑后 2h 进行浇筑，此标准范围内的混凝土采用 Φ16 钢筋进行人工振捣。

（5）为防止因浇筑时泵管出现较大的振动而扰动钢筋，应该把泵管设置于在钢管搭设的架子上，架子支腿处满铺跳板。

（6）在施工前做好准备措施，主要包括设施准备、场地检查、检测工具等，并为夜间照明提供相关的准备。

6.8.3　控制浇筑工艺及质量的途径

1. 工艺流程

控制浇筑工艺流程主要包括前期施工准备、混凝土的运输、混凝土浇筑、混凝土振捣、找平、混凝土维护等。

2. 混凝土的浇筑

（1）在浇筑底板混凝土时需要根据标准的浇筑顺序严格进行。施工缝的设置需要固定于浇带上，且保持外墙吊模部分比底板面高出 320mm，在此处设置水平缝，底板梁吊模比底板面高出 400～700mm，这一处需要在底板浇筑振捣密实后再完成浇筑。采用 Φ16 钢筋实施人工振捣，确保吊模处混凝土振捣密实。在浇筑过程中需要保持浇筑持续进行，结合振捣棒的实际振动长度分排完成浇筑工作，避免形成施工冷缝。

（2）膨胀加强带的浇筑，根据标准顺序浇筑到膨胀带位置后需要运用 C35 内掺 27 kg/m^3 PNF 的膨胀混凝土实施浇筑。膨胀带主要以密目钢丝网隔离为主，钢丝网加固竖向选择 Φ20@600，厚度大于 1000mm，将一道 Φ22 腰筋增设于竖向筋中部。

3. 混凝土的振捣

施工过程中的振捣通过机械完成，考虑到泵送混凝土有着坍落度大、流动性强等特点，因此使用斜面分两层布料施工法进行浇筑，振捣时必须保证混凝土表面形成浮浆，且无气泡或下沉才能停止。施工时要把握实际情况，禁止漏振、过振，摊灰与振捣需要从合适的位置进行，以避免钢筋及预埋件发生移动。由于基梁的交叉部位钢筋相对集中，因此振捣过程要留心观察，在交叉部位面积小的地方从附近插振捣棒。对于交叉部位面积大的地方，需要在钢筋绑扎过程中设置 520mm 的间隔，且保留插棒孔。振捣时必须严格根据操作标准执行，浇筑至上表面时根据标高线用木杠或木抹找平，以保证平整度达到标准再施工。

4. 底板后浇带

选择密目钢丝网隔开，钢丝网加固竖向以 Φ20@600 为主，底板厚度控制在 900mm 以上，在竖向筋中部设置一道中 22 腰筋。施工结束后将其清扫干净，并做好维护工作。膨胀带两侧与内部浇筑需要同时进行，内外高差需低于 350mm。

5. 混凝土的找平

底板混凝土找平时需要将表层浮浆汇集在一起，以人工方式清除后实施首次找平，将平整度控制在标准范围内。混凝土初凝后终凝前实施第二次找平，这样做主要是为了将混凝土表面微小的收缩缝除去。

6. 混凝土的养护

养护对大体积混凝土施工是极为重要的工作，养护的最终目的是保证温度和湿度合理，这样才能使混凝土的内外温差得到控制，以保证混凝土的正常使用功能。在大面积的底板面中通常使用一层塑料薄膜后，二层草包作保温保湿养护。养护过程随着混凝土内外温差、降温速率继续调整，以优化养护措施。结合工程实际情况，可适当增加维护时间，拆模后应迅速回土保护，并避免受到骤冷气候的影响，以防出现中期裂缝。

7. 测温点的布置

承台混凝土浇筑量体积较大，其地下室混凝土浇筑时间多在冬季，需要采用电子测温仪根据施工要求对其测温。混凝土初凝后 3d 持续每 2h 测温 1 次，将具体的温度测量数据记录好，测温终止时间为混凝土与环境温度差在 15℃ 以内，对数据进行分析后再制订出相应的施工方案，以实现温差的有效控制。

6.8.4　注意事项

1. 泌水处理

对于大体积混凝土，浇筑、振捣时经常会发生泌水现象，当这种现象严重时，会对混凝土强度造成影响。这就需要制定有效的措施对泌水进行消除。通常情况下，上涌的泌水和浮浆会沿着混凝土浇筑坡面流进坑底。施工中可按照施工流水情况，把多数泌水引入排水坑和集水井坑内，再用潜水泵将其抽排掉。

2. 表面防裂施工技术的重点

大体积泵送混凝土经振捣后经常会出现表面裂缝。在振捣最上一层混凝土过程中，需要把握好振捣时间，以防止表面出现过厚的浮浆层。外界气温也会使混凝土表面与内部形成温差，气温的变化使得温差大小难以控制。振捣结束后利用 2m 长括尺清理剩下的浮浆层，再把混凝土表面拍平整。在混凝土收浆凝固阶段禁止人员在上面走动。

第7章　水利工程施工质量控制

在水利工程建设当中，质量的管理和控制是难点，也是重点。在影响工程质量的诸多因素中，施工单位的质量管理是主体。业主及管理各方，要为施工创造必要的质量保证条件。业主制、监理制和招标投标制是一整套建设制度，不可偏废。各方要找准自己的位置，改变观念，做好自己的份内工作并相互协调。

水利工程建设中所遇到的困难，往往不表现在技术或规模上，而在质量控制方面，水利工程施工最突出的问题是不正规，一切因陋就简。质量、进度、投资三要素之间是互相矛盾又统一的，不正常地偏重于某一点，必然伤害其他目标，失控的目标反过来又必将制约所强调的目标。在理论上，质量、进度、投资是等边三角形的三条边，而在实际操作中，不同阶段必然有不同的侧重。实践证明，任何情况下，以质量为中心的三大控制都是正确的运作方法。好的质量是施工中做出来的，而不是事后检查出来的。

7.1　质量管理与质量控制

7.1.1　掌握质量管理与质量控制的关系

1. 质量管理

（1）按照《质量管理体系标准》(GB/T19000—IS09000(2000)) 的定义，质量管理是指确立质量方针及实施质量方针的全部职能及工作内容，并对其工作效果进行评价和改进的一系列工作。

（2）按照质量管理的概念，组织必须通过建立质量管理体系实施质量管理。其中，质量方针是组织最高管理者的质量宗旨、经营理念和价值观的反映。在质量方针的指导下，通过质量管理手册、程序性管理文件、质量记录的制定，并通过组织制度的落实、管理人员与资源的配置、质量活动的责任分工与权限界定等，形成组织质量管理体系的运行机制。

2. 质量控制

（1）根据《质量管理体系标准》(GB/T19000—IS09000(2000)) 中质量术语的定义，

质量控制是质量管理的一部分，是致力于满足质量要求的一系列相关活动。由于建设工程项目的质量要求是由业主（或投资者、项目法人）提出的，即建设工程项目的质量总目标，是业主的建设意图通过项目策划，包括项目的定义及建设规模、系统构成、使用功能和价值、规格档次标准等的定位策划和目标决策来确定的。因此，在工程勘察设计、招标采购、施工安装、竣工验收等各个阶段，项目干系人均应围绕着满足业主要求的质量总目标而展开。

（2）质量控制所致力的一系列相关活动，包括作业技术活动和管理活动。产品或服务质量的产生，归根结底是由作业技术过程直接形成的。因此，作业技术方法的正确选择和作业技术能力的充分发挥，就是质量控制的关键点，它包含了技术和管理两个方面。必须认识到，组织或人员具备相关的作业技术能力，只是产出合格产品或服务质量的前提，在社会化大生产的条件下，只有通过科学的管理，对作业技术活动过程进行组织和协调，才能使作业技术能力得到充分发挥，实现预期的质量目标。

（3）质量控制是质量管理的一部分而不是全部。两者的区别在于概念、职能范围和作用均不同。质量控制是在明确的质量目标和具体的条件下，通过行动方案和资源配置的计划、实施、检查和监督，进行质量目标的事前预控、事中控制和事后纠偏控制，实现预期质量目标的系统过程。

7.1.2　了解质量控制

质量控制的基本原理是运用全面全过程质量管理的思想和动态控制的原理，进行的事前质量预控、事中质量控制和事后质量控制。

1. 事前质量预控

事前质量预控就是要求预先进行周密的质量计划，包括质量策划、管理体系、岗位设置，把各项质量职能活动，包括作业技术和管理活动建立在能力充分、有条件保证和运行机制的基础上。对于建设工程项目，尤其施工阶段的质量预控，就是通过施工质量计划、施工组织设计或施工项目管理设施规划的制订过程，运用目标管理的手段，实施工程质量事前预控，或称为质量的计划预控。

事前质量预控必须充分发挥组织的技术和管理方面的整体优势，把长期形成的先进技术、管理方法和经验智慧，创造性地应用于工程项目中。

事前质量预控要求针对质量控制对象的控制目标、活动条件、影响因素进行周密分析，找出薄弱环节，制定有效的控制措施和对策。

2. 事中质量控制

事中质量控制也称作业活动过程质量控制，是指质量活动主体的自我控制和他人监控的控制方式。自我控制是第一位的，即作业者在作业过程中对自己质量活动行为的约束和技术能力的发挥，以完成预定质量目标的作业任务；他人监控是指作业者的质量活动过程和结果，接受来自企业内部管理者和企业外部有关方面的检查检验，如工程监理机构、政府质量监督部门等的监控。事中质量控制的目标是确保工序质量合格，杜绝质量事故发生。

由此可知，质量控制的关键是增强质量意识，发挥操作者的自我约束、自我控制能力，即坚持质量标准是根本的，他人监控是必要的补充，没有坚持质量标准或用他人监控取代坚持质量标准的行为都是不正确的。因此，有效进行过程质量控制，就在于创造一种过程控制的机制和活力。

3. 事后质量控制

事后质量控制也称为事后质量把关，以使不合格的工序或产品不进入后道工序、不流入市场。事后质量控制的任务就是对质量活动的结果进行评价、认定，对工序质量的偏差进行纠正，对不合格的产品进行整改和处理。

从理论上来讲，对于建设工程项目，计划预控过程所指定的行动方案考虑得越周密，事中自控能力越强、监控越严格，则实现质量预期目标的可能性就越大。理想的状态就是各项作业活动都"一次交验合格率达 100%"。但要达到这样的管理水平和质量形成能力是相当不容易的，即使坚持不懈地进行努力，也还可能有个别工序或分部分项施工质量会出现偏差，这是因为在作业过程中不可避免地会存在一些难以预料的因素，如系统因素和偶然因素等。

建设工程项目质量的事后控制，具体体现在施工质量验收各个环节的控制方面。

以上系统控制的三大环节，不是孤立和截然分开的，它们之间构成有机的系统过程，实质上也就是质量管理 PDCA 循环的具体化，并在每一次滚动循环中不断提高，以达到质量管理和质量控制的持续改进。

7.2　建设工程项目质量控制系统

7.2.1　掌握建设工程项目质量控制系统的构成

建设工程项目质量控制系统，在实践中有多种叫法，常见的有质量管理体系、质量控制体系、质量管理系统、质量控制网络、质量管理网络、质量保证系统等。例如，我国《建设工程监理规范》(GB50319—2000) 第 5.4.2 条规定：工程项目开工前，总监理工程师应审查承包单位现场项目管理机构的质量管理体系、技术管理体系和质量保证体系，确能保证工程项目施工质量时予以确认。对于质量管理体系、技术管理体系和质量保证体系，应审核这些内容：质量管理、技术管理和质量保证的组织机构；质量管理、技术管理制度；专职管理人员和特种作业人员的资格证、上岗证。

由此可见，上述规范中已经使用了"质量管理体系""技术管理体系"和"质量保证体系"三个不同的体系名称。而建设工程项目的现场质量控制，除承包单位和监理机构外，业主、分包商及供货商的质量责任和控制职能也必须纳入工程项目的质量控制系统内。因此，无论这个系统名称为何，其内容和作用都是一致的。需要强调的是，要正确理解这类系统的性质、范围、结构、特点以及建立和运行的原理并加以应用。

1. 项目质量控制系统的性质

建设工程项目质量控制系统既不是建设单位的质量管理体系或质量保证体系，也不是工程承包企业的质量管理体系或质量保证体系，而是建设工程项目目标控制的一个工作系统，其具有下列性质：

（1）建设工程项目质量控制系统是以工程项目为对象，由工程项目实施的总组织者负责建立的面向对象开展质量控制的工作体系。

（2）建设工程项目质量控制系统是建设工程项目管理组织的一个目标控制体系，它与项目投资控制、进度控制、职业健康安全与环境管理等目标控制体系，共同依托于同一项目管理的组织机构。

（3）建设工程项目质量控制系统根据工程项目管理的实际需要而建立，随着建设工程项目的完成和项目管理组织的解体而消失，因此是一个一次性的质量控制工作体系，它不同于企业的质量管理体系。

2. 项目质量控制系统的范围

建设工程项目质量控制系统的范围，包括按项目范围管理的要求，列入系统控制的建设工程项目构成范围；项目实施的任务范围，即由工程项目实施的全过程或若干阶段进行定义；项目质量控制所涉及的责任主体范围。

（1）系统涉及的工程范围

系统涉及的工程范围，一般根据项目的定义或工程承包合同来确定。具体来说可能有以下三种情况：

① 建设工程项目范围内的全部工程；

② 建设工程项目范围内的某一单项工程或标段工程；

③ 建设工程项目某单项工程范围内的一个单位工程。

（2）系统涉及的任务范围

建设工程项目质量控制系统服务于建设工程项目管理的目标控制，因此其质量控制的系统职能应贯穿于项目的勘察、设计、采购、施工和竣工验收等各个实施环节，即建设工程项目全过程质量控制的任务或若干阶段承包的质量控制任务。

（3）系统涉及的主体范围

建设工程项目质量控制系统所涉及的质量责任自控主体和监控主体，通常情况下包括建设单位、设计单位、工程总承包企业、施工企业、建设工程监理机构、材料设备供应厂商等。这些质量责任和控制主体，在质量控制系统中的地位和作用不同。承担建设工程项目设计、施工或材料设备供货的单位，具有直接的产品质量责任，属质量控制系统中的自控主体；在建设工程项目实施过程中，对各质量责任主体的质量活动行为和活动结果实施监督控制的组织，称为质量监控主体，如业主、项目监理机构等。

3. 项目质量控制系统的结构

建设工程项目质量控制系统，一般情况下会形成多层次、多单元的结构形态，这是由其实施任务的委托方式和合同结构所决定的。

（1）多层次结构

多层次结构是相对于建设工程项目工程系统纵向垂直分解的单项、单位工程项目质量控制子系统而言的。在大中型建设工程项目，尤其是群体工程的建设工程项目中，第一层面的质量控制系统应由建设单位的建设工程项目管理机构负责建立，在委托代建、委托项目管理或实行交钥匙式工程总承包的情况下，应由相应的代建方项目管理机构、受托项目管理机构或工程总承包企业项目管理机构负责建立。第二层面的质量控制系统，通常是指由建设工程项目的设计总负责单位、施工总承包单位等建立的相应管理范围内的质量控制系统。第三层面及其以下是承担工程设计、施工安装、材料设备供应等各承包单位的现场质量自控系统，或称各自的施工质量保证体系。系统纵向层次机构的合理性是建设工程项目质量目标，是控制责任和措施分解落实的重要保证。

（2）多单元结构

多单元结构是指在建设工程项目质量控制总体系统下，第二层面的质量控制系统及其以下的质量自控或保证体系可能有多个，这是项目质量目标、责任和措施分解的必然结果。

4. 项目质量控制系统的特点

如前所述，建设工程项目质量控制系统是面向对象而建立的质量控制工作体系，它和建筑企业或其他组织机构按照GB/T19000标准建立的质量管理体系，有

如下区别:

（1）建立的目的不同。建设工程项目质量控制系统只用于特定的建设工程项目质量控制，而不是用于建筑企业或组织的质量管理。

（2）服务的范围不同。建设工程项目质量控制系统涉及建设工程项目实施过程中的所有质量责任主体，而不只是某一个承包企业或组织机构。

（3）控制的目标不同。建设工程项目质量控制系统的控制目标是建设工程项目的质量标准，并非某一具体建筑企业或组织的质量管理目标。

（4）作用的时效不同。建设工程项目质量控制系统与建设工程项目管理组织系统相融合，是一次性的质量工作系统，并非永久性的质量管理体系。

（5）评价的方式不同。建设工程项目质量控制系统的有效性一般由建设工程项目管理，以令组织者进行自我评价与诊断，不需进行第三方认证。

7.2.2　建设工程项目质量控制系统的建立

建设工程项目质量控制系统的建立，实际上就是建设工程项目质量总目标的确定和分解过程，也是建设工程项目各参与方之间质量管理关系和控制责任的确立过程。为了保证质量控制系统的科学性和有效性，必须明确系统建立的原则、内容、程序和主体。

1.建立的原则

实践经验表明，建设工程项目质量控制系统的建立，遵循以下原则对于质量目标的总体规划、分解和有效实施控制是非常重要的。

（1）分层次规划的原则

建设工程项目质量控制系统的分层次规划，是指建设工程项目管理的总组织者（建设单位或代建制项目管理企业）和承担项目实施任务的各参与单位，分别进行建设工程项目质量控制系统不同层次和范围的规划。

（2）总目标分解的原则

建设工程项目质量控制系统总目标的分解，是根据控制系统内工程项目的分解结构，将工程项目的建设标准和质量总体目标分解到各个责任主体，明示于合同条件，由各责任主体制订出相应的质量计划，确定其具体的控制方式和控制措施。

（3）质量责任制的原则

建设工程项目质量控制系统的建立，应按照建筑法和建设工程质量管理条例有关建设工程质量责任的规定，界定各方的质量责任范围和控制要求。

（4）系统有效性的原则

建设工程项目质量控制系统，应从实际出发，结合项目特点、合同结构和项目管理组织系统的构成情况，建立项目各参与方共同遵循的质量管理制度和控制措施，并形成有效的运行机制。

2. 建立的程序

工程项目质量控制系统的建立过程，一般可按以下环节依次展开工作。

(1) 确立系统质量控制网络

明确系统各层面的建设工程质量控制负责人。一般应包括承担项目实施任务的项目经理(或工程负责人)、总工程师，项目监理机构的总监理工程师、专业监理工程师等，以形成明确的项目质量控制责任者的关系网络架构。

(2) 制定系统质量控制制度

系统质量控制制度包括质量控制例会制度、协调制度、报告审批制度、质量验收制度和质量信息管理制度等。形成建设工程项目质量控制系统的管理文件或手册，作为承担建设工程项目实施任务各方主体共同遵循的管理依据。

(3) 分析系统质量控制界面

建设工程项目质量控制系统的质量责任界面，包括静态界面和动态界面两方面。静态界面根据法律法规、合同条件、组织内部职能分工来确定。动态界面是指项目实施过程设计单位之间、施工单位之间、设计与施工单位之间的衔接配合关系及其责任划分，必须通过分析研究，才能确定管理原则与协调方式。

(4) 编制系统质量控制计划

建设工程项目管理总组织者，负责主持编制建设工程项目总质量计划，根据质量控制系统的要求，部署各质量责任主体编制与其承担任务范围相符的质量计划，按规定程序完成质量计划的审批，并将其作为实施自身工程质量控制的依据。

3. 建立的主体

按照建设工程项目质量控制系统的性质、范围和主体的构成，一般情况下其质量控制系统应由建设单位或建设工程项目总承包企业的工程项目管理机构负责建立。在分阶段依次对勘察、设计、施工、安装等任务进行分别招标发包的情况下，通常应由建设单位或其委托的建设工程项目管理企业负责建立，各承包企业根据建设工程项目质量控制系统的要求，建立隶属于建设工程项目质量控制系统的设计项目、施工项目、采购供应项目等质量控制子系统(可称相应的质量保证体系)，以具体实施其质量责任范围内的质量管理和目标控制。

7.2.3　建设工程项目质量控制系统的运行

建设工程项目质量控制系统的建立，为建设工程项目的质量控制提供了组织制度方面的保证。建设工程项目质量控制系统的运行，实质上就是系统功能的发挥过程，也是质量活动职能和效果的控制过程。然而，质量控制系统要能有效地运行，还有赖于系统内部的运行环境和运行机制的完善。

1. 运行环境

建设工程项目质量控制系统的运行环境，主要是指以下几方面。

（1）建设工程的合同结构

建设工程合同是联系建设工程项目各参与方的纽带，只有在建设工程项目合同结构合理、质量标准和责任条款明确，并严格进行履约管理的条件下，质量控制系统的运行才能成为各方的自觉行动。

（2）质量管理的资源配置

质量管理的资源配置包括专职的工程技术人员和质量管理人员的配置，以及实施技术管理和质量管理所必需的设备、设施、器具、软件等物质资源的配置。人员和资源的合理配置是质量控制系统得以运行的基础条件。

（3）质量管理的组织制度

建设工程项目质量控制系统内部的各项管理制度和程序性文件的建立，为质量控制系统各个环节的运行，提供必要的行动指南、行为准则和评价基准的依据，是系统有序运行的基本保证。

2. 运行机制

建设工程项目质量控制系统的运行机制，是由一系列质量管理制度安排所形成的内在能力。运行机制是质量控制系统的生命，机制缺陷是造成系统运行无序、失效和失控的重要原因。因此，在系统内部的管理制度设计时，必须予以高度的重视，防止重要管理制度缺失、制度本身存在缺陷、制度之间有矛盾等现象出现，才能为系统的运行注入动力机制、约束机制、反馈机制和持续改进机制。

（1）动力机制

动力机制是建设工程项目质量控制系统运行的核心机制，它来源于公正、公开、公平的竞争机制和利益机制的制度设计或安排。这是因为建设工程项目的实施过程是由多主体参与的价值增值链，只有保持供方及分供方等各方关系良好，才能形成合力，这是建设工程项目成功的重要保证。

（2）约束机制

没有约束机制的控制系统是无法使工程质量处于受控状态的，约束机制取决于各主体内部的自我约束能力和外部的监控效力。约束能力表现为组织及个人的经营理念、质量意识、职业道德及技术能力的发挥；监控效力取决于建设工程项目实施主体外部对质量工作的推动和检查监督。两者相辅相成，构成了质量控制过程的制衡关系。

（3）反馈机制

运行的状态和结果的信息反馈是对质量控制系统的能力和运行效果进行评价，并及时为处置提供决策依据。因此，必须有相关的制度安排，保证质量信息反馈及时和准确，保持质量管理者深入生产第一线，掌握第一手资料，才能形成有效的质量信息反馈机制。

（4）持续改进机制

在建设工程项目实施的各个阶段，不同的层面、不同的范围和不同的主体间，应用 PDCA 循环原理，即计划、实施、检查和处置的方式展开质量控制，同时必须注重控制点的设置，加强重点控制和例外控制，并不断寻求改进机会、研究改进措施，这样才能保证建设工程项目质量控制系统不断完善和持续改进，从而不断提高质量控制能力和控制水平。

7.3　建设工程项目施工质量控制

建设工程项目的施工质量控制，有两个方面的含义：一是指建设工程项目施工承包企业的施工质量控制，包括总包的、分包的、综合的和专业的施工质量控制；二是指广义的施工阶段建设工程项目质量控制，即除承包方的施工质量控制外，还包括业主的、设计单位、监理单位以及政府质量监督机构，在施工阶段对建设工程项目施工质量所实施的监督管理和控制。因此，从建设工程项目管理的角度来说，应全面理解施工质量控制的内涵，并掌握建设工程项目施工阶段质量控制任务目标与控制方式、施工质量计划的编制、施工生产要素和作业过程的质量控制方法，熟悉施工质量控制的主要途径。

7.3.1　掌握施工阶段质量控制的目标

1. 施工阶段质量控制的任务目标

建设工程项目施工质量的总目标，是实现由建设工程项目决策、设计文件和施工合同所决定的预期使用功能和质量标准。尽管建设单位、设计单位、施工单位、供货单位和监理机构等，在施工阶段质量控制的地位和任务目标不同，但从建设工程项目管理的角度来说，都是致力于实现建设工程项目的质量总目标，因此施工质量控制目标以及建筑工程施工质量验收依据，可具体表述如下。

（1）建设单位的控制目标

建设单位在施工阶段，通过对施工全过程、全面的质量监督管理、协调和决策，保证竣工项目达到投资决策所确定的质量标准。

（2）设计单位的控制目标

设计单位在施工阶段，通过对关键部位和重要施工项目施工质量验收签证、设计变更控制及解决施工中所发现的设计问题，采纳变更设计的合理化建议等，保证竣工项目的各项施工结果与设计文件（包括变更文件）所规定的质量标准相一致。

（3）施工单位的控制目标

施工单位包括职工总包和分包单位两方面，作为建设工程产品的生产者和经营者，应根据施工合同的任务范围和质量要求，通过全过程、全面的施工质量自控，保证最终能交付满足施工合同及设计文件所规定质量标准的建设工程产品。我国《建设工程质量管理条例》规定，施工单位对建设工程的施工质量负责；分包单位应当按照分包合同的约定对其分包工程的质量向总承包单位负责，总承包单位与分包单位对分包工程的质量承担连带责任。

（4）供货单位的控制目标

建筑材料、设备、构配件等供应厂商，应按照采购供货合同约定的质量标准提供货物及其质量保证、检验试验单据、产品规格和使用说明书，以及其他必要的数据和资料，并对其产品的质量负责。

（5）监理单位的控制目标

建设工程监理单位在施工阶段，通过审核施工质量文件、报告报表及采取现场旁站、巡视、平行检测等形式进行施工过程质量监理，并应用施工指令和结算支付控制等手段，监控施工承包单位的质量活动行为、协调施工关系，正确履行对工程施工质量的监督责任，以保证工程质量达到施工合同和设计文件所规定的质量标准。我国《建筑法》规定，建设工程监理人员认为工程施工不符合工程设计要求、施工技术标准和合同约定的，有权要求建筑施工企业改正。

2.施工阶段质量控制的方式

在长期建设工程施工实践中，施工质量控制的基本方式可以概括为自主控制与监督控制相结合的方式、事前预控与事中控制相结合的方式、动态跟踪与纠偏控制相结合的方式，以及这些方式的综合运用。

7.3.2 施工质量计划的编制方法

1.施工质量计划的编制主体和范围

施工质量计划应由自控主体即施工承包企业进行编制。在平行承发包方式下，各承包单位应分别编制施工质量计划；在总分包模式下，施工总承包单位应编制总承包工程范围的施工质量计划，各分包单位编制相应分包范围的施工质量计划，将其作为施工总承包方质量计划的深化和组成部分。施工总承包方有责任对各分包施工质量计划的编制进行指导和审核，并承担相应施工质量的连带责任。

施工质量计划编制的范围，从工程项目质量控制的要求来说，应与建筑安装工程施工任务的实施范围相一致，以此保证整个项目建筑安装工程的施工质量总体受控；对具体施工任务承包单位而言，施工质量计划的编制范围，应能满足其履行工程承包合同质量责任的要求。建设工程项目的施工质量计划，应在施工程序、控制组织、控制措施、控制方式等方面，形成一个有机的质量计划系统，确保在项目质量总目标和各分解目标方面具备控制能力。

2. 施工质量计划的审批程序与执行

施工单位的项目施工质量计划或施工组织设计文件编成后应按照工程施工管理程序进行审批，施工质量计划的审批程序与执行包括施工企业内部的审批和项目监理机构的审查。

(1) 企业内部的审批

施工单位的项目施工质量计划或施工组织设计的编制与审批，应根据企业质量管理程序性文件规定的权限和流程进行。通常由项目经理部主持编制，报企业组织管理层批准，并报送项目监理机构核准确认。

施工质量计划或施工组织设计文件的审批过程，是施工企业自主技术决策和管理决策的过程，也是发挥企业职能部门与施工项目管理团队智慧的过程。

(2) 监理工程师的审查

实施工程监理的施工项目时，按照我国建设工程监理规范的规定，施工承包单位必须填写《施工组织设计（方案）报审表》并附施工组织设计（方案），报送项目监理机构审查。相关规范规定，项目监理机构在工程开工前，总监理工程师应组织专业监理工程师审查承包单位报送的施工组织设计（方案）报审表，提出意见，经总监理工程师审核、签认后报建设单位。

(3) 审批关系的处理原则

正确执行施工质量计划的审批程序，是正确理解工程质量目标和要求，保证施工部署技术工艺方案和组织管理措施的合理性、先进性及经济性的重要环节，也是进行施工质量事前预控的重要方法。因此在执行审批程序时，必须正确处理施工企业内部审批和监理工程师审批的关系，其基本原则如下：

① 充分发挥质量自控主体和监控主体的共同作用，在坚持项目质量标准和质量控制能力的前提下，正确处理承包人利益和项目利益之间的关系；施工企业内部的审批应从履行工程承包合同的角度出发，审查实现合同质量目标的合理性和可行性，以项目质量计划取得发包方的信任。

② 施工质量计划在审批过程中，对监理工程师审查所提出的建议、希望、要

求等意见是否采纳以及采纳的程度，应由负责质量计划编制的施工单位自主决定。在满足合同和相关法规要求前提下，对质量计划进行调整、修改和优化，并承担相应执行结果的责任。

③ 经过按规定程序审查批准的施工质量计划，在实施过程中如因条件变化需要对某些重要决定进行修改时，其修改内容仍应按照相应程序经过审批后方可执行。

3. 施工质量控制点的设置与实施

（1）质量控制点的设置

施工质量控制点的设置，是根据工程项目施工管理的基本程序，结合项目特点，在制订项目总体质量计划后，列出各基本施工过程对局部和总体质量水平有影响的项目，作为具体实施的质量控制点。如高层建筑施工质量管理中，基坑支护与地基处理、工程测量与沉降观测、大体积钢筋混凝土施工、工程的防排水、钢结构的制作、焊接及检测、大型设备吊装及有关分部分项工程中必须进行重点控制的内容或部位，可列为质量控制点。

通过质量控制点的设定，质量控制的目标及工作重点就能更加明析，事前质量预控的措施也就更加明确。施工质量控制点的事前质量预控工作包括：明确质量控制的目标与控制参数；制定技术规程和控制措施，如施工操作规程及质量检测评定标准；确定质量检查检验方式及抽样的数量与方法；明确检查结果的判断标准、质量记录与信息反馈要求等。

（2）质量控制点的实施

施工质量控制点的实施主要通过控制点的动态设置和动态跟踪管理来实现。所谓动态设置，是指一般情况下在工程开工前、设计交底和图纸会审时，可确定一批整个项目的质量控制点，随着工程的展开、施工条件的变化，随时或定期进行控制点范围的调整和更新。动态跟踪是应用动态控制原理，落实专人负责跟踪和记录控制点质量控制的状态及效果，并及时向项目管理组织的高层管理者反馈质量控制信息，以保持施工质量控制点的受控状态。

7.3.3 施工生产要素的质量控制

施工生产要素是施工质量形成的物质基础，其质量的含义包括：作为劳动主体的施工人员，即直接参与施工的管理者、作业者的素质及其组织效果；作为劳动对象的建筑材料、半成品、工程用品、设备等的质量；作为劳动方法的施工工艺及技术措施的水平；作为劳动手段的施工机械、设备、工具、模具等的技术性能；施工环境，包括现场水文、地质、气象等自然环境，通风、照明、安全等作业环境以及协调配合的管理环境。

1. 劳动主体的控制

施工生产要素的质量控制中的劳动主体的控制，包括工程各类参与人员的生产技能、文化素养、生理体能、心理行为等方面的个体素质及经过合理组织充分发挥其潜在能力的群体素质。因此，企业应通过择优录用、加强思想教育及技能方面的教育培训，合理组织、严格考核，并辅以必要的激励机制，使企业员工的潜在能力得到充分发挥，从而保证劳动主体能在质量控制系统中发挥主体自控作用。施工企业必须坚持对所选派的项目领导者、管理者进行质量意识教育和组织管理能力训练；坚持对分包商进行资质考核，对施工人员进行资格考核；坚持各工种按规定持证上岗制度。

2. 劳动对象的控制

原材料、半成品及设备是构成工程实体的基础，其质量是工程项目实体质量的组成部分。因此加强原材料、半成品及设备的质量控制，不仅是保证工程质量的必要条件，也是实现工程项目投资目标和进度目标的前提。要优先采用节能降耗的新型建筑材料，禁止使用国家明令淘汰的建筑材料。

对原材料、半成品及设备进行质量控制的主要内容为：控制材料设备性能、标准与设计文件的相符性；控制材料设备各项技术性能指标、检验测试指标与标准要求的相符性；控制材料设备进场验收程序及质量文件资料的齐全程度。

施工企业应在施工过程中贯彻执行企业质量程序文件中材料设备在封样、采购、进场检验、抽样检测及质保资料提交等方面一系列明确规定的控制标准。

3. 施工工艺的控制

施工工艺的衔接合理与否是直接影响工程质量、工程进度及工程造价的关键因素，施工工艺的合理可靠与否也直接影响到工程施工的安全。因此，在工程项目质量控制系统中，制订和采用先进、合理、可靠的施工技术工艺方案，是工程质量控制的重要环节。对施工方案的质量控制主要包括以下内容：

（1）全面正确地分析工程特征、技术关键及环境条件等资料，明确质量目标、验收标准、控制点的重点和难点。

（2）制订合理有效的有针对性的施工技术方案和组织方案，施工技术方案包括施工工艺、施工方法，施工组织方案包括施工区段划分、施工流向及劳动组织等。

（3）合理选用施工机械设备和施工临时设施，合理布置施工总平面图和各阶段施工平面图。

（4）选用和设计保证质量与安全的模具、脚手架等施工设备。

（5）编制工程所采用的新材料、新技术、新工艺的专项技术方案和质量管理方案。

4. 施工设备的控制

（1）对施工所用的机械设备，包括起重设备、各项加工机械、专项技术设备、检查测量仪表设备及人货两用电梯等，应根据工程需要从设备选型、主要性能参数及使用操作要求等方面加以控制。

（2）对施工方案中选用的模板、脚手架等施工设备，除按适用的标准定型选用外，一般需按设计及施工要求进行专项设计，对其设计方案及制作质量的控制及验收应作为重点。

（3）按现行施工管理制度要求，工程所用的施工机械、模板、脚手架，特别是危险性较大的现场安装的起重机械设备，不仅要对其设计安装方案进行审批，而且安装完毕交付使用前必须经专业管理部门的验收，合格后方可使用。同时，在使用过程中尚需落实相应的管理制度，以确保其安全正常使用。

5. 施工环境的控制

环境因素主要包括地质水文状况、气象变化及其他不可抗力因素，以及施工现场的通风、照明、安全卫生防护设施等劳动作业环境等内容。环境因素对工程施工的影响一般难以避免，要消除其对施工质量的不利影响，主要是采取预测预防的控制方法：

（1）对地质水文等方面的影响因素的控制，应根据设计要求，分析基地地质资料，预测不利因素，并会同设计等采取相应的措施，如采取降水排水加固等技术控制方案。

（2）对气象方面的不利条件，应制订专项施工方案，明确施工措施，落实人员、器材等方面的各项准备工作以紧急应对，从而减轻其对施工质量的不利影响。

（3）环境因素造成的施工中断，往往也会对工程质量造成不利影响，必须通过加强管理、调整计划等措施，加以控制。

7.3.4　施工过程的作业质量控制

施工质量控制是一个涉及面广泛的系统过程，除施工质量计划的编制和施工生产要素的质量控制外，施工过程的作业工序质量控制，是工程项目实际质量形成的重要过程。

1. 施工作业质量的自控

（1）施工作业质量自控的意义

施工作业质量的自控，从经营的层面来说，强调的是作为建筑产品生产者和经营者的施工企业，应全面履行质量责任，向顾客提供质量合格的工程产品；从生产的过程来说，强调的是施工作业者的岗位质量责任，向后道工序提供合格的作业成果(中间产品)。因此,施工方是施工阶段质量自控主体。施工方不能因为监控主体的存在和监控责任的实施而减轻或免除自身质量责任。我国《建筑法》和《建设工程质量管理条例》规定:建筑施工企业对工程的施工质量负责;建筑施工企业必须按照工程设计要求、施工技术标准和合同的约定,对建筑材料、建筑构配件和设备进行检验,不合格的不得使用。

施工方作为工程施工质量的自控主体,既要遵循本企业质量管理体系的要求,也要根据其在所承建的工程项目质量控制系统中的地位和责任,通过具体项目质量计划的编制与实施,有效实现施工质量的自控目标。

(2)施工作业质量的自控程序

施工作业质量的自控过程是由施工作业组织的成员进行的,其基本的控制程序包括施工作业技术交底、施工作业活动的实施和施工作业质量的检查以及专职管理人员的质量检查等。

① 施工作业技术交底

技术交底是施工组织设计和施工方案的具体化,施工作业技术交底的内容必须具有可行性和可操作性。

从项目的施工组织设计到分部分项工程的作业计划,在实施之前必须逐级进行交底,其目的是使管理者的计划和决策意图为实施人员所理解。施工作业交底是最基层的技术和管理交底活动,施工总承包方和工程监理机构都要对施工作业交底进行监督。作业交底的内容包括作业范围、施工依据、作业程序、技术标准和要领、质量目标以及其他与安全、进度、成本、环境等目标管理有关的要求和注意事项。

② 施工作业活动的实施

施工作业活动是由一系列工序所组成的。为了保证工序质量受控,先要对作业条件进行再确认,即按照作业计划检查作业准备工作是否落实到位,其中包括对施工程序和作业工艺顺序的检查确认。在此基础上,严格按作业计划的程序、步骤和质量要求展开工序作业活动。

③ 施工作业质量的检验

施工作业的质量检查,是贯穿整个施工过程的最基本的质量控制活动,包括施工单位内部的工序作业质量自检、互检、专检和交接检查,以及现场监理机构的旁站检查、平行检验等。施工作业质量检查是施工质量验收的基础,已完检验批及分部分项工程的施工质量,必须在施工单位完成质量自检并确认合格之后,才能报请现场监理机构进行检查验收。

前道工序作业质量经验收合格后,才可进入下道工序。未经验收合格的工序,不得进入下道工序。

（3）施工作业质量自控的要求

工序作业质量是直接形成工程质量的基础，为达到对工序作业质量进行控制的效果，在加强工序管理和质量目标控制方面应坚持以下要求。

① 预防为主

严格按照施工质量计划的要求，进行各分部分项施工作业的部署。同时，根据施工作业的内容、范围和特点，制订施工作业计划，明确作业质量目标和作业技术要领，认真进行作业技术交底，落实各项作业技术组织措施。

② 重点控制

在施工作业计划中，一方面要认真贯彻实施施工质量计划中的质量控制点的控制措施；另一方面，要根据作业活动的实际需要，进一步建立工序作业控制点，深化工序作业的控制重点。

③ 坚持标准

工序作业人员在工序作业过程中应严格进行质量自检，通过自检来不断改善作业，并创造条件开展作业质量互检，通过互检加强技术与经验交流。对已完工序作业产品，即检验批或分部分项工程，应严格坚持质量标准。对不合格的施工作业质量，不得进行验收签证，必须按照规定的程序进行处理。

《建筑工程施工质量验收统一标准》(GB50300—2013) 及配套使用的专业质量验收规范，是施工作业质量自控的合格标准。有条件的施工企业或项目经理部应结合自身条件编制高于国家标准的企业内控标准或工程项目内控标准，或采用施工承包合同明确规定的更高标准，并将其列入质量计划中，以努力提升工程质量水平。

④ 记录完整

施工图纸、质量计划、作业指导书、材料质保书、检验试验及检测报告、质量验收记录等，是形成可追溯性质量保证的依据，也是工程竣工验收所不可或缺的质量控制资料。因此，对工序作业质量，应有计划、有步骤地按照施工管理规范的要求进行填写，做到及时、准确、完整、有效，并具有可追溯性。

（4）施工作业质量自控的制度

根据实践经验的总结，施工作业质量自控的有效制度包括以下方面：

① 质量自检制度；

② 质量例会制度；

③ 质量会诊制度；

④ 质量样板制度；

⑤ 质量挂牌制度；

⑥ 每月质量讲评制度等。

2. 施工作业质量的监控

(1) 施工作业质量的监控主体

为了保证项目质量，建设单位、监理单位、设计单位及政府的工程质量监督部门，应在施工阶段依据法律法规和工程施工承包合同，对施工单位的质量行为和项目实体质量实施监督控制。

设计单位应当就审查合格的施工图纸设计文件向施工单位作出详细说明；应当参与建设工程质量事故分析，并对因设计造成的质量事故，提出相应的技术处理方案。

建设单位在领取施工许可证或者开工报告前，应当按照国家有关规定办理工程质量监督手续。

监理机构应进行检查作为监控主体之一的项目监理机构，在施工作业实施过程中，应根据其监理规划与实施细则，采取现场旁站、巡视、平行检验等形式，对施工作业质量进行监督检查，如发现工程施工不符合工程设计要求、施工技术标准和合同约定，有权要求建筑施工企业进行改正。而没有检查或没有按规定进行检查，使建设单位遭受损失时应承担赔偿责任。

必须强调，施工质量的自控主体和监控主体，在施工全过程中相互依存、各尽其责，共同推动着施工质量控制过程的展开和工程项目的质量总目标的实现。

(2) 现场质量检查

现场质量检查是施工作业质量监控的主要手段。

① 现场质量检查的内容

a. 开工前的检查，主要检查是否具备开工条件，开工后是否能够保持连续正常施工，能否保证工程质量。

b. 工序交接检查，对于重要的工序或对工程质量有重大影响的工序，应严格执行"三检"制度(即自检、互检、专检)，未经监理工程师(或建设单位技术负责人)检查认可，不得进行下道工序的施工。

c. 隐蔽工程的检查，施工中凡是隐蔽工程必须经检查认证后方可进行隐蔽掩盖。

d. 停工后复工的检查，因客观因素停工或处理质量事故等停工复工时，经检查认可后方能复工。

e. 分项、分部工程完工后的检查，应经检查认可，并签署验收记录，才能进行下一工程项目的施工。

f. 成品保护的检查，检查成品有无保护措施以及保护措施是否有效可靠。

② 现场质量检查的方法

a. 目测法

目测法即凭借感官进行检查，也称观感质量检验，其手段可概括为"看、摸、敲、照"四个字。

看——就是根据质量标准要求进行外观检查。例如，清水墙面是否洁净，喷涂的密实度和颜色是否良好、均匀，工人的操作是否正常，内墙抹灰的大面及口角是否平直，混凝土外观是否符合要求等。

摸——就是通过触摸手感进行检查、鉴别。例如，油漆的光滑度，浆活是否牢固、不掉粉等。

敲——就是运用敲击工具进行音感检查。例如，对地面工程、装饰工程中的水磨石、面砖、石材饰面等，进行敲击检查。

照——就是通过人工光源或反射光照射，检查肉眼难以看到或光线较暗的部位。例如，管道井、电梯井等内部管线、设备安装质量，装饰吊顶内连接及设备安装质量等。

b. 实测法

实测法就是通过实测数据与施工规范、质量标准的要求及允许偏差值进行对照，以此判断质量是否符合要求，其手段可概括为"靠、量、吊、套"四个字。

靠——就是用直尺、塞尺检查，诸如墙面、地面、路面等的平整度。

量——就是指用测量工具和计量仪表等检查断面尺寸、轴线、标高、湿度、温度等的偏差。例如，大理石板拼缝尺寸，摊铺沥青拌和料的温度，混凝土坍落度的检测等。

吊——就是利用托线板以及线坠吊线检查垂直度。例如，砌体垂直度检查、门窗的安装等。

套——以方尺套方，辅以塞尺检查。例如，对阴阳角的方正、踢脚线的垂直度、预制构件的方正、门窗口及构件的对角线检查等。

c. 试验法

试验法是指通过必要的试验手段对质量进行判断的检查方法，主要包括如下内容：

理化试验。工程中常用的理化试验包括物理力学性能方面的检验和化学成分及化学性能的测定等两个方面。物理力学性能的检验，包括各种力学指标的测定，如抗拉强度、抗压强度、抗弯强度、抗折强度、冲击韧性、硬度、承载力等，以及各种物理性能方面的测定，如密度、含水率、凝结时间、安定性及抗渗、耐磨、耐热性能等。化学成分及化学性能的测定，如钢筋中的磷、硫含量，混凝土中粗骨料中的活性氧化硅成分，以及耐酸、耐碱、抗腐蚀性等。此外，根据规定有时还需进行现场试验，例如，对桩或地基的静载试验、下水管道的通水试验、压力管道的耐压试验、防水层的蓄水或淋水试验等。

无损检测。利用专门的仪器仪表从表面探测结构物、材料、设备的内部组织结构或损伤情况。常用的无损检测方法有超声波探伤、X 射线探伤、γ 射线探伤等。

（3）技术核定与见证取样送检

① 技术核定

在建设工程项目施工过程中，因施工方对施工图纸的某些要求不甚明白，或图纸内部存在某些矛盾，或工程材料的调整与代用，改变建筑节点构造、管线位置、走向等，需要通过设计单位明确或确认的，施工方必须以技术核定单的方式向监理工程师提出，并报送设计单位核准确认。

② 见证取样送检

为了保证建设工程质量，我国规定对工程所使用的主要材料、半成品、构配件以及施工过程留置的试块、试件等应现场见证取样送检。见证人员由建设单位及工程监理机构中有相关专业知识的人员担任；送检的实验室应具备经国家或地方工程检验检测主管部门核准的相关资质；见证取样送检必须严格按规定的程序进行，包括取样见证并记录、样本编号、填单、封箱、送实验室、核对、交接、试验检测、出具报告等。

检测机构应当建立档案管理制度。检测合同、委托单、原始记录、检测报告应当按年度统一编号，编号应当连续，不得随意抽撤、涂改。

7.3.5　施工阶段质量控制的主要途径

对于建设工程项目的施工质量，分别通过事前预控、事中控制和事后控制的相关途径进行控制。因此，施工质量控制的途径包括事前预控途径、事中控制途径和事后控制途径三方面。

1. 施工质量的事前预控途径

（1）施工条件的调查和分析

施工条件包括合同条件、法规条件和现场条件，应做好施工条件的调查和分析，以发挥其重要的质量预控作用。

（2）施工图纸会审和设计交底

理解设计意图和对施工的要求，明确质量控制的重点、要点和难点，消除施工图纸的差错等。因此，严格进行图纸会审和设计交底，具有重要的事前预控作用。

（3）施工组织设计文件的编制与审查

施工组织设计文件是直接指导现场施工作业技术活动和管理工作的纲领性文

件。工程项目施工组织设计是以施工技术方案为核心，统盘考虑施工程序、施工质量、进度、成本和安全目标的要求。科学合理的施工组织设计对于有效配置合格的施工生产要素，规范施工作业技术活动行为和管理行为，将起到重要的导向作用。

（4）工程测量定位和标高基准点的控制

施工单位必须按照设计文件所确定的工程测量的任务来定位及标高的引测依据，建立工程测量基准点，自行做好技术复核，并报告项目监理机构进行监督检查。

（5）施工分包单位的选择和资质的审查

对分包商资格与能力的控制是保证工程施工质量的重要方面。确定分包内容、选择分包单位及分包方式既直接关系到施工总承包方的利益和风险，更关系到建设工程质量问题。因此，施工总承包企业必须有健全有效的分包选择程序，同时按照我国现行法规的规定，在订立分包合同前，施工单位必须将所联络的分包商情况，报送项目监理机构进行资格审查。

（6）材料设备和部品采购质量控制

建筑材料、构配件、部品和设备是直接构成工程实体的物质，应从施工备料开始进行控制，包括对供货厂商的评审、询价、采购计划与方式的控制等。因此，施工承包单位必须有健全有效的采购控制程序，同时按照我国现行法规规定，主要材料设备采购前必须将采购计划报送工程监理机构审查，以实施采购质量预控。

（7）施工机械设备及工器具的配置与性能控制

施工机械设备、设施、工器具等施工生产手段的配置及其性能，对施工质量、安全、进度和施工成本会产生重要影响，应在施工组织设计过程中根据施工方案的要求来确定，施工组织设计批准之后应对其落实的状态进行检查控制，以保证技术预案的质量能力。

2. 施工质量的事中控制途径

建设项目施工过程质量控制是最基本的控制途径，因此必须抓好与作业工序质量形成相关的配套技术与管理工作，其主要途径如下：

（1）施工技术复核。施工技术复核是施工过程中保证各项技术基准正确性的重要措施，凡属轴线、标高、配方、样板、加工图等用作施工依据的技术工作，都要进行严格复核。

（2）施工计量管理。施工计量管理包括投料计量、检测计量等，其正确性与可靠性直接关系到工程质量的形成和客观效果的评价。因此，施工全过程必须对计量人员资格、计量程序和计量器具的准确性进行控制。

（3）见证取样送检。为了保证工程质量，我国规定对工程使用的主要材料、半成品、构配件以及施工过程留置的试块、试件等实行现场见证取样送检。见证员由建设单位及工程监理机构中有相关专业知识的人员担任，送检的实验室应具备国家或地方工程检测主管部门批准的相关资质，见证取样送检必须严格按照规定的程序进行，包括取样见证并记录、样本编号、填单、封箱，送实验室核对、交接、试验检测、出具报告。

（4）技术核定和设计变更。在工程项目施工过程中，因施工方对图纸的某些要求不甚明白，或者是图纸内部的某些矛盾，或施工配料调整与代用、改变建筑节点构造、管线位置或走向等，需要通过设计单位明确或确认的，施工方必须以技术联系单的方式向业主或监理工程师提出，并报送设计单位核准确认。在施工期间无论是建设单位、设计单位或施工单位提出，需要进行局部设计变更的内容，都必须按规定程序用书面方式进行变更。

（5）隐蔽工程验收。所谓隐蔽工程，是指上一道工序的施工成果要被下一道工序所覆盖，如地基与基础工程、钢筋工程、预埋管线等。施工过程中，总监理工程师应安排监理人员对施工过程进行巡视和检查，对隐蔽工程、下道工序施工完成后难以检查的重点部位，专业监理工程师应安排监理员进行旁站，对施工过程中出现的质量缺陷，专业监理工程师应及时下达监理工程师通知，要求承包单位整改并检查整改结果。工程项目的重点部位、关键工序应由项目监理机构与承包单位协商后共同确认。监理工程师应从巡视、检查、旁站监督等方面对工序工程质量进行严格控制。加强隐蔽工程质量验收，是施工质量控制的重要环节。其要求施工方应先完成自检并合格，然后填写专用的"隐蔽工程验收单"，验收的内容应与已完成的隐蔽工程实物相一致，事先通知监理机构及有关方面，按约定时间进行验收。验收合格的工程由各方共同签署验收记录。验收不合格的隐蔽工程，应按验收意见进行整改后重新验收。严格落实隐蔽工程验收的程序和记录，对于预防工程质量隐患，提供可追溯的质量记录具有重要作用。

（6）其他。在长期的施工管理实践过程中形成的质量控制途径和方法，如批量施工前应做样板示范、现场施工技术质量例会、质量控制资料管理等，也是施工过程质量控制的重要工作途径。

3.施工质量的事后控制途径

施工质量的事后控制，主要是进行已完工的成品保护、质量验收和对不合格处施工的处理，以保证最终验收的建设工程质量。

（1）已完工程成品保护，目的是避免已完工成品受到来自后续施工以及其他方面的污染或损坏。其成品保护问题和措施，在施工组织设计与计划阶段就应该从施工顺序上进行考虑，防止施工顺序不当或交叉作业造成相互干扰、污染和损坏问题，成品形成后可采取防护、覆盖、封闭、包裹等相应措施来进行保护。

（2）施工质量检查验收作为事后质量控制的途径，应严格按照施工质量验收统一标准规定的质量验收划分，从施工顺序作业开始，依次做好检验批、分项工程、分部工程及单位工程的施工质量验收。通过多层次的设防把关、严格验收，控制建设工程项目的质量。

7.4　建设工程项目质量验收

建设工程项目质量验收是对已完工程实体的内在及外观施工质量，按规定程序检查后，确认其是否符合设计及各项验收标准的要求，是否可交付使用的一个重要环节。正确地进行工程项目质量的检查评定和验收，是保证工程质量的重要手段。

7.4.1　施工过程质量验收

1. 施工过程质量验收的内容

对涉及人民生命财产安全、人身健康、环境保护和公共利益的内容以强制性条文做出规定，要求必须坚决、严格地遵照执行。

检验批和分项工程是质量验收的基本单元；分部工程是在所含全部分项工程验收的基础上进行验收，在施工过程中随完工随验收，并留下完整的质量验收记录和资料；单位工程作为具有独立使用功能的完整的建筑产品，须进行竣工质量验收。

（1）检验批

所谓检验批，是指按同一生产条件或按规定的方式汇总起来供检验用的，由一定数量样本组成的检验体。检验批是工程验收的最小单位，是分项工程乃至整个建筑工程质量验收的基础。其应由监理工程师（建设单位项目技术负责人）组织施工单位项目专业质量（技术）负责人等进行验收。

检验批质量验收合格应符合下列规定：

① 主控项目和一般项目的质量经抽样检验合格。主控项目是指对检验批的基本质量起决定性作用的检验项目。除主控项目以外的检验项目称为一般项目。

② 具有完整的施工操作依据、质量检查记录。

（2）分项工程质量验收

分项工程应由监理工程师（建设单位项目技术负责人）组织施工单位项目专业质量（技术）负责人进行验收。分项工程质量验收合格应符合下列规定：

a. 分项工程所含的检验批均应符合合格质量的规定。

b. 分项工程所含的检验批的质量验收记录应完整。

（3）分部工程质量验收

分部工程应由总监理工程师（建设单位项目负责人）组织施工单位项目负责人和技术、质量负责人等进行验收；地基与基础、主体结构分部工程的勘察、设计单位工程项目负责人和施工单位技术、质量部门负责人也应参加相关分部工程验收。分部（子分部）工程质量验收合格应符合下列规定：

a. 所含分项工程的质量均应验收合格。

b. 质量控制资料应完整。

c. 地基与基础、主体结构和设备安装等分部工程有关安全、使用功能、节能、环境保护的检验和抽样检验结果应符合有关规定。

d. 观感质量验收应符合要求。

2. 对于施工过程中质量验收不合格项的处理

施工过程的质量验收以检验批的施工质量为基本验收单元。检验批质量不合格可能是因为使用的材料、施工作业质量不合格或质量控制资料不完整等，其处理方法如下：

（1）在检验批验收时，对存有严重缺陷项应推倒重来，一般的缺陷通过翻修或更换器具、设备予以克服后重新进行验收。

（2）个别检验批发现试块强度等不满足要求难以确定是否验收时，应请有资质的法定检测单位进行检测鉴定，当鉴定结果能够达到设计要求时，应予以验收。

（3）对于检测鉴定达不到设计要求，但经原设计单位核算仍能满足结构安全和使用功能的检验批，可予以验收。

（4）严重质量缺陷或超过检验批范围内的缺陷，经法定检测单位检测鉴定，认为不能满足最低限度的安全储备和使用功能时，必须进行加固处理，虽然会改变外形尺寸，但能满足安全使用要求的，可按技术处理方案和协商文件进行验收，责任方应承担经济责任。

（5）对于经过返修或加固处理后仍不能满足安全使用要求的分部工程、单位（子单位）工程，严禁验收。

7.4.2　建设工程项目竣工质量验收

建设工程项目竣工验收有两层含义：一是指承发包单位之间进行的工程竣工验收，也称工程交工验收；二是指建设工程项目的竣工验收。两者在验收范围、依据、时间、方式、程序、组织和权限等方面存在不同。

1. 竣工工程质量验收的依据

竣工工程质量验收的依据如下：

（1）工程施工承包合同。

（2）工程施工图纸。

（3）工程施工质量验收统一标准。

（4）专业工程施工质量验收规范。

（5）建设法律、法规、管理标准和技术标准。

2. 竣工工程质量验收的要求

工程项目竣工质量验收应按下列要求进行：

（1）建筑工程施工质量应符合相关专业验收规范的规定。

（2）建筑工程施工应符合工程勘察、设计文件的要求。

（3）参加工程施工质量验收的各方人员应具备规定的资格。

（4）工程质量的验收均应在施工单位自行检查评定的基础上进行。

（5）隐蔽工程在隐蔽前应由施工单位通知有关单位进行验收，并应形成验收文件。

（6）涉及结构安全的试块、试件以及有关材料，应按规定进行见证取样检测。

（7）检验批的质量应按主控项目和一般项目验收。

（8）对涉及结构安全和使用功能的重要分部工程应进行抽样检测。

（9）承担见证取样检测及有关结构安全检测的单位应具有相应资质。

（10）工程的观感质量应由验收人员通过现场检查，并应共同确认。

3. 竣工质量验收的标准

按照《建筑工程施工质量验收统一标准》(GB50300—2013)，建设项目单位（子单位）工程质量验收合格应符合下列规定：

（1）单位（子单位）工程所含分部（子分部）工程质量验收均应合格。

（2）质量控制资料应完整。

（3）单位（子单位）工程所含分部工程有关安全和功能的检验资料应完整。

（4）主要功能项目的抽查结果应符合相关专业质量验收规范的规定。

（5）观感质量验收应符合规定。

4. 竣工质量验收的程序

建设工程项目竣工验收，可分为竣工验收准备、初步验收和正式竣工验收三个环节。整个验收过程必须按照工程项目质量控制系统的职能分工，以监理工程师为核心进行竣工验收的组织协调。

（1）竣工验收准备

施工单位按照合同规定的施工范围和质量标准完成施工任务，经质量自检并合格后，向现场监理机构（或建设单位）提交工程竣工申请报告，要求组织工程竣工验收。

（2）初步验收

监理机构收到施工单位的工程竣工申请报告后，应就验收的准备情况和验收条件进行检查，应就工程实体质量及档案资料存在的缺陷及时提出整改意见，并与施工单位协商整改清单，确定整改要求和完成时间。由施工单位向建设单位提交工程竣工验收报告，申请建设工程竣工验收应具备下列条件：

①完成建设工程设计和合同约定的各项内容。

②有完整的技术档案和施工管理资料。

③有工程使用的主要建筑材料、构配件和设备的进场试验报告。

④有工程勘察、设计、施工、工程监理等单位分别签署的质量合格文件。

⑤有施工单位签署的工程保修书。

（3）正式竣工验收

建设单位、质量监督机构与竣工验收小组成员单位不是一个层次的。

建设单位应在工程竣工验收前 7 个工作日将验收时间、地点、验收组名单告知该工程的工程质量监督机构。建设单位组织竣工验收会议。正式验收过程的主要工作如下：

①建设、勘察、设计、施工、监理单位分别汇报工程合同履约情况及工程施工各环节满足设计要求，质量符合法律、法规和强制性标准的情况。

②检查审核设计、勘察、施工、监理单位的工程档案资料及质量验收资料。

③实地检查工程外观质量，对工程的使用功能进行抽查。

④对工程施工质量管理各环节工作、工程实体质量及质保资料情况进行全面评价，形成经验收组人员共同确认签署的工程竣工验收意见。

⑤竣工验收合格，建设单位应及时提出工程竣工验收报告。验收报告还应附有工程施工许可证、设计文件审查意见、质量检测功能性试验资料、工程质量保修书等法规所规定的文件。

⑥工程质量监督机构应对工程竣工验收工作进行监督。

7.4.3　工程竣工验收备案

我国实行建设工程竣工验收备案制度。新建、扩建和改建的各类水利工程的竣工验收，均应按《建设工程质量管理条例》规定进行备案。

（1）建设单位应当自建设工程竣工验收合格之日起 15 日内，将建设工程竣工验收报告和规划、公安消防及环保等部门出具的认可文件或准许使用文件，报建设行政主管部门或其他相关部门备案。

（2）备案部门在收到备案文件资料后的 15 日内，对文件资料进行审查，符合要求的工程，在验收备案表上加盖"竣工验收备案专用章"，并将其中一份退建设单位存档。如在审查中发现建设单位在竣工验收过程中，有违反国家有关建设工程质量管理规定行为的，责令停止使用，并重新组织竣工验收。

（3）建设单位有下列行为之一的，责令改正，并处以工程合同价款 2%～4% 的罚款；造成损失的依法承担赔偿责任：

① 未组织竣工验收，擅自交付使用的。

② 验收不合格，擅自交付使用的。

③ 对不合格的建设工程按照合格工程验收的。

7.5 建设工程项目质量的政府监督

为加强对建设工程质量的管理，我国《建筑法》及《建设工程质量管理条例》明确政府行政主管部门须设立专门机构对建设工程质量行使监督职能，其目的是保证建设工程质量、建设工程的使用安全及环境质量。国务院建设行政主管部门对全国建设工程质量实行统一监督管理，国务院铁路、交通、水利等有关部门按照规定的职责分工，负责对全国有关专业建设工程质量的监督管理。

7.5.1 建设工程项目质量政府监督的职能

1. 监督职能的内容

监督职能包括如下三方面：

（1）监督检查施工现场工程建设参与各方主体的质量行为。

（2）监督检查工程实体的施工质量。

（3）监督工程质量验收。

2. 政府监督职能的权限

政府质量监督的权限包括以下几项：

（1）要求被检查的单位提供有关工程质量的文件和其他资料。

（2）进入被检查单位的施工现场进行检查。

（3）发现存在影响工程质量的问题时，责令改正。

建设工程质量监督管理，由建设行政主管部门或者委托的建设工程质量监督机构具体实施。

7.5.2　建设工程项目质量政府监督的内容

1. 受理质量监督申报

在工程项目开工前，政府质量监督机构在受理建设工程质量监督的申报手续时，对建设单位提供的文件资料进行审查，审查合格后签发有关质量监督文件。

2. 开工前的质量监督

开工前召开项目参与各方共同参加的首次监督会议，公布监督方案，提出监督要求，并进行第一次监督检查。监督检查的主要内容为工程项目质量控制系统及各施工方的质量保证体系是否已经建立，以及完善的程度。具体内容如下：

(1) 检查项目各施工方的质保体系，包括组织机构、质量控制方案及质量责任制等制度。

(2) 审查施工组织设计、监理规划等文件及审批手续。

(3) 检查项目各参与方的营业执照、资质证书及有关人员的资格证书。

(4) 检查的结果记录保存。

3. 施工期间的质量监督

(1) 在建设工程施工期间，质量监督机构按照监督方案对工程项目施工情况进行不定期的检查。其中在基础和结构阶段每月安排监督检查，检查内容为工程参与各方的质量行为及质量责任制的履行情况、工程实体质量和质保资料的状况。

(2) 对建设工程项目结构主要部位（如桩基、基础、主体结构），除了常规检查外，还要在分部工程验收时，要求建设单位将施工、设计、监理、建设方分别签字的质量验收证明在验收后 3 天内报监督机构备案。

(3) 对施工过程中发生的质量问题、质量事故进行查处；根据质量检查状况对查实的问题签发质量问题整改通知单或局部暂停施工指令单，对问题严重的单位也可根据问题情况发出临时收缴资质证书通知书等处理意见。

4. 竣工阶段的质量监督

政府建设工程质量监督机构按规定对工程竣工验收备案工作实施监督。

(1) 做好竣工验收前的质量复查。对质量监督检查中提出质量问题的整改情况进行复查，了解其整改情况。

(2) 参与竣工验收会议。对竣工工程的质量验收程序、验收组织与方法、验收过程等进行监督。

(3) 编制单位工程质量监督报告。将工程质量监督报告作为竣工验收资料的组成部分提交竣工验收备案部门。

(4) 建立建设工程质量监督档案。建设工程质量监督档案按单位工程建立，要求归档及时，资料记录等各类文件齐全，经监督机构负责人签字后归档，按规定年限保存。

7.6 企业质量管理体系标准

建筑业企业质量管理体系是按照我国《质量管理体系标准》(GB/T19000)进行建立和认证的，采用国际标准化组织颁布的 IS09000—2000 质量管理体系认证标准。本节要求熟悉 IS09000—2000 质量管理体系认证标准提出的质量管理体系八项原则；了解企业质量管理体系文件的构成，以及企业质量管理体系的建立与运行、认证与监督等相关知识。

7.6.1 质量管理体系八项原则

八项质量管理原则是 2000 版 IS09000 系列标准的编制基础，八项质量管理原则是世界各国质量管理成功经验的科学总结，其中不少内容与我国全面质量管理的经验吻合。

质量管理体系八项原则的贯彻执行能促进企业管理水平的提高，并提高顾客对其产品或服务的满意程度，帮助企业实现可持续发展。质量管理体系八项原则的具体内容如下。

1. 以顾客为关注焦点

组织（从事一定范围生产经营活动的企业）依存于其顾客。组织应理解顾客当前的和未来的需求，满足顾客要求并争取超越顾客的期望。这是组织进行质量管理的基本出发点和归宿点。

2. 领导作用

领导者确立本组织统一的宗旨和方向，并营造和保持能使员工充分参与实现组织目标相关活动的内部环境。因此，领导在企业的质量管理中起着决定性作用。只有领导充分重视，各项质量活动才能有效开展。

3. 全员参与

各级人员都是组织之本，只有全员充分参加，才能使他们的才干为组织带来收益。产品质量是产品形成过程中全体人员共同努力的结果，其中也包含着为他们提供支持的管理、检查、行政人员的贡献。企业领导应对员工进行质量意识等各方面的教育，激发他们的积极性和责任感，为其能力、知识、经验的提高提供机会，发挥其创造精神，鼓励持续改进，并给予必要的物质和精神奖励已促使全员积极参与，为实现让顾客满意的目标而奋斗。

4. 过程方法

将相关的资源和活动作为过程进行管理，可以更高效地得到期望的结果。任何使用资源生产活动和将输入转化为输出的一组相关联的活动都可视为过程。

2000 版 IS09000 标准是建立在过程控制的基础上的。一般在过程的输入端、过程的不同位置及输出端都存在着可以进行测量、检查的机会和控制点，对这些控制点实行测量、检测和管理，便能控制过程的有效实施。

5. 管理的系统方法

将相互关联的过程作为系统加以识别、理解和管理，有助于组织提高实现其目标的有效性和效率。不同企业应根据自己的特点，建立资源管理、过程实现、测量分析改进等方面的关联关系，并加以控制，即采用过程网络的方法建立质量管理体系，实施系统管理。一般建立实施质量管理体系的过程包括：① 确定顾客期望；② 建立质量目标和方针；③ 确定实现目标的过程和职责；④ 确定必须提供的资源；⑤ 规定测量过程有效性的方法；⑥ 实施测量确定过程的有效性；⑦ 确定防止不合格并消除潜在不利因素的措施；⑧ 建立和应用持续改进质量管理体系的过程。

6. 持续改进

持续改进总体业绩是组织的一个永恒目标，其作用在于提高企业满足质量要求的能力，包括产品质量、过程及体系的有效性和效率的提高。持续改进是提高满足质量要求能力的循环活动，能使企业的质量管理走上良性循环的道路。

7. 基于事实的决策方法

有效的决策应建立在数据和信息分析的基础上，数据和信息分析是事实的高度提炼。以事实为依据作出决策，可防止决策失误。为此企业领导应重视数据信息的收集、汇总和分析，以便为决策提供依据。

8. 与供方互利的关系

组织与供方是相互依存的，建立双方的互利关系可以提高双方创造价值的能力。供方提供的产品是企业提供产品的一个组成部分。与供方的关系，涉及企业能否持续稳定地提供令顾客满意的产品的重要问题。因此，对供方不能只讲控制，不讲合作互利，特别是关键供方，更要建立互利关系，这对企业与供方双方都有利。

7.6.2　企业质量管理体系文件构成

1. 质量管理体系文件的作用

《质量管理体系标准》(GB/T19000) 对质量体系文件的重要性做了专门的阐述，要求企业重视质量体系文件的编制和使用。编制和使用质量体系文件本身是一项具有动态管理要求的活动。因为质量体系的建立、健全要从编制完善的体系文件开始，质量体系的运行、审核与改进都是依据文件的规定进行的，质量管理实施的结果也要形成文件，将其作为证实产品质量符合规定要求及质量体系的有效证据。

2.质量管理体系文件的构成

GB/T19000质量管理体系对文件提出明确要求，企业应具有完整和科学的质量管理体系文件。质量管理体系文件一般由以下内容构成：

（1）形成文件的质量方针和质量目标。

（2）质量手册。

（3）质量管理标准所要求的各种生产、工作和管理的程序性文件。

（4）质量管理标准所要求的质量记录。

以上各类文件的详略程度无统一规定，以适于企业使用、使过程受控为准则。

3.质量管理体系文件的要求

（1）质量方针和质量目标

质量方针和质量目标一般都以简明的文字来表述，是企业质量管理的方向目标，应反映用户及社会对工程质量的要求及企业相应的质量水平和服务承诺，也是企业质量经营理念的反映。

（2）质量手册的要求

质量手册是规定企业组织建立质量管理体系的文件，质量手册对企业质量体系作系统、完整和概要的描述。其内容一般包括：企业的质量方针、质量目标；组织机构及质量职责；体系要素或基本控制程序；质量手册的评审、修改和控制的管理办法。

质量手册作为企业质量管理系统的纲领性文件，应具备指令性、系统性、协调性、先进性、可行性和可检查性。

（3）程序文件的要求

质量体系程序文件是质量手册的支持性文件，是企业各职能部门为落实质量手册要求而规定的细则，企业为落实质量管理工作而建立的各项管理标准、规章制度都属于程序文件范畴。各企业程序文件的内容及详略可视企业情况而定。一般有以下六个方面的程序为通用性管理程序，各类企业都应在程序文件中制定下列程序：

① 文件控制程序。

② 质量记录管理程序。

③ 内部审核程序。

④ 不合格品控制程序。

⑤ 纠正措施控制程序。

⑥ 预防措施控制程序。

除以上六个程序外，对涉及产品质量形成过程各环节控制的程序文件，如生产过程、服务过程、管理过程、监督过程等管理程序，不作统一规定，可视企业质量控制的需要而制定。

为确保工程的有效运行，可在程序文件的指导下，按管理需要编制相关文件，如作业指导书、具体工程的质量计划等。

（4）质量记录的要求

质量记录是产品质量水平和质量体系中各项质量活动进行及结果的客观反映。对质量体系程序文件所规定的运行过程及控制测量检查的内容如实记录，用以表示产品质量达到合同要求及质量保证的满足程度。如在控制体系中出现偏差，则质量记录不仅须反映偏差情况，而且应反映针对不足之处所采取的纠正措施及纠正效果。

质量记录应完整地反映质量活动实施、验证和评审的情况，并记载关键活动的过程参数，具有可追溯性的特点。质量记录以规定的形式和程序进行，并有实施、验证、审核等签署意见。

7.6.3　企业质量管理体系的建立和运行

1. 企业质量管理体系的建立

（1）企业质量管理体系的建立，是在确定市场及顾客需求的前提下，按照八项质量管理原则制定企业质量管理体系文件，并将质量目标分解落实到相关层次、相关岗位的职能和职责中，形成企业质量管理体系的执行系统。

（2）企业质量管理体系的建立还包含组织企业不同层次的员工进行培训，使体系的工作内容和执行要求为员工所了解，为形成全员参与的企业质量管理体系的运行创造条件。

（3）企业质量管理体系的建立需识别并提供实现质量目标和持续改进所需的资源，包括人员、基础设施、环境、信息等。

2. 企业质量管理体系的运行

（1）运行

按质量管理体系文件所制定的程序、标准、工作要求及目标分解的岗位职责进行运作。

（2）记录

按各类体系文件的要求，监视、测量和分析过程的有效性和效率，做好文件规定的质量记录工作。

（3）考核评价

按文件规定的办法进行质量管理评审和考核。

（4）落实内部审核

落实质量体系的内部审核程序，有组织、有计划地开展内部质量审核活动，其主要目的如下：

① 评价质量管理程序的执行情况及适用性。

② 揭露过程中存在的问题，为质量改进提供依据。

③ 检查质量体系运行的信息。

④ 向外部审核单位提供体系有效的证据。

7.6.4 企业质量管理体系的认证与监督

1. 企业质量管理体系认证的意义

质量认证制度是指由公正的第三方认证机构对企业的产品及质量体系作出正确可靠的评价的制度。

2. 企业质量管理体系认证的程序

（1）申请和受理：具有法人资格，申请单位须按要求填写申请书，接受或不接受均予发出书面通知书。

（2）审核：包括文件审查、现场审核，并提出审核报告。

（3）审批与注册发证：符合标准者批准并予以注册，发给认证证书。

3. 获准认证后的维持与监督管理

企业质量管理体系获准认证的有效期为 3 年。获准认证后的质量管理体系，维持与监督管理内容如下：

（1）企业通报：认证合格的企业质量管理体系在运行中出现较大变化时，需向认证机构通报。

（2）监督检查：包括定期和不定期的监督检查。

（3）认证注销：注销是企业的自愿行为。

（4）认证暂停：认证暂停期间，企业不得将质量管理体系认证证书做为宣传内容。

（5）认证撤销：撤销认证的企业一年后可重新提出认证申请。

（6）复评：认证合格有效期满前，如企业愿继续延长，可向认证机构提出复评申请。

（7）重新换证：在认证证书的有效期内，若出现体系认证标准变更、体系认证范围变更、体系认证证书持有者变更等情况，可按规定重新换证。

7.7 工程质量统计方法

7.7.1 分层法

1. 基本原理

由于工程质量形成的影响因素多，因此对工程质量状况的调查和质量问题的分析，必须分门别类地进行，以便准确有效地找出问题及其原因，这就是分层法的基本思想。

2. 实际应用

调查分析的层次划分，根据管理需要和统计目的，通常可按照以下分层方法取得原始数据：

(1) 按时间分：月或日、上午和下午、白天和晚间、季节。

(2) 按地点分：地域、城市和乡村、楼层、外墙和内墙。

(3) 按材料分：产地、厂商、规格、品种。

(4) 按测定分：方法、仪器、测定人、取样方式。

(5) 按作业分：工法、班组、工长、工人、分包商。

(6) 按工程分：住宅、办公楼、道路、桥梁、隧道。

(7) 按合同分：总承包、专业分包、劳务分包。

7.7.2 因果分析图法

1. 基本原理

因果分析图法，也称为质量特性要因分析法，其基本原理是对每一个质量特性或问题，逐层深入排查可能原因，然后确定其中最主要的原因，进行有的放矢的处置和管理。

2. 应用时的注意事项

(1) 一个质量特性或一个质量问题使用一张图分析。

(2) 通常采用 QC 小组活动的方式进行，集思广益，共同分析。

(3) 必要时可以邀请小组以外的有关人员参与，广泛听取意见。

(4) 分析时要充分发表意见，层层深入，列出所有可能的原因。

(5) 在充分分析的基础上，由各参与人员采用投票或其他方式，从中选择 1~5 项多数人达成共识的主要原因。

7.7.3 排列图法

1. 定义

排列图法是利用排列图寻找影响质量主次因素的一种有效方法。排列图又叫帕累托图或主次因素分析图。

2. 组成

排列图法由两个纵坐标、一个横坐标、几个连起来的直方形和一条曲线所组成。实际应用中,通常按累计频率划分为 0~80%、80%~90%、90%~100% 三部分,与其对应的影响因素分别为 A、B、C 三类。A 类为主要因素,B 类为次要因素,C 类为一般因素。

7.7.4 直方图法

1. 定义

直方图法即频数分布直方图法,它是将收集到的质量数据进行分组整理,绘制成频数分布直方图,用以描述质量分布状态的一种分析方法,所以又称质量分布图法。

2. 作用

(1)通过直方图的观察与分析,可以了解产品质量的波动情况,掌握质量特性的分布规律,以便对质量状况进行分析判断。

(2)可通过质量数据特征值的计算,估算施工生产过程中的总体不合格品率、评价过程能力等。

7.7.5 控制图法

(1)控制图的定义及其用途

1. 定义

控制图又称管理图,它是在直角坐标系内画有控制界限,描述生产过程中产品质量波动状态的图形。利用控制图区分质量波动原因,判明生产过程是否处于稳定状态的方法称为控制图法。

2. 用途

控制图是用样本数据来分析判断生产过程是否处于稳定状态的有效工具。它的用途主要有两个:

a. 过程分析,即分析生产过程是否稳定。为此,应随机连续收集数据,绘制控制图,观察数据点的分布情况并判定生产过程的状态。

b. 过程控制，即控制生产过程的质量状态。为此，要定时抽样取得数据，将其变为点绘在图上，发现并及时消除生产过程中的失调现象，预防不合格品的产生。

3. 种类

(1) 按用途划分

a. 分析用控制图。分析生产过程是否处于控制状态，采取连续抽样方式。

b. 管理 (或控制) 用控制图。用来控制生产过程，使之经常保持在稳定状态下，采取等距抽样方式。

(2) 按质量数据特点划分

a. 计量值控制图。

b. 计数值控制图。

c. 控制图的观察与分析。

当控制图同时满足两个条件，一是点几乎全部落在控制界限之内，二是控制界限内的点排列没有缺陷，就可以认为生产过程基本上处于稳定状态。如果点的分布不满足其中任何一条，都应判断生产过程异常。

7.8　建设工程项目总体规划和设计质量控制

7.8.1　建设工程项目总体规划的编制

1. 建设工程项目总体规划编制

(1) 建设工程项目总体规划过程

建设工程项目总体规划过程包括建设方案的策划、决策过程和总体规划的制定过程。建设工程项目的策划与决策过程主要包括建设方案策划、项目可行性研究论证和建设工程项目决策。建设工程项目总体规划的制定要具体编制建设工程项目规划设计文件，对建设工程项目的决策意图进行直观描述。

(2) 建设工程项目总体规划的主要内容

建设工程项目总体规划的主要内容是解决平面空间布局、道路交通组织、场地竖向设计、总体配套方案、总体规划指标等问题。

2. 建设工程项目设计质量控制的内容和方法

(1) 建设工程项目设计质量控制的内容

建设工程项目设计质量控制的内容为主要从满足建设需求入手，包括法律法规、强制性标准和合同规定的明确需要以及潜在需要，以使用功能和安全可靠性为核心，做好功能性、可靠性、观感性和经济性质量的综合控制。

（2）建设工程项目设计质量控制的方法

建设工程项目设计质量的控制方法主要通过设计任务的组织、设计过程控制和设计项目管理来落实。

7.9 水利工程施工质量控制的难题及解决措施

7.9.1 存在的问题

1. 质量意识普遍较弱

施工过程中，不能重视施工质量控制，没有考虑到施工质量的重要性。当质量与进度发生矛盾、费用紧张时，就放弃了质量控制的中心和主导地位，变成了提前使用、节约投资。

2. 对设计和监理的行政干预多

在招标、投标阶段或开工阶段，部分业主就提出提前投入使用、节约投资的指标，有的则提出许多具体的设计优化方案，指令设计组执行。对于大型工程，重要的优化方案都须经咨询专家慎重研究，然后向设计院正式提出，设计院接到建议，组织有关专家研究，然后才做出正式决策。

3. 设计方案变更过多

水利工程的设计方案变更比较随便，有些达到了优化目的，有些则可能把合理的方案改到了错误的道路上。设计方案变更将导致施工方案的调整和设备配置的变化，牵一发而动全身，在没有明显错误，或者缺乏优化的可靠论证的情况下，不宜过多变更设计方案。

4. 设代组、监理部力量偏小

一方面是限于费用，另一方面是轻视水利工程，在设代组和监理部的人员配备上，往往偏少、偏弱。水利工程建设中的许多问题，都要由设代组或监理部在现场独立做出决定，更需要派驻专业能力强、经验丰富的工程师到现场。

5. 费用较紧、工作条件较差

施工设备、试验设备大多破旧不全，交通、通信不便，安全保护、卫生医疗、防汛抗灾条件都较差。

7.9.2 解决措施

1. 监理工作要及早介入，并贯穿建设工作的全过程

开工令发布之前的质量控制工作比较重要。施工招标的过程、施工单位进场时

的资质复核、施工准备阶段的若干重大决策的形成，都对施工质量起着举足轻重的作用。工程实施的第一件事，就是监理工作招标投标，随之组建监理部。

2. 要处理好监理工程师的质量控制体系与施工单位的质量保证体系之间的关系

总的来说，监理工程师的质量控制体系是建立在施工承包商的质量保证体系之上的。施工承包商的质量保证体系是基础，如果没有一个健全的、运转良好的施工质量保证体系，监理工程师就很难有所作为。因此，监理工程师质量控制的首要任务就是在开工令发布之前，检查施工承包商是否有一个健全的质量保证体系，若没有肯定答复，就不签发开工令。

3. 监理要在每个环节上实施监控

质量控制体系由多个环节构成，任何一个环节松懈，都可能造成失控。不能把控制点仅仅设在验收这最后一关上，而应对每个工序、每个环节实施控制。检查承包商的施工技术员、质检员，值班工程师是否在岗，施工记录是否真实、完整，质量保证机构是否正常运转。只有监理部分工明确，各司其职，方能使每个环节都有人监控。

4. 严禁转包

主体工程不能分包。对分包资质要严加审查，不允许多次分包。

水利工程的资质审查，通常只针对企业法人，对项目部的资质很少进行复核。项目部是独立性很强的经济、技术实体，是对质量起保证作用的关键所在。一旦转包或多次分包，就会导致责任不明确，从合同法来讲是企业法人负责，而在实际运作中是无人负责。

5. 监理部的责、权、利要均衡

按照国际惯例，监理工程师应当具有责任重、权力大、利益高的特点，监理费用一般略高于同一工程的设计费比率。监理工作是一种脑力与体力双能耗的高智能劳动，要求监理人员具有丰富的专业知识、管理经验，吃苦耐劳，廉洁奉公。但是，目前的水利工程的监理，实际上是一种契约劳务。费用不是按工程费用的比率计算的，而是按劳务费的计算方法或较低的工程费用的比率确定。责任是非常扩大化的（质量、进度、投资控制的一切责任），但是权力却集中在业主手上。

6. 正确处理业主、监理、施工三方及地方政府有关部门的关系

在建设管理中执行业主制、监理制和招标投标制，是一个巨大的进步。三方都有一个观念转变的过程，各自找准自己的位置是最重要的找准各自的位置后，三方的关系就易于处理好。三者不是上下级的关系，也不是对立的关系，而是合同双方平等互利的关系，是社会主义企业之间互助协作的关系。

业主和监理虽然是管理工作的主动方，但是必须认清：施工单位是建设的主

体，质量控制的好坏，主要取决于施工企业。

与地方政府各部门关系是否正常，关系到工程施工是否有个良好环境。供水、供电、征地、移民以及砂石料场等，无不对质量的稳定产生很大的影响。

质量控制是监理工程师的首要任务。监理工程师的权威是在工作中建立起来的，也是在业主和施工单位支持下树立起来的。没有独立性、公正性与公平性，则没有威信可言，独立性是业主赋予的，公正性与公平性需要施工单位的支持和信任，并且予以承认。

7. 重视监理工作，抓好监理队伍的建设工作

目前，我国水利工程的监理工作，有多种多样的形式，有业主自己组织、招聘人员组建监理部，也有按正规途径招标投标，选择监理单位。事实证明，业主制、监理制和招标投标制是一整套的建设制度，缺一不可。施工企业最先进入竞争行列，自有一套适合市场机制的管理办法，愈是成熟，则愈需要监理制配合，并对其行为进行规范。

监理工程师责任重大，要求监理人员有敬业精神，精通业务、清廉公正。但是一个监理单位不仅是一个劳务集体，还是一个技术密集型的企业。作为一个经济集体，除组织建设外，还必须要有一定的投入，在软件和硬件方面都要有一定积累。这样方能在知识经验时代占有一席之地。

水利工程的质量控制工作极为重要，绝不可忽视。优良的施工质量要业主、监理和施工方共同努力。监理工程师的质量控制体系是建立在施工企业的质量保证体系基础之上的，无论监理投入多大的人力、物力，都不应代替施工方自身的质量保证体系，业主和监理应协力为其健全和正常运转创造条件。

第8章　水利工程施工进度控制

施工进度计划是工程项目施工时的时间规划，是在施工方案已经确定的基础上，对工程项目各组成部分的施工起止时间、施工顺序、衔接关系和总工期等做出的安排。在此基础上，可以编制劳动力计划、材料供应计划、成品及半成品计划、机械需用量及设备到货计划等。因此，施工进度计划是控制工期的有效工具。同时，它也是施工准备工作的基本依据，是施工组织设计的重要内容之一。

本章主要介绍横道进度计划和网络进度计划的基本知识和编制方法。

8.1　施工进度计划的作用和类型

8.1.1　施工进度计划的作用

施工进度计划具有以下作用：

(1) 控制工程的施工进度，使之按期或提前竣工，并交付使用或投入运转。

(2) 通过施工进度计划的安排，加强工程施工的计划性，使施工能均衡、连续、有节奏地进行。

(3) 从施工顺序和施工进度等组织措施上保证工程质量和施工安全。

(4) 合理使用建设资金、劳动力、材料和机械设备，达到多、快、好、省地进行工程建设的目的。

(5) 确定各施工时段所需的各类资源的数量，为施工准备提供依据。

(6) 施工进度计划是编制更细一层进度计划（如月、旬作业计划）的基础。

8.1.2　施工进度计划的类型

施工进度计划按编制对象的大小和范围不同可分为施工总进度计划、单项工程施工进度计划、单位工程施工进度计划、分部工程施工进度计划和施工作业计划等类型。下面只对常见的几种进度计划进行概述。

1. 施工总进度计划

施工总进度计划是以整个水利水电枢纽工程为编制对象，拟定出其中各个单项工程和单位工程的施工顺序及建设进度，以及整个工程施工前的准备工作和完工后的结尾工作的项目与施工期限。因此，施工总进度计划属于轮廓性（或控制性）的进度计划，在施工过程中主要控制和协调各单项工程或单位工程的施工进度。

施工总进度计划的任务是：分析工程所在地区的自然条件、社会经济资源、影响施工质量与进度的关键因素，确定关键性工程的施工分期和施工程序，并协调安排其他工程的施工进度，使整个工程施工前后兼顾、互相衔接、均衡生产，从而最大限度地合理使用资金、劳动力、设备、材料，在保证工程质量和施工安全的前提下，使工程按时或提前建成投产。

2. 单项工程施工进度计划

单项工程施工进度计划是以枢纽工程中的主要工程项目（如大坝、水电站等单项工程）为编制对象，并将单项工程划分成单位工程或分部、分项工程，拟定出其中各项目的施工顺序和建设进度以及相应的施工准备工作内容与施工期限。它以施工总进度计划为基础，要求进一步从施工程序、施工方法和技术供应等条件上，论证施工进度的合理性和可靠性，尽可能组织流水作业，并研究加快施工进度和降低工程成本的具体措施。反过来，又可根据单项工程施工进度计划对施工总进度计划进行局部微调或修正，并编制劳动力和各种物资的技术供应计划。

3. 单位工程施工进度计划

单位工程施工进度计划是以单位工程（如土坝的基础工程、防渗体工程、坝体填筑工程等）为编制对象，拟定出其中各分部、分项工程的施工顺序、建设进度以及相应的施工准备工作内容和施工期限。它以单项工程施工进度计划为基础进行编制，属于实施性进度计划。

4. 施工作业计划

施工作业计划是以某一施工作业过程（即分项工程）为编制对象，制定出该作业过程的施工起止日期以及相应的施工准备工作内容和施工期限。它是最具体的实施性进度计划。在施工过程中，为了加强计划管理工作，各施工作业班组都应在单位（单项）工程施工进度计划的要求下，编制出年度、季度或逐月（旬）的作业计划。

8.2 施工总进度计划的编制

施工总进度计划是项目工期控制的指挥棒，是项目实施的依据和向导。编制施工总进度计划必须遵循相关的原则，并准备翔实可靠的原始资料，按照一定的方法去编制。

8.2.1　施工总进度计划的编制原则

编制施工总进度计划应遵循以下原则：

（1）认真贯彻执行党的方针政策、国家法令法规、上级主管部门对本工程建设的指示和要求。

（2）加强与施工组织设计及其他各专业的密切联系，统筹考虑，以关键性工程的施工分期和施工程序为主导，协调安排其他各单项工程的施工进度。同时，进行必要的多方案比较，从中选择最优方案。

（3）在充分掌握及认真分析基本资料的基础上，尽可能采用先进的施工技术和设备，最大限度地组织均衡施工，力争全年施工，加快施工进度。同时，应做到实事求是，并留有余地，保证工程质量和施工安全。当施工情况发生变化时，要及时调整施工总进度。

（4）充分重视和合理安排准备工程的施工进度。在主体工程开工前，相应各项准备工作应基本完成，为主体工程的开工和顺利进行创造条件。

（5）对高坝、大库容的工程，应研究分期建设或分期蓄水的可能性，尽可能减少第一批机组投产前的工程投资。

8.2.2　施工总进度计划的编制方法

1. 基本资料的收集和分析

在编制施工总进度计划之前和编制过程中，要不断收集和完善编制施工总进度所需的基本资料。这些基本资料主要包括以下部分：

（1）上级主管部门对工程建设的指示和要求，有关工程的合同协议。如设计任务书，工程开工、竣工、投产的顺序和日期，对施工承建方式和施工单位的意见，工程施工机械化程度、技术供应等方面的指示，国民经济各部门对施工期间防洪、灌溉、航运、供水、过木等方面的要求。

（2）设计文件和有关的法规、技术规范、标准。

（3）工程勘测和技术经济调查资料。如地形、水文、气象资料，工程地质与水文地质资料，当地建筑材料资料，工程所在地区和库区的工矿企业、矿产资源、水库淹没和移民安置等资料。

（4）工程规划设计和概预算方面的资料。如工程规划设计的文件和图纸、主管部门的投资分配和定额资料等。

（5）施工组织设计其他部分对施工进度的限制和要求。如施工场地情况、交通运输能力、资金到位情况、原材料及工程设备供应情况、劳动力供应情况、技术供应条件、施工导流与分期、施工方法与施工强度限制以及供水、供电、供风和通信情况等。

（6）施工单位施工技术与管理方面的资料、已建类似工程的经验及施工组织设计资料等。

（7）征地及移民搬迁安置情况。

（8）其他有关资料，如环境保护、文物保护和野生动物保护等。

收集了以上资料后，应着手对各部分资料进行分析和比较，找出控制进度的关键因素。尤其是施工导流与分期的划分，截流时段的确定，围堰挡水标准的拟定，大坝的施工程序及施工强度、加快施工进度的可能性，坝基开挖顺序及施工方法、基础处理方法和处理时间，各主要工程所采用的施工技术与施工方法、技术供应情况及各部分施工的衔接，现场布置与劳动力、设备、材料的供应与使用等。只有充分掌握这些基本情况，并理顺它们之间的关系，才能做出既符合客观实际又满足主管部门要求的施工总进度安排。

2. 施工总进度计划的编制步骤

（1）划分并列出工程项目

总进度计划的项目划分不宜过细。列项时，应根据施工部署中分期、分批开工的顺序和相互关联的密切程度依次进行，防止漏项，突出每一个系统的主要工程项目，分别列入工程名称栏内。对于一些次要的零星项目，则可合并到其他项目中去。例如河床中的水利水电工程，若按扩大单项工程列项，则可以有准备工作、导流工程、拦河坝工程、溢洪道工程、引水工程、电站厂房、升压变电站、水库清理工程、结束工作等。项目分解示意图如图8—1所示。

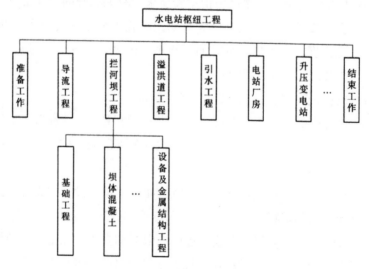

图8—1　项目分解示意

（2）计算工程量

工程量的计算一般应根据设计图纸、工程量计算规则及有关定额手册或资料进行。其数值的准确性直接关系到项目持续时间的误差，进而影响进度计划的准确性。当然，设计深度不同，工程量的计算（估算）精度也不同。在有设计图的情况下，还要考虑工程性质、工程分期、施工顺序等因素，按土方、石方、混凝土、水上、水下、开挖、回填等不同情况，分别计算工程量。某些情况下，为了分期、分层或分段组织施工的需要，还应分别计算不同高程（如对大坝）、不同桩号（如对渠道）的工程量，作出累计曲线，以便分期、分段组织施工。计算工程量常采用列表的方式进行。工程量的计量单位要与使用的定额单位相吻合。

在没有设计图或设计图不全、不详的情况下，可参照类似工程或通过概算指标估算工程量。常用的定额资料如下：

① 万元、10 万元投资工程量、劳动量及材料消耗扩大指标。

② 概算指标和扩大结构定额。

③ 标准设计和已建成的类似建筑物、构筑物的资料。

计算出的工程量应填入工程量汇总表。工程量汇总表见表 8—1。

表 8—1　工程量汇总表

序号	工程量清单	单位	合计	生产车间	仓库运输			管网				生活福利		大型临设		备注
				车间	仓库	铁路	公路	供电	供水	排水	供热	宿舍	文利	生出	生活	

（3）计算各项目的施工持续时间

确定进度计划中各项工作的作业时间是计算项目计划工期的基础。在工作项目的实物工程量一定的情况下，工作持续时间与安排在工程上的设备水平、人员技术水平、人员与设备数量、效率等有关。在现阶段，工作项目持续时间的确定方法主要有下述几种。

① 按实物工程量和定额标准计算

根据计算出的实物工程量，应用相应的标准定额资料，就可以计算或估算各项目的施工持续时间 t：

$$t = \frac{Q}{mnN} \tag{8—1}$$

式 (8—1) 中，Q——项目的实物工程量；m 表示日工作班制，m=1、2、3；n 表示每班工作的人数或机械设备台数；N 表示人工或机械台班产量定额（用概算定额或扩大指标）。

② 套用工期定额法

对于总进度计划中大"工序"的持续时间，通常采用国家制定的各类工程工期定额，并根据具体情况进行适当调整或修改。水利水电工程工期定额可参照 1990 年印发的《水利水电枢纽工程项目建设工期定额》。

③ 三时估计法

某些工作任务没有确定的实物工程量，或不能用实物工程量来计算工时，也没有颁布的工期定额可以套用，例如试验性工作或采用新工艺、新技术、新结构、新材料的工程，此时可采用"三时估计法"计算该项目的施工持续时间 t：

$$t = \frac{t_a + 4t_m + t_b}{6} \tag{8—2}$$

式（8—2）中，t_a 表示最乐观的估计时间，即最紧凑的估计时间；t_b 表示最悲观的估计时间，即最松动的估计时间； 表示最可能的估计时间。

（4）分析确定项目之间的逻辑关系

项目之间的逻辑关系取决于工程项目的性质和轻重缓急、施工组织、施工技术等许多因素，概括说来分为以下两大类。

工艺关系，即由施工工艺决定的施工顺序关系。在作业内容、施工技术方案确定的情况下，这种工作逻辑关系是确定的，不得随意更改。如一般土建工程项目，应按照先地下后地上、先基础后结构、先土建后安装再调试、先主体后围护（或装饰）的原则安排施工顺序。现浇柱子的工艺顺序为：扎柱筋→支柱模→浇筑混凝土→养护和拆模。土坝坝面作业的工艺顺序为：铺土→平土→晾晒或洒水→压实→刨毛。它们在施工工艺上，都有必须遵循的逻辑顺序，违反这种顺序将付出额外的代价，甚至造成巨大损失。

组织关系，即由施工组织安排决定的施工顺序关系。如工艺上没有明确规定先后顺序关系的工作，由于考虑到其他因素（如工期、质量、安全、资源限制、场地限制等）的影响而人为安排的施工顺序关系，均属此类。例如，由导流方案所形成的导流程序，决定了各控制环节所控制的工程项目，从而也就决定了这些项目的衔接顺序。再如，采用全段围堰隧洞导流的导流方案时，通常要求在截流以前完成隧洞施工、围堰进占、库区清理、截流备料等工作，由此形成了相应的衔接关系。又如，由于劳动力的调配、施工机械的转移、建筑材料的供应和分配、机电设备进场等原因，一些项目安排在先，另一些项目安排在后，均属组织关系所决定的顺序关系。由组织关系所决定的衔接顺序，一般是可以改变的。只要改变相应的组织安排，有关项目的衔接顺序就会发生相应的变化。

项目之间的逻辑关系，是科学地安排施工进度的基础，应逐项研究，认真确定。

(5) 初拟施工总进度计划

通过对项目之间进行逻辑关系分析，掌握工程进度的特点，理清工程进度的脉络，来初步拟订出一个施工进度方案。在初拟进度时，一定要抓住关键，分清主次，理清关系，互相配合，合理安排。要特别注意把与洪水有关、受季节性限制较严、施工技术比较复杂的控制性工程的施工进度安排好。

对于堤坝式水利水电枢纽工程，其关键项目一般位于河床，故施工总进度的安排应以导流程序为主要线索。先将施工导流、围堰截流、基坑排水、坝基开挖、基础处理、施工度汛、坝体拦洪、下闸蓄水、机组安装和引水发电等关键性工程控制进度安排好，其中应包括相应的准备、结束工作和配套辅助工程的进度。这样构成的总的轮廓进度即进度计划的骨架。然后再配合安排不受水文条件控制的其他工程项目，以形成整个枢纽工程的施工总进度计划草案。

需要注意的是，在初拟控制性进度计划时，对于围堰截流、拦洪度汛、蓄水发电等关键项目，一定要进行充分论证，并落实相关措施。否则，如果延误了截流时机，影响了发电计划，对工期的影响和造成国民经济的损失往往是非常巨大的。

对于引水式水利水电工程，有时引水建筑物的施工期限成为控制总进度的关键，此时总进度计划应以引水建筑物为主来进行安排，其他项目的施工进度要与之相适应。

(6) 调整和优化

初拟进度计划形成以后，要配合施工组织设计其他部分的分析，对一些控制环节、关键项目的施工强度、资源需用量、投资过程等重大问题进行分析计算。若发现主要工程的施工强度过大或施工强度不均衡 (此时也必然引起资源使用的不均衡) 时，就应进行调整和优化，使新的计划更加完善，更加切实可行。

必须强调的是，施工进度的调整和优化往往要反复进行，工作量大而枯燥。现阶段已普遍采用优化程序进行电算。

(7) 编制正式施工总进度计划

经过调整优化后的施工进度计划，可以作为设计成果在整理以后提交审核。施工进度计划的成果可以用横道进度表 (又称横道图或甘特图) 的形式表示，也可以用网络图(包括时标网络图)的形式表示。此外,还应提交有关主要工种工程施工强度、主要资源需用强度和投资费用动态过程等方面的成果。

8.2.3 施工总进度计划编制示例

下面以横道进度表的形式,来反映水电枢纽工程的进度安排。

新安江水利枢纽工程位于钱塘江主要支流新安江上的铜官峡谷区。根据初步设计,枢纽的主要组成有混凝土重力坝(技术设计中改为混凝土宽缝重力坝)、坝后式顶部溢流的水电站厂房以及开关站等,如图8—2所示。最大坝高105m,坝顶长450m。中段为溢洪道,长179m。厂房紧接坝体下游,长210m,宽20m。主体工程的工程量为浇筑混凝土170万m^3、开挖80万m^3,金属结构安装达10 000t之多。

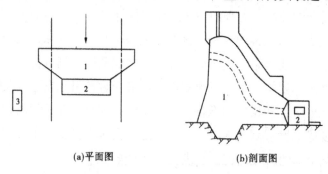

(a)平面图   (b)剖面图

注:1—混凝土坝;2—水电站厂房;3—开关站

图8—2 新安江水利枢纽的主要组成示意图

新安江水利枢纽的任务是综合解决发电、防洪和航运问题。初步设计中规定:水电站装机容量58万kW(技术设计中改为65.75万kW),多年平均发电量18亿kW/h(技术设计中改为18.6亿kW/h);防洪要求减轻钱塘江下游的洪水灾害,使下游2万hm^2农田在20年一遇的洪水条件下不受灾害,并要求在100年一遇的洪水条件下,建德、富阳等县城仍然安全;在航运方面,枢纽建成后亦可改善上下游的航运条件。国家规定该工程于1956年开始准备,1957年正式开工,要求1960年底有两台机组投入运转,1961年全部土建工程完工。

新安江坝址区域气候温和,年平均温度为17.3℃,最高温度为45℃,最低温度为-9.5℃。雨量充沛,年平均降雨量为1859mm。新安江山溪河流的特性显著,流量变化及水位涨落差别很大。实测最大洪峰流量达13600 m^3/s,瞬时最小枯水流量为10.7 m^3/s,相差达1270倍。调查最高水位为40.8m,实测最低枯水位为23.8m,相差达17m。根据多年实测资料,新安江坝址处各频率逐月流量的统计计算值见表8—2。

表 8—2　新安江坝址流量（单位：m^3/s）

频率(%)	月份												枯水期	全年
	1	2	3	4	5	6	7	8	9	10	11	12		
1	5200	2980	4520	8250	9790	17500	18600	6590	4760	4030	3860	2220	5300	20400
2	4300	2700	4510	7250	9460	16200	16450	6440	4080	3360	3190	1850	5000	18900
5	3010	2320	3720	5930	7750	14400	13500	4190	3190	2450	2260	1330	4540	16000
10	2090	2010	3340	4870	6430	12900	11150	3240	2510	1780	1590	957	4150	14100
20	-	1130	2160	2110	2910	5420	3030	1020	857	386	217	191	2980	8800
时段划分	枯水				洪水				枯水					
	1													
	小洪峰		春汛								低水			

根据分析，导流时段的划分是：每年 4 月 15 日到 8 月底为洪水期，9 月 1 日到次年 4 月 15 日为枯水期，枯水期内 11 月、12 月为低水期，但次年 1 月可能出现小洪峰，3 月以后即有春汛来临。这些情况在安排施工进度时都应注意。

新安江坝址位于铜官峡谷内，地形狭窄，枯水期河面宽约 180m，山坡较陡，其坡度在 30º～50º。但峡谷上下游均有较宽阔的台地，可以满足施工需要。施工现场至附近城市虽有水路及公路交通相连，但不能完全满足施工要求，而且渡口桥梁等也需改善和新建。坝址附近砂石料储量充足，但水泥、钢材及其他施工设备等均需由外地供应。由于工期紧迫，所以施工任务较重。新安江是通航河流，需要考虑施工期间的货物、木材过坝问题。这些问题在安排进度时也都应加以充分研究。

现就新安江工程草拟进度时必须考虑的几个主要问题和进度安排的方法说明如下。

1. 混凝土坝施工分期

混凝土坝在新安江水利枢纽中占主要地位，在安排施工进度时，应该集中人力、物力、财力，保证按期建成。因此，对混凝土坝的施工分期需要慎重考虑。新安江工程采用了分段围堰、两期施工的导流方案，混凝土坝工程的分期可按第二期围堰的截流时间作为分界。

第二期围堰截流选择在哪一年呢？如果选择的时间太靠前，就会造成施工中前紧后松的局面，而使得准备工作仓促，影响工程顺利进行；如果选择的时间太靠后，又会造成前松后紧，甚至影响工程的如期完工和投入运转。根据水文资料，截流时间最好安排在年终或年初的枯水期内。根据国家对新安江工程施工期限的要求，拟定第二期围堰截流在 1958 年第四季度是合适的，因为这样能兼顾第一期和第二期工程的施工。对于新安江混凝土坝施工工期的划分，如图 8—3 所示。

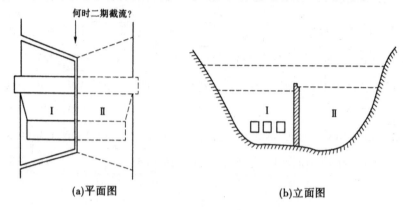

(a)平面图　　　　　　　　　　(b)立面图

图 8—3　新安江混凝土坝施工工期划分

2. 第一期工程施工的时间安排

新安江水利枢纽第一期工程施工的主要任务包括第一期围堰的修建、右岸坝基的开挖和右岸溢流底孔及电站厂房底板的混凝土浇筑。安排在 1957 年第三季度、第四季度修建第一期围堰，1957 年第四季度开始右岸河槽部分的坝基开挖和 1958 年 1 月开始浇筑混凝土，由于第二期围堰截流定在 1958 年 10 月，所以整个第一期工程的工期只有 12 个月（1957 年 10 月至 1958 年 10 月）。进度计划中对第一期施工做如上安排，从施工顺序和施工强度来看，基本上是可行的。同时，为了降低开挖强度，将右岸岸坡及水上部位的开挖提前到 1957 年上半年进行（第 18、第 23 项进度线）也是合适的。

在组织第一期工程的施工时，为了早日浇筑混凝土坝，必须尽量缩短围堰施工、基坑排水、坝基开挖和处理的时间。在一般情况下，围堰和基坑排水的时间随围堰形式、河床地质条件和基坑尺寸大小的不同而不同，可以安排 4～9 个月。从新安江第一期围堰的进度安排来看，时间偏紧，工程量计算也偏小。新安江工程第一期施工中采用了 92 个木笼组成的围堰（包括上下游翼堰），围堰工程量超过 8 万 m^3，实际施工时间为 7 个月，其中木笼沉放时间为 2.5 个月（1957 年 8 月下旬至 11 月中旬），加高培厚时间为 4.5 个月（1957 年 11 月中旬至 1958 年 3 月）。修筑围堰时，在围堰合拢闭气后，围堰加高培厚的同时，即可进行基坑排水。基坑降水的速度主要取决于围堰和堰基的渗透稳定性。对于沙壤土围堰或修建在透水性较强的土基上的围堰，一般可按每昼夜水位下降 1.0 m 左右进行控制。在确保渗透稳定的前提下，尽可能加快基坑排水的速度，以便及早进行基坑开挖。基坑排水组织得如何，对基坑开挖的进度影响很大。例如，某水利枢纽第一期基坑排水，由于对渗水来源没有摸清，基岩渗水严重（破碎带的渗透系数达 82.3m/d），使基坑常有积水，严重影响开挖工效，经采取技术措施处理后，开挖工效提高了 13～30 倍。但为处理断层渗水，施工进度几乎推迟了 1 年，造成施工被动局面。由此看来，要认真摸清基础的地质情况，并及时处理，才不致影响工程进度，从而造成损失。

表 8—3　Ⅰ期划分评定分析表

年度	1957 年	1958 年	1959 年	1960 年		
规定期限	开工			两台机组发电		
可能的分期界限						
评定分析	无法进行Ⅰ期工程	Ⅰ期工程太紧	Ⅰ、Ⅱ期工程施工均衡，较为恰当	Ⅱ期工程太紧，不能保证发电	无法进行Ⅱ期工程	

坝基开挖通常是水利水电枢纽工程施工中最艰巨的项目，对施工进度影响很大。新安江第一期基坑开挖平均月强度最低为 1.39 万 m^3，最高为 6.65 万 m^3。围堰合拢后，河槽部位的开挖最为紧张，这也是水电工程施工中抢枯水季节施工所常见的。新安江工程的基坑开挖，采取分层爆破、挖掘机装渣的机械化施工方案。在实际施工中，虽然右岸坝头开挖推迟到 1957 年 4 月 1 日才开始，但至 1957 年底实际完成了 19.8 万 m^3 的开挖任务，其中仅 12 月就开挖了 79403.5 m^3。这说明计划安排的最大强度（6.65 万 m^3 / 月）是可以达到的。

在初步设计阶段，可以用基坑垂直方向挖深的速度来估算开挖的总延续时间。一般可以每月 1.2～3.0m 的速度控制，当干挖岩石、重黏土时，挖深速度可控制在每月 1.2～3.0m；干挖壤土、沙壤土时，挖深速度可控制在每月 2.0～3.0m。而强化施工时，基坑挖深的速度可以达到每月 5～6m。

第一期混凝土浇筑何时开始，受混凝土系统投产和基坑开挖与处理的进度控制，一般是开挖完成大部分工程量后，混凝土系统已能投产的情况下，就开始浇筑混凝土。尽可能使浇筑与开挖搭接时间不要过多（新安江的安排是略有搭接），否则会造成相互干扰的局面，对施工进度造成负面影响。但是开挖工程量往往很大，而且必须自上而下地进行，很费时间。有的工程中，为了抢先浇筑，通常先集中开挖坝基某一部位或者先挖基坑，然后进行岸边削坡，但结果实际成效并不好。例如，某工程曾因违反自上而下的开挖原则，造成岸坡岩石大量坍塌的事故，不但影响了施工进度，而且造成了不应有的人身伤亡。对这种血的教训，应该特别注意。

3. 第一期工程施工中的安全度汛问题

新安江第一期工程施工时间是 1957 年 10 月至 1958 年 10 月，这样就要经过

1958 年的汛期，由此就产生了如何安全度汛的问题。新安江是山区河流，水位暴涨暴落，洪枯水位变幅实测达 17m。如果汛期采用围堰挡水，则围堰高度过大。经研究后，决定采用过水围堰、淹没基坑的方式度汛。围堰采用枯水 5% 的流量（4600 m^3/s）进行挡水设计，并以全年 5% 的洪峰流量（16000 m^3/s）进行堰顶溢流部分的设计和溢流过程的整体稳定校核。这样在进度安排上要考虑淹没基坑后可能产生的一切影响，如有效施工天数的减少、施工强度相应的加大、基坑施工的复杂性、机械设备的拆移和搬迁等。新安江在 1958 年汛期施工中，曾先后经过 5 次洪水的考验，其中最大的一次瞬时流量为 4670 m^3/s，围堰堰顶临时采用黏土麻袋加高，安然度过了汛期，围堰没有过水，基坑没有被淹没，赢得了施工工期。

4. 混凝土坝施工安排

可以根据采用的度汛方案来安排混凝土坝的施工。混凝土坝第一期工程的施工究竟何时开始，实际上很大程度上要视地质条件（覆盖层的种类、深度、地基的好坏等）而定，尽早地开始坝基开挖和坝基处理，就可以为坝体浇筑提供有利条件。

混凝土工程的浇筑强度受多方面的因素影响，如建筑物的结构形式、工作面的大小、浇筑部位、机械设备的能力、当地的自然条件以及施工的组织水平等。在初步安排进度时，混凝土建筑物全线上升的速度一般可按每月 1.5 ~ 3.0m 控制。对于混凝土重力坝和重力拱坝的一般坝段，上升速度为每月 2.5 ~ 4.5m；设有进水口或底孔的坝段，上升速度为每月 2 ~ 3m；闸墩的上升速度为每月 4 ~ 6m。对于薄拱坝和轻型坝，上升速度为每月 4 ~ 5.5m。对于电站建筑物，上升速度为每月 1.5 ~ 2m。

根据我国已建成的几个混凝土坝枢纽的实际统计资料，坝体混凝土从开始浇筑到蓄水或第一台机组发电，一般需 1 ~ 3 年，混凝土的月平均浇筑强度为 3 万 ~ 5 万 m^3，月平均浇筑量占坝体混凝土总量的 3% ~ 6%，月浇筑不均衡系数（即最高月浇筑强度与平均月浇筑强度之比）为 1.5 ~ 2。新安江的进度计划中安排的最高月浇筑强度为 8.2 万 m^3，是能够达到并有富余的。在安排第一期浇筑时，浇筑强度不宜太大，一般开始都低于平均月浇筑强度，以后逐步升高。最高月浇筑强度多出现于混凝土浇筑的中后期。

5. 第二期围堰截流

第二期围堰截流标志着整个工程施工由第一期转入第二期，是整个枢纽施工的控制关键。因此，选择截流时间时一定要兼顾一、二期工程施工，同时要考虑截流本身的有利时机。

新安江枢纽选定在 1958 年 10 月下旬截流是合理的。一般二期围堰截流时间都选在枯水期的前期（新安江枯水期中的低水期为 11 月、12 月），这样截流后可以留下一定的枯水时间，为二期围堰施工创造有利条件。又如，黄河枯水期为11月到次年6月，最枯流量出现在1月，三门峡工程截流选定为12月；汉江最枯水期为1月、2月，丹江口工程截流也定在12月。

从施工总进度的角度来看，安排二期围堰截流时间应考虑下述前提条件：

（1）保证混凝土坝第一期工程的浇筑高程和超过截流后泄流建筑物（在新安江工程中是导流底孔）泄流时所需的水位。

（2）保证修好泄水建筑物，并做好泄水前的一切准备工作（包括全部或部分拆除第一期围堰）。

（3）解决好截流后的施工通航、过筏等问题。

（4）完成第二期围堰截流的准备工作。

（5）做好上游料场、上游临时建筑物等的拆迁工作。

我国不少工程的截流都进行得较顺利，这说明我国施工组织已有较高的水平。新安江第二期围堰实际施工时提前于1958年9月15日合拢闭气，这为整个工程提前投入运转创造了有利条件。在施工中如果不能及时完成截流前的准备工作，就会使施工更加复杂，增加二期施工强度，甚至延误截流时机，从而打乱整个施工计划。苏联新西伯利亚水电站截流时，泄水建筑物的准备不合质量要求；卡姆水电站截流时，围堰也拆除得不彻底，这些都造成了截流施工的困难，有时延误了截流时机，甚至迫使截流推迟到次年才能进行。这样就必然会导致工程无法按期投入运转，打乱整个建设计划。因此，安排截流进度时，一定要认真论证落实。

6.第二期工程施工的进度控制

新安江第二期工程施工自1958年10月第二期围堰截流后开始。第二期工程施工进度，设计时由两个关键项控制：① 必须保证1959年汛期安全度汛；② 必须确保按国家规定的要求，1960年底两台机组发电。

一般解决二期度汛的办法如下：

（1）二期工程采用高围堰挡汛，以保证混凝土坝的施工安全，但这会加大二期围堰的工程量，这样做是否合理需要论证。

（2）加快坝体上升速度，将混凝土坝的一、二期工程全面上升到洪水位以上，用坝体（或临时断面）挡洪。实际施工是否能够达到上述要求，需要论证。

（3）在混凝土坝第一期工程中预留适当缺口，降低二期围堰高度，等汛期过后再升高缺口。但必须保证缺口能在坝体拦洪前达到拦洪高程，不会影响蓄水发电。

（4）洪水期淹没基坑。

实际工程中采用的是以上一项或多项综合的解决办法。新安江工程在初步设计中，原采用高围堰挡水并提前截流的方案。后来在技术设计中，又改为过水围堰、淹没基坑的方式度汛。二期围堰的形式是：上游采用混凝土、木笼、堆石混合式；下游为木笼式；纵向为块石混凝土形式及部分利用一期木笼围堰。上游最大堰高22m。实际施工时，由于基坑工作提前，估计可以缩短围堰的挡水时段，将最大挡水流量降低到同时段洪水频率为5%，最大流量为3000 m^3/s，相当于上游围堰堰顶高程降低了4m，并按不过水式围堰施工。但实际上坝体升高未能达到预期进度，同时又出现了超过2月100年一遇的洪峰（实测下泄最大流量约为4400 m^3/s），加之上游木排大批下冲，部分堵塞了导流底孔进口，当时只好主动灌水入堰。当围堰过水后，又被冲开了两个缺口，洪水涌入基坑，将堰顶约6m高的加高木笼堰体与填石全部冲毁。由于堰体的下部为块石混凝土结构形式，故未被洪水冲毁。洪水后，很快修复了围堰，恢复了基坑工作。1958年9月15日二期围堰提前合拢闭气，大坝底孔提前导流，枢纽施工进入左、右两岸全面施工、全面升高的新阶段。至1959年8月底，拦河大坝大部分都已上升到85m高程，提前近一个季度，为早日蓄水发电创造了有利条件。

7. 蓄水发电与机组安装的时间安排

为了保证机组按时发电，必须对机组安装和水库蓄水所需的时间进行周密的安排。如果坝体能够浇筑到蓄水高程以上，水库蓄水也能达到发电水位，但机组还未安装和试运转，则是不能发电的；同样，如果坝体能够达到蓄水高程以上，但水库蓄水没有达到发电水位，即使机组已经安装并试运转，也同样是不能发电的。因此，保证机组按时发电的条件如下：

（1）大坝全线上升达到发电蓄水高程以上，并能起整体作用，拦洪蓄水。其中，需要特别注意的是，坝身纵缝灌浆（如果设有纵缝时）的时间不能延迟，以免影响大坝拦洪蓄水。

（2）根据蓄水计划确定底孔封堵的时段。为了保证底孔的封堵，封堵时间一般宜选在枯水期，因为这时封堵工作较易进行。但又不能将底孔封堵时间安排得过早，因为这样将很难解决防洪与发电的矛盾。因此，最好将底孔封堵安排在枯水期末，并在泄洪建筑物修好后进行。这样既能保证枯水期多做一些工程，又能在底孔封堵后，洪水来临时立即蓄水。蓄水前，还要做好库区清理和移民工作。

（3）机电设备安装妥当，并进行了试运转，同时输变电系统已相应完工，可以正式发电、送电。通常组织机电安装工程和土建工程平行施工。第一台机组的安装时间在相应机组段水下大体积混凝土完工后的3~6个月内完成，在水下大体积混凝土完工前，可以事先在安装场进行拼装，之后各台机组的安装时间可以彼此间隔1.5~2个月。输水钢管的制作，一般可按每月150~200t进行控制；输水钢管的安装，一般一个工作面可按每月30~40t安排。

坝体浇筑、水库蓄水和机组安装进度的相互关系如图 8—4 所示。从图 8—4 中可以看出：坝体全线达到的高程应满足水库蓄水的要求，即使在丰水年的情况下，也应能安全挡水。至于机组发电的日期，则既可能受水库蓄水的控制（枯水年），也可能受机组安装进度的控制（丰水年或平水年）。应该指出，蓄水不到最低的发电水位，水电站是不允许运行的。否则，将会对机组造成损害，从而发生事故。

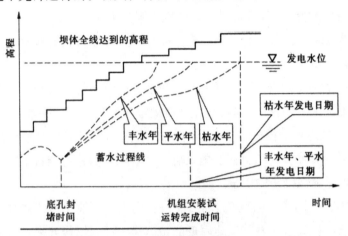

机组安装进度线(开始安装时间受混凝土浇筑控制)

图 8—4　坝体浇筑、水库蓄水和机组安装进度的相互关系示意图

新安江施工组织设计中，按国家规定 1960 年底有两台机组发电的要求，安排了有关蓄水发电项目的进度，协调土建工程和机电安装工程、防洪发电蓄水之间的关系。计划表明，1959 年第四季度下闸蓄水，若 1960 年是平水年，则由安装工程控制，国庆节前夕可以发电；如 1960 年是枯水年，则由蓄水计划控制，年底两台机组可以送电。实际施工中，在 1959 年 9 月 21 日只用了 3 小时 43 分即放下了最后一扇导流底孔闸门，至 1960 年 4 月整个枢纽的混凝土工程已基本结束，并且安装了两台水轮发电机组，提前开始供电。

水利水电枢纽早一天发电早一天受益。如果电站厂房有可能在第一期施工时修建，有时可利用第二期围堰抬高上游水位，使部分机组在工程施工期间就能低水头供电，例如我国富春江水电站（河床式低水头电站）、葛洲坝水电站等就采用了这种方案。

8. 准备工作和结束工作

对于水利水电枢纽施工的准备工作，在进度计划表中要认真研究并安排。由于新安江工程施工期限紧迫，所以准备工作的任务比较繁重，这种情况在我国交通不便的偏僻山区更是常见。当然，如果有个比较长远的规划，能够统筹兼顾，这种情况也会逐步得到改善。一般来说，在主体工程开工前应该完成如下的准备项目：

（1）修好对外交通线路。尤其是大型水利水电工程，有的必须采用标准轨铁路运输方式才能满足施工期间货运量和重大件运输的需要，要求最迟应在大规模施工前完成铁路专用线和国家铁路网的接轨工作，否则工程施工将十分被动。

（2）修建部分场内交通线路、汽车基地和机车车库等。要特别注意解决好两岸交通联系问题。

（3）修建部分仓库和保证提供必要的机修服务工作。

（4）修建工地风、水、电供应系统，最好能够修建永久的输电线路，争取从国家电网得到电力供应。

（5）修建满足施工需要的混凝土系统和砂石供应系统。由于大型混凝土系统和砂石供应系统施工工期长（大型混凝土系统的建筑安装时间，一般需要半年到一年，砂石系统从兴建到部分投产也要半年时间），我国不少工程都曾采用修建临时拌和站和进行人工备料等方式满足初期施工需要，争取尽量缩短准备工作时间。但实际上这样做很难保证混凝土的质量。

（6）修建部分生产、生活必需的房屋、工棚等。工地房屋的建筑标准，要与其使用期限的长短相适应，要与工地附近的城镇建设规划结合起来。对于永久性的房屋，要按当地的规划标准修建；对于临时建筑，要逐步推广装配式、拆移式结构。

结束工作主要是工地的收尾工作，如拆除临时结构物、房屋、运走机械设备、清理场地、保护环境等。在初步设计时，混凝土坝枢纽工程的准备工作、结束工作及主体工程的施工工期见表8—3。

表8—3 混凝土坝建设工期参考指标

坝体混凝土量 （万 m^3）	总工期（年）	准备工程工期（年）	主体工程工期（年）	完建工程工期（年）	高峰年浇强度（万 m^3）
20 ~ 80	2.5 ~ 4.0	0.5 ~ 1.0	1.5 ~ 2.0	0.5 ~ 1.0	16 ~ 40
80 ~ 120	3.0 ~ 5.0	0.5 ~ 1.0	2.0 ~ 3.0	0.5 ~ 1.0	16 ~ 60
120 ~ 200	4.0 ~ 6.0	0.5 ~ 1.0	3.0 ~ 3.5	0.5 ~ 1.5	48 ~ 100
200 ~ 300	5.5 ~ 7.0	1.0 ~ 1.5	3.5 ~ 4.0	1.0 ~ 1.5	80 ~ 150
300 ~ 400	6.0 ~ 8.0	1.0 ~ 2.0	4.0 ~ 4.5	1.0 ~ 1.5	120 ~ 200
>400	7.0 ~ 10.0	1.5 ~ 2.5	4.5 ~ 5.5	1.0 ~ 2.0	200

9.其他施工项目的安排

安排好有关控制性项目的进度后，对于其他施工项目，则可按一般的施工程序予以适当安排，用来平衡整个工程总进度计划，构成拟定的施工总进度计划草案。

8.2.4　落实、平衡、调整、修正计划

在完成草拟工程进度后，要对各项进度安排逐项落实。根据工程的施工条件、施工方法、机具设备、劳动力和材料供应以及技术质量要求等有关因素，分析论证所拟进度是否切合实际，各项进度之间是否协调。研究主体工程的工程量是否大体均衡，进行综合平衡工作。对原拟进度草案进行调整、修正。

以上简要地介绍了施工总进度计划的编制步骤。在实际工作中不能机械地划分这些步骤，而应该将其联系起来，大体上依照上述程序来编制施工总进度计划。当初步设计阶段的施工总进度计划获批后，在技术设计阶段还要结合单项工程进度计划的编制，来修正总进度计划。在工程施工中，再根据施工条件的演变情况予以调整，用来指导工程施工，控制工程工期。

8.3　网络进度计划

为适应生产的发展和满足科学研究工作的需要，20 世纪 50 年代中期出现了工程计划管理的新方法——网络计划技术。该技术采用网络图的形式表达各项工作的相互制约和相互依赖关系，故此得名。用它来编制进度计划，具有十分明显的优越性：各项工作之间的逻辑关系严密，主要矛盾突出，有利于计划的调整与优化，促使电子计算机得到应用。目前，国内外对这一技术的研究和应用已经相当成熟，应用领域也越来越广。

网络图是由箭线（用一端带有箭头的实线或虚线表示）和节点（用圆圈表示）组成，用来表示一项工程或任务进行顺序的有向、有序的网状图形。在网络图上加注工作的时间参数，就形成了网络进度计划（一般简称网络计划）。

网络计划的形式主要有双代号与单代号两种。此外，还有时标网络与流水网络等。

8.3.1　双代号网络图

用一条箭线表示一项工作（或工序），在箭线首尾用节点编号表示该工作的开始和结束。其中，箭尾节点表示该工作开始，箭头节点表示该工作结束。根据施工顺序和相互关系，将一项计划的所有工作用上述符号从左至右绘制而成的网状图形，称为双代号网络图。用这种网络图表示的计划叫作双代号网络计划。

双代号网络图是由箭线、节点和线路三个要素所组成的，现将其含义和特性分述如下：

（1）箭线。在双代号网络图中，一条箭线表示一项工作。需要注意的是，根据计划编制的粗细不同，工作所代表的内容、范围是不一样的，但任何工作（虚工作除外）都需要占用一定的时间，并消耗一定的资源（如劳动力、材料、机械设备等）。因此，凡是占用一定时间的施工活动，例如基础开挖、混凝土浇筑、混凝土养护等，都可以看成一项工作。

除表示工作的实箭线外，还有一种虚箭线。它表示一项虚工作，没有工作名称，不占用时间，也不消耗资源，其主要作用是在网络图中解决工作之间的连接或断开关系问题。另外，箭线的长短并不表示工作持续时间的长短。箭线的方向表示施工过程的进行方向，绘图时应保持自左向右的总方向。

就工作而言，紧靠其前面的工作称为紧前工作，紧靠其后面的工作称为紧后工作，与之平行的工作称为平行工作，该工作本身则称为本工作，如图8—5所示，工作①→②→工作④→⑤→工作②→③分别是工作②→④的紧前工作、紧后工作和平行工作。

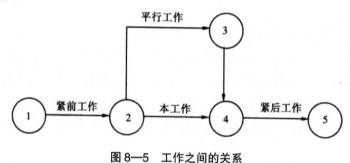

图8—5　工作之间的关系

（2）节点。网络图中表示工作开始、结束或连接关系的圆圈称为节点。节点仅为前后诸工作的交接之点，只是一个"瞬间"，它既不消耗时间，也不消耗资源。

网络图的第一个节点称为起点节点，它表示一项计划（或工程）的开始；最后一个节点称为终点节点，它表示一项计划（或工程）的结束；其他节点称为中间节点。任何一个中间节点都既是其前面各项工作的结束节点，又是其后面各项工作的开始节点。因此，中间节点可反映施工的形象进度。

节点编号的顺序是，从起点节点开始，依次向终点节点进行。编号的原则是，每一条箭线的箭头节点编号必须大于箭尾节点编号，并且所有节点的编号不能重复出现。

（3）线路。在网络图中，顺箭线方向从起点节点到终点节点所经过的一系列由箭线和节点组成的可通路径称为线路。一个网络图可能只有一条线路，也可能有多条线路，各条线路上所有工作持续时间的总和称为该条线路的计算工期。其中，工期最长的线路称为关键线路（即主要矛盾线），其余线路则称为非关键线路。位于关键线路上的工作称为关键工作，位于非关键线路上的工作则称为非关键工作。关键工作完成的快慢直接影响整个计划的总工期。关键工作在网络图上通常用粗箭线、双箭线或红色箭线表示。当然，在一个网络图上，有可能出现多条关键线路，它们的计算工期是相等的。

在网络图中，关键工作的比重不宜过大，这样才有助于工地指挥者集中力量抓主要矛盾。

关键线路与非关键线路、关键工作与非关键工作，在一定条件下是可以相互转化的。例如，当采取了一定的技术组织措施，缩短了关键线路上有关工作的作业时间，或使其他非关键线路上有关工作的作业时间延长时，就可能出现这种情况。

1. 绘制双代号网络图的基本规则

（1）网络图必须正确地反映各工序的逻辑关系。在绘制网络图之前，要确定施工的顺序，明确各工作之间的衔接关系，根据施工的先后次序逐步把代表各工作的箭线连接起来，绘制成网络图。

（2）一个网络图只允许有一个起点节点和一个终点节点，即除网络的起点和终点外，不得再出现没有外向箭线的节点，也不得再出现没有内向箭线的节点。如果一个网络图中出现多个起点或多个终点，则此时可将没有内向箭线的节点全部并为一个节点，把没有外向箭线的节点也全部并为一个节点。如图 8—6(a) 所示，节点①、④ 皆为没有内向箭线的起点节点，节点 ⑤、⑧ 皆为没有外向箭线的终点节点。改正后如图 8—6(b) 所示。

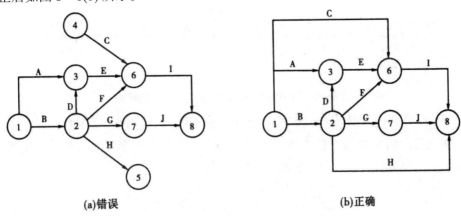

(a)错误　　　　　　　　　　(b)正确

图8—6　双代号网络图起点—终点表示方法

（3）网络图中不允许出现循环线路。在网络图中从某一节点出发，沿某条线路前进，最后又回到此节点，出现循环现象，就是循环线路。如图 8—7 所示，②→③→⑤→② 和 ②→④→⑤→② 都是循环线路，循环线路表示的逻辑关系是错误的，在工艺顺序上是相互矛盾的。

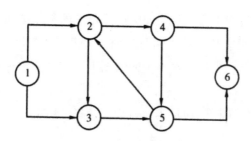

图8—7　循环线路示意图

（4）网络图中不允许出现代号相同的箭线。网络图中每一条箭线都各有一个开始节点和结束节点的代号，号码不能完全重复。一项工作只能有唯一的代号。例如图8—8(a)中，工作A与B的代号都是①→②，①→②究竟代表哪项工作无法确定。正确的表示方法是增加一个节点和一条虚箭线，如图8—8(b)所示。

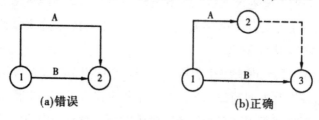

图8—8　重复编号工作示意图

（5）网络图中严禁出现没有箭尾节点的箭线和没有箭头节点的箭线，如图8—9所示。

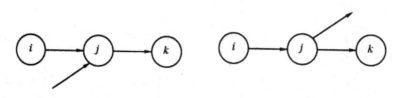

图8—9　没有箭尾节点和没有箭头节点的箭线

（6）网络图中严禁出现双向箭头或无箭头的线段。因为网络图是一种单向图，施工活动是沿着箭头指引的方向去逐项完成的。因此，一条箭线只能有一个箭头，且不可能出现无箭头的线段，如图8—10所示。

图8—10　不允许出现无箭头或双向箭头的线段

（7）绘制网络图时，尽量避免箭线交叉。当交叉不可避免时，可采用过桥法或断线法表示。

（8）如果要表明某工作完成一定程度后，后道工序要插入，可采用分段画法，不得从箭线中引出另一条箭线。

2. 双代号网络图绘制示例

双代号网络图绘制步骤如下：

（1）根据已知的紧前工作，确定出紧后工作，并自左至右先画紧前工作，后画紧后工作。

（2）若没有相同的紧后工作或只有相同的紧后工作，则肯定没有虚箭线；若既有相同的紧后工作，又有不同的紧后工作，则肯定有虚箭线。

（3）到相同的紧后工作用虚箭线，到不同的紧后工作则无虚箭线。

表 8—4 给出了从 A 到 I 共 9 个工作的紧前工作逻辑关系，绘制双代号网络图并进行节点编号。

表 8—4　某分部工程各施工过程的逻辑关系

施工过程	A	B	C	D	E	F	G	H	I
紧前工作	无	A	B	B	B	C、D	C、E	C	F、G、H

画图前，应先找到各工作的紧后工作，见表 8—5。显然 C 与 D 有共同的紧后工作 F 和不同的紧后工作，所以 G、H 有虚箭线，C 指向共同的紧后工作 F，用虚箭线。另外，C 和 E 有共同的紧后工作 G 和不同的紧后工作 F、H，所以也肯定有虚箭线，C 指向共同的紧后工作 G，是虚箭线。其他均无虚箭线，绘出网络图并进行编号，如图 8—11 所示。绘好后还可用紧前工作进行检查，看绘出的网络图有无错误。

表 8—5　某分部工程各施工过程的逻辑关系

施工过程	A	B	C	D	E	F	G	H	I
紧后工作	B	C.D、E	F.G、H	F	G	I	I	I	无

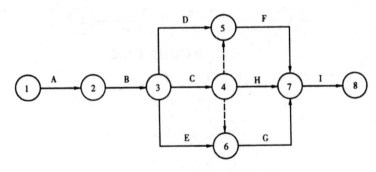

图 8—11　某分部工程网络计划图

3. 双代号网络图时间参数计算

网络图时间参数计算的目的是确定各节点的最早可能开始时间和最迟必须开始时间，各工作的最早可能开始时间和最早可能完成时间、最迟必须开始时间和最迟必须完成时间，以及各工作的总时差和自由时差，以便确定整个计划的完成日期、关键工作和关键线路，从而为网络计划的执行、调整和优化提供科学的数据。时间参数的计算可采用不同的方法，如图上作业法、表上作业法和电算法等。这里主要介绍图上作业法。

（1）各项时间参数的符号表示

设有线路 h → i → j → k，则各项时间参数的符号表示如下：

D_{i-j}——工作 i—j 的施工持续时间；

D_{h-i}——工作 i—j 的紧前工作 h—i 的施工持续时间；

D_{j-k}——工作 i—j 的紧后工作 j—k 的施工持续时间；

T_i^E——节点 i 最早时间；

T_i^L——节点 i 最迟时间；

T_{i-j}^{ES}——工作 i—j 的最早开始时间；

T_{i-j}^{EF}——工作 i—j 的最早完成时间；

T_{i-j}^{LS}——工作 i—j 的最迟开始时间；

T_{i-j}^{LF}——工作 i—j 的最迟完成时间；

F_{i-j}^T——工作 i—j 的总时差；

F_{i-j}^F——工作 i—j 的自由时差。

（2）时间参数间的关系

时间参数间的关系如图 8—12 所示：

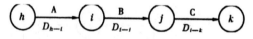

图 8—12　时间参数关系简图

分析图 8—12 这条线路，可以得出如下结论：

$$T_{i-j}^{ES} = T_i^E \tag{8—3}$$

$$T_{i-j}^{EF} = T_{i-j}^{ES} + D_{i-j} \tag{8—4}$$

$$T_{i-j}^{LF} = T_j^L \tag{8—5}$$

$$T_{i-j}^{LS} = T_{i\ j}^{LF} - D_{i\ \ j} \tag{8—6}$$

（3）图上作业法

当工作数目较少时，直接在网络图上进行时间参数的计算则十分方便。由于双代号网络图的节点时间参数与工作时间的参数紧密相关，所以在图上进行计算时，通常只需标出节点（或工作）的时间参数。现以图 8—13 为例，介绍图上作业法的步骤。

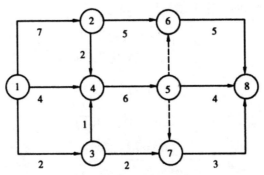

图 8—13　图上作业法示意图

① 计算各个节点的最早时间 T_j^E

所谓节点的最早时间，就是该节点前面的工作全部完成，后面的工作最早可能开始的时间。计算节点的最早开始时间应从网络图的起点节点开始，顺着箭线方向依次逐项计算，直到终点节点为止。计算方法是：先假定起点节点 ① 的最早时间为零，即 $T_j^E = 0$；中间节点的最早时间为该节点前各紧前工作最早完成时间中的最大值。根据图 8—12 得出的结论，工作的最早完成时间为工作的最早开始时间（即工作的开始节点的最早时间）加上工作的持续时间，故

$$T_j^E = \max\left\{T_i^E + D_{i-j}\right\} \tag{8—7}$$

在图 8—13 中，部分节点的最早时间计算如下：

$$T_1^E = 0$$

$$T_2^E = T_1^E + D_{1-2} = 0 + 7 = 7$$

$$T_3^E = T_1^E + D_{1-3} = 0 + 2 = 2$$

$$T_4^E = \max\begin{cases} T_1^E + D_{1-4} = 0 + 4 = 4 \\ T_2^E + D_{2-4} = 7 + 2 = 9 \\ T_3^E + D_{3-4} = 2 + 1 = 3 \end{cases} = 9$$

$$T_5^E = T_4^E + D_{4-5} = 9 + 6 = 15$$

②计算各个节点的最迟时间

所谓节点的最迟时间，是指在保证工期的条件下，该节点紧前的所有工作最迟必须结束的时间。若不结束，就会影响紧后工作的最迟必须开始时间，从而影响工期。计算节点的最迟时间要从网络图的终点节点开始逆看箭头方向依次计算。当工期有规定时，终点节点的最迟时间就等于规定工期；当工期没有规定时，最迟时间就等于终点节点的最早时间；其他中间节点和起点节点的最迟时间就是该节点紧后各工作的最迟必须开始时间中的最小值，即

$$T_i^L = \begin{cases} \lambda(\lambda \text{为规定工期}) \\ T_n^E(\text{未规定工期时}) \end{cases}$$

$$T_i^L = \min\left\{T_j^L - D_{i-j}\right\} \tag{8—8}$$

在图 8—13 中，部分节点的最迟时间计算如下：

$$T_8^L = T_8^E = 20$$

$$T_7^L = T_8^L - D_{7-8} = 20 - 3 = 17$$

$$T_6^L = T_8^L - D_{6-8} = 20 - 5 = 15$$

$$T_5^L = \min\begin{cases} T_7^L - D_{5-7} = 17 - 0 = 17 \\ T_6^L - D_{5-6} = 15 - 0 = 15 \end{cases} = 15$$

③计算各工作的最早开始时间 T_{i-j}^{ES} 和最早完成时间 T_{i-j}^{EF}

各项工作的最早开始时间等于其开始节点的最早时间，即

$$T_{i-j}^{ES} = T_i^E \tag{8—9}$$

各项工作的最早完成时间等于其开始节点的最早时间加上工作持续时间，即

$$T_{i-j}^{EF} = T_i^E + D_{i\ j} \tag{8—10}$$

在图 8—13 中，部分工作的最早开始时间和最早完成时间计算如下：

$$T_{1-2}^{ES} = T_1^E = 0 \qquad T_{1-2}^{EF} = T_1^E + D_{1\ 2} = 0 + 7 = 7$$

$$T_{1-3}^{ES} = T_1^E = 0 \qquad T_{1-3}^{EF} = T_1^E + D_{1\ 3} = 0 + 2 = 2$$

$$T_{1-4}^{ES} = T_1^E = 0 \qquad T_{1-4}^{EF} = T_1^E + D_{1\ 4} = 0 + 4 = 4$$

$$T_{2-4}^{ES} = T_2^E = 7 \qquad T_{2-4}^{EF} = T_2^E + D_{2\ 4} = 7 + 2 = 9$$

$$T_{2-6}^{ES} = T_2^E = 7 \qquad T_{2-6}^{EF} = T_2^E + D_{2\ 6} = 7 + 5 = 12$$

$$T_{3-4}^{ES} = T_3^E = 2 \qquad T_{3-4}^{EF} = T_3^E + D_{3\ 4} = 2 + 1 = 3$$

$$T_{3-7}^{ES} = T_3^E = 2 \qquad T_{3-7}^{EF} = T_3^E + D_{3\ 7} = 2 + 2 = 4$$

$$T_{4-5}^{ES} = T_4^E = 9 \qquad T_{4-5}^{EF} = T_4^E + D_{4\ 5} = 9 + 6 = 15$$

④ 计算各工作的最迟完成时间 T_{i-j}^{LF} 和最迟开始时间 T_{i-j}^{LS}

各项工作的最迟完成时间等于其结束节点的最迟时间，即

$$T_{i-j}^{LF} = T_j^L \tag{8—11}$$

各项工作的最迟开始时间等于其结束节点的最迟时间减去工作持续时间，即

$$T_{i-j}^{LS} = T_{i\ j}^{LF} - D_{i\ j} \tag{8—12}$$

在图 8—13 中，部分工作的最迟完成时间和最迟开始时间计算如下：

$$T_{1-2}^{LF} = T_2^L = 7 \qquad T_{1-2}^{LS} = T_2^L - D_{1\ 2} = 7 - 7 = 0$$

$$T_{1-3}^{LF} = T_3^L = 8 \qquad T_{1-3}^{LS} = T_3^L - D_{1\ 3} = 8 - 2 = 6$$

$$T_{1-4}^{LF} = T_4^L = 9 \qquad T_{1-4}^{LS} = T_4^L - D_{1\ 4} = 9 - 4 = 5$$

$$T_{2-4}^{LF} = T_4^L = 9 \qquad T_{2-4}^{LS} = T_4^L - D_{2\ 4} = 9 - 2 = 7$$

$$T_{2-6}^{LF} = T_6^L = 15 \qquad T_{2-6}^{LS} = T_6^L - D_{2\ 6} = 15 - 5 = 10$$

$$T_{3-4}^{LF} = T_4^L = 9 \qquad T_{3-4}^{LS} = T_4^L - D_{3\ 4} = 9 - 1 = 8$$

$$T_{3-7}^{LF} = T_7^L = 17 \qquad T_{3-7}^{LS} = T_7^L - D_{3\ 7} = 17 - 2 = 15$$

⑤ 计算各工作的总时差 F_{i-j}^T

工作的总时差是指在不影响工期的前提下，各项工作所具有的机动时间。而一项工作从最早开始时间或最迟开始时间开始，均不会影响工期。因此，一项工作可以利用的时间范围是从最早开始时间到最迟完成时间，从中扣除本工作的持续时间后，剩下的部分就是工作可以利用的机动时间，称为总时差，如图 8—14 所示。

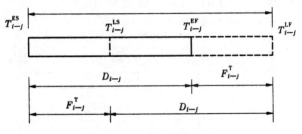

图 8—14　总时差计算简图

据以上含义，工作的总时差可用式（8—13）计算：

$$F_{i-j}^T = T_{ij}^{LE} - T_{ij}^{EF}$$
$$= T_{i-j}^{LS} - T_{ij}^{ES}$$
$$= (T_{i-j}^{LF} - D_{ij}) - T_{ij}^{ES} \tag{8—13}$$
$$= T_j^L - T_i^E - D_{i-j}$$

在图 8—14 中，部分工作的总时差计算如下：

$$F_{1-2}^T = T_2^L - T_1^E - D_{12} = 7 - 0 - 7 = 0$$

$$F_{1-3}^T = T_3^L - T_1^E - D_{13} = 8 - 0 - 2 = 6$$

$$F_{1-4}^T = T_4^L - T_1^E - D_{14} = 9 - 0 - 4 = 5$$

$$F_{2-4}^T = T_4^L - T_2^E - D_{24} = 9 - 7 - 2 = 0$$

$$F_{2-6}^T = T_6^L - T_2^E - D_{26} = 15 - 7 - 5 = 3$$

$$F_{3-4}^T = T_4^L - T_3^E - D_{34} = 9 - 2 - 1 = 6$$

$$F_{3-7}^T = T_7^L - T_3^E - D_{37} = 17 - 2 - 2 = 13$$

总时差主要用来判别关键工作和控制工期。凡是总时差为零的工作就是关键工作，总时差不为零的工作必定是非关键工作。

⑥ 计算各工作的自由时差 F_{i-j}^F

工作的自由时差是总时差的一部分，是指在不影响其紧后工作最早开始时间的前提下，该工作所具有的机动时间。这时工作的可利用时间范围被限制在本工作最早开始时间与其紧后工作的最早开始时间之间，从中扣除本工作的作业持续时间后，剩下的部分即为该工作的自由时差，如图 8—15 所示。

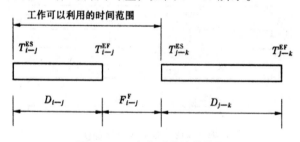

图 8—15 自由时差计算简图

据以上含义，工作的自由时差可用式（8—14）计算：

$$F_{i-j}^F = T_{j\ k}^{ES} - T_{i\ j}^{EF}$$
$$= T_j^E - (T_{i-j}^{ES} + D_{i\ j}) \tag{8—14}$$
$$= T_j^E - T_i^E - D_{i-j}$$

在图 8—15 中，部分工作的自由时差计算如下：

$$F_{1-2}^F = T_2^E - T_1^E - D_{1\ 2} = 7 - 0 - 7 = 0$$

$$F_{1-3}^F = T_3^E - T_1^E - D_{1\ 3} = 2 - 0 - 2 = 0$$

$$F_{1-4}^F = T_4^E - T_1^E - D_{1\ 4} = 9 - 0 - 4 = 5$$

$$F_{2-4}^F = T_4^E - T_2^E - D_{2\ 4} = 9 - 7 - 2 = 0$$

$$F_{2-6}^F = T_6^E - T_2^E - D_{2\ 6} = 15 - 7 - 5 = 3$$

$$F_{3-4}^F = T_4^E - T_3^E - D_{3\ 4} = 9 - 2 - 1 = 6$$

$$F_{3-7}^F = T_7^E - T_3^E - D_{3\ 7} = 15 - 2 - 2 = 11$$

从上面的分析与实例计算可知，工作的总时差与自由时差具有一定的联系。动用某工作的自由时差不会影响其紧后工作的最早开始时间，说明自由时差是该工作独立使用的机动时间，该工作是否使用，与后续工作无关。而工作总时差是属于某条线路上所共有的机动时间，动用某工作的总时差若超过了该工作的自由时差，则会导致后续工作拥有的总时差相应减少，并会引起该工作所在线路上所有后续非关键工作以及与该线路有关的其他非关键工作时差的重新分配。由此可见，总时差不仅为本工作所有，也为经过该工作的线路所共有。

各时间参数计算完成后，可按如图 8—16 所示的标注形式在网络图上标出时间参数。

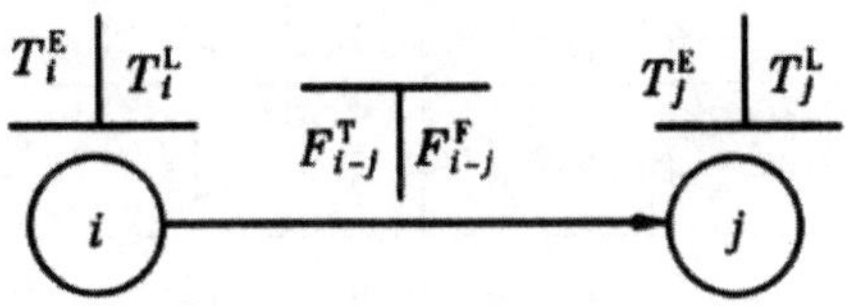

图 8—16 时间参数的标注形式

本例题最后算出的结果如图 8—17 所示。

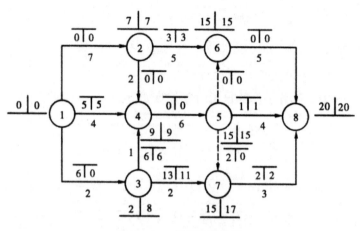

图 8—17　例题计算结果

（4）表上作业法

当工作数目较多、网络图比较复杂时，使用表上作业法进行时间参数的计算更加方便，也可使计算过程和数据更加清晰与条理化。由于表上作业法与图上作业法的计算原理相同，它们的区别只是形式不同而已，故这里只介绍其作业步骤（仍使用前面的实例）。进行表上作业法应先绘制计算表如表 8—6 所示。

表 8—6　时间参数的标注形式

节点号码	T_1^E	T_i^L	工作号码	D_{i-j}	T_{i-j}^{ES}	T_{i-j}^{EF}	T_{i-j}^{LS}	T_{i-j}^{LF}	T_{i-j}^{T}	T_{i-j}^{F}
一	二	三	四	五	六	七	八	九	十	十一
1	0	0	1—2 1—3 1—4	7 2 4	0 0 0	7 2 4	0 6 5	7 8 9	0 6 5	0 0 5
2	7	7	2—4 2—6	2 5	7 7	9 12	7 10	9 15	0 3	0 3
3	2	8	3—4 3—7	1 2	2 2	3 4	8 15	9 17	6 13	6 11
4	9	9	4—5	6	9	15	9	15	0	0
5	15	15	5—6 5—7 5—8	0 O 4	15 15 15	15 15 19	15 17 16	15 17 20	0 2 1	0 0 1
6	15	15	6—8	5	15	20	15	20	0	0
7	15	17	7—8	3	15	18	17	20	2	2
8	20	20								

①将节点号码、工作号码及工作持续时间分别填入表格第一、第四、第五列内。

②计算各节点的最早时间。起点节点填零，其他节点按式（8—7）进行计算，结果填入第二列内。

③计算各节点的最迟时间。先确定终点节点的最迟时间，其他节点按式（8—8）进行计算，结果填入第三列内。

④计算各工作的最早开始时间和最早完成时间。各项工作的最早开始时间等于其开始节点的最早时间，可从第二列相应的节点中查出，结果填入第六列；各项工作的最早完成时间等于其最早开始时间加上工作持续时间，即第六列的相应值加上第五列的相应值，结果填入第七列。

⑤计算各工作的最迟完成时间和最迟开始时间。各项工作的最迟完成时间等于其结束节点的最迟时间，可从第三列相应的节点中查出，结果填入第九列；各项工作的最迟开始时间等于其最迟完成时间减去工作持续时间，即由第九列的相应值减去第五列的相应值，结果填入第八列。

⑥计算各工作的总时差。各项工作的总时差等于其最迟开始时间（第八列）减去其紧后工作的最早开始时间（第九列），结果填入第十列。

⑦计算各工作的自由时差。各项工作的自由时差等于其紧后工作的最早开始时间（由第六栏查出）减去本工作的最早完成时间（由第七列查出），结果填入第十一列。

8.3.2　单代号网络图

1. 单代号网络图的表示方法

单代号网络图也是由许多节点和箭线组成的，但是节点和箭线的意义与双代号有所不同。单代号网络图的一个节点代表一项工作（节点代号、工作名称、作业时间都标注在节点圆圈或方框内，如图8—18所示），而箭线仅表示各项工作之间的逻辑关系。因此，箭线既不占用时间，也不消耗资源。用这种表示方法，把一项计划的所有施工过程按其先后顺序和逻辑关系从左至右绘制成的网状图形，叫作单代号网络图。用这种网络图表示的计划叫单代号网络计划。

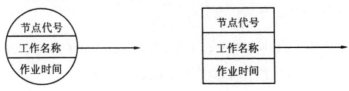

图8—18　单代号表示法

与双代号网络图相比，单代号网络图具有这些优点：工作之间的逻辑关系更为明确，容易表达，且没有虚工作；网络图绘制简单，便于检查、修改。因此，国内单代号网络图得到越来越广泛的应用，而国外单代号网络图早已取代双代号网络图。

图8—19(a)、(b) 所示的两个网络图都有四项工作，逻辑关系也相同，但图8—19(a) 是用双代号表示的，图5—19(b) 则是用单代号表示的。很显然，图8—19(b) 比图8—19(a) 更简单、直观。

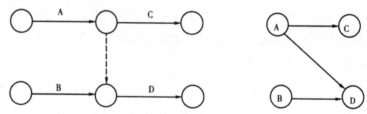

(a) 双代号网络图；(b) 单代号网络图

图8—19　两种网络图

2. 单代号网络图的绘制规则

同双代号网络图一样，绘制单代号网络图也必须遵循一定的规则，这些基本规则具体如下：

① 网络图必须按照已定的逻辑关系绘制。

② 不允许出现循环线路。

③ 工作代号不允许重复，一个代号只能代表唯一的工作。

④ 当有多项开始工作或多项结束工作时，应在网络图两端分别增加一虚拟的起点节点和终点节点。

⑤ 严禁出现双向箭头或无箭头的线段。

⑥ 严禁出现没有箭尾节点或箭头节点的箭线。

3. 单代号网络计划的时间参数计算

(1) 计算工作的最早开始时间和最早完成时间

工作 i 的最早开始时间 T_i^{ES} 应从网络图的起点节点开始，顺着箭线方向依次逐个计算。起点节点的最早开始时间 T_i^{ES} 如无规定，即其值等于零，即

$$T_i^{ES} = 0 \tag{8—15}$$

其他工作的最早开始时间等于该工作的紧前工作的最早完成时间的最大值，即

$$T_i^{ES} = \max\left\{T_h^{EF}\right\} = \max\left\{T_h^{ES} + D_h\right\} \tag{8—16}$$

式（8—16）中，T_h^{EF} ——工作 i 的紧前工作 h 的最早完成时间；T_h^{ES} ——工作

i 的紧前工作 h 的最早开始时间； D_h ——工作 i 的紧前工作 h 的工作持续时间。

工作的最早完成时间 T_i^{EF} 等于工作的最早开始时间加该工作的持续时间，即

$$T_i^{EF} = T_i^{ES} + D_i \tag{8—17}$$

（2）网络计划工期 T_c 的计算

计算工期的公式为

$$T_c \quad T_n^{EF} \tag{8—18}$$

式（8—18）中，T_n^{EF} 表示终点节点 n 的最早完成时间。

（3）相邻两项工作之间的时间间隔的计算

工作 i 到工作 j 之间的时间间隔 $T_{i,j}^{LAG}$ 是工作 j 的最早开始时间与工作 i 的最早完成时间的差值，其大小按式（8—19）计算：

$$T_{i,j}^{LAG} = T_j^{ES} - T_i^{EF} \tag{8—19}$$

（4）工作最迟开始时间和工作最迟完成时间的计算

工作的最迟完成时间应从网络图的终点节点开始，逆着箭线方向依次逐项计算。终点节点所代表的工作 n 的最迟完成时间 T_n^{LF}，应按网络计划的计划工期 T_p 或计算工期 T_c 确定，即

$$T_n^{LF} = T_p \text{ 或 } T_n^{LF} = T_c \tag{8—20}$$

工作的最迟完成时间等于该工作的紧后工作的最迟开始时间的最小值，即

$$T_i^{LF} = \min\left\{T_j^{LS}\right\} = \min\left\{T_j^{LF} - D_j\right\} \tag{8—21}$$

式（8—21）中，T_j^{LS} 表示工作 i 的紧后工作 j 的最迟开始时间；T_j^{LF} 表示工作 i 的紧后工作 j 的最迟完成时间；D_j 表示工作 i 的紧后工作 j 的持续时间。

工作的最迟开始时间等于该工作的最迟完成时间减去工作持续时间，即

$$T_i^{LS} = T_i^{LF} - D_i \tag{8—22}$$

（5）工作总时差的计算

工作总时差应从网络图的终点节点开始，逆着箭线方向依次逐项计算。

终点节点所代表的工作 n 的总时差 F_n^T 为零，即

$$F_n^T = 0 \tag{8—23}$$

其他工作的总时差等于该工作与其紧后工作之间的时间间隔加上该紧后工作的总时差所得之和的最小值，即

$$F_i^T = \min\left\{T_{i,j}^{LAG} + F_j^T\right\} \tag{8—24}$$

式（8—24）中，F_j^T 表示工作 i 的紧后工作 j 的总时差。

当已知各项工作的最迟完成时间或最迟开始时间时，工作的总时差也可按式（8—25）计算：

$$F_i^T = T_i^{LS} - T_i^{ES} = T_i^{LF} - T_i^{EF} \tag{8—25}$$

（6）工作自由时差的计算

工作的自由时差等于该工作与其紧后工作之间的时间间隔的最小值或等于其紧后工作最早开始时间的最小值减去本工作的最早完成时间，即

$$F_i^F = \min\left\{T_j^{ES} - T_i^{EF}\right\} = \min\left\{T_j^{ES} - T_i^{ES} - D_i\right\} \tag{8—26}$$

寻找关键线路的方法有以下几种：

① 凡是 T_i^{ES} 与 T_i^{LS} 守相等（或 T_i^{EF} 与 T_i^{LF} 相等）的工作都是关键工作，把这些关键工作连接起来形成自始至终的线路就是关键线路。

② $T_{i,j}^{LAG} = 0$，并且由始点至终点能连通的线路，就是关键线路。由终点向始点找比较方便，因为在非关键线路上也存在 $T_{i,j}^{LAG} = 0$ 的情况。

③ 工作总时差为零的关键工作连成的自始至终的线路，就是关键线路。

4. 单代号网络计划时间参数计算实例

为了便于比较，现将图 8—17 所示的双代号网络图改画成单代号网络图，如图 8—20 所示，计算结果标于节点旁图例所示相应位置，图中粗线框与粗箭线分别表示关键工作与关键线路。

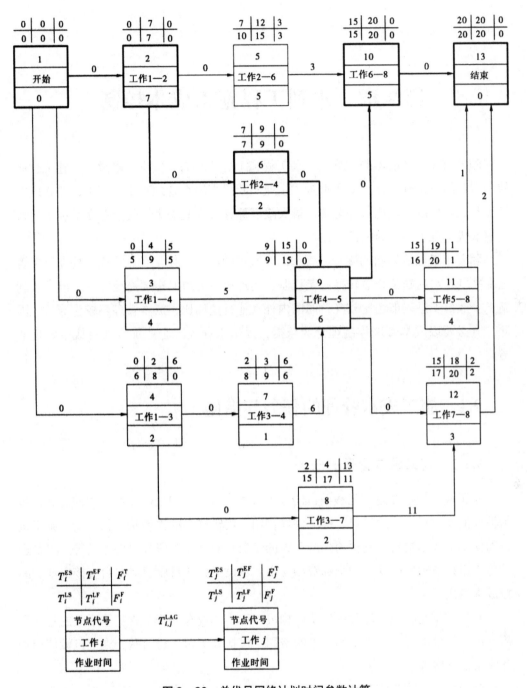

图8—20 单代号网络计划时间参数计算

第9章 水利工程施工成本控制

随着市场经济的不断发展，水利工程施工行业间的竞争也日趋激烈，施工企业的利润空间越来越小，这就要求施工企业不断提高项目管理水平。其中，抓好成本管理和成本控制，优化资源配置，最大限度地挖掘企业潜力，是企业在水利工程行业中低成本竞争制胜的关键所在。

随着市场经济体制的逐步完善和国企改革的深入，强化企业管理，提高科学管理水平则是水利施工企业转换经营机制、实现扭亏为盈的重要途径之一。但是水利施工企业由于进入市场比较晚，同国内外其他行业相比，成本管理还较为滞后。因此，有必要以成本管理控制理论为依据，提出水利施工企业加强项目成本管理的措施。

9.1 施工成本管理的任务与措施

9.1.1 施工成本管理的任务

施工成本是指在建设工程项目的施工过程中所发生的全部生产费用的总和，包括消耗的原材料、辅助材料、构配件等费用，周转材料的摊销费或租赁费，施工机械的使用费或租赁费，支付给生产工人的工资、资金、工资性质的津贴等，以及进行施工组织与管理所发生的全部费用支出。建设工程项目施工成本由直接成本和间接成本组成。

直接成本是指施工过程中耗费的构成工程实体或有助于工程实体形成的各项费用支出，是可以直接计入工程对象的费用，包括人工费、材料费、施工机械使用费和施工措施费等。

间接成本是指为施工准备、组织和管理施工生产的全部费用的支出，是非直接使用也无法直接计入工程对象，但为进行工程施工所必须发生的费用，包括管理人员工资、办公费、差旅费等。

施工成本管理就是要在保证工期和质量满足要求的情况下，采取相应管理措施（包括组织措施、经济措施、技术措施和合同措施），把成本控制在计划范围内，并进一步寻求最大程度的成本节约。

1. 施工成本预测

施工成本预测是根据成本信息和施工项目的具体情况，运用一定的专门方法，对未来的成本水平及其可能发展趋势做出科学的估计，其是在工程施工以前对成本进行的估算。通过成本预测，在满足业主和本企业要求的前提下，选择成本低、效益好的最佳方案，可以加强成本控制，克服盲目性，提高预见性。

2. 施工成本计划

施工成本计划是以货币形式编制施工项目的计划期内的生产费用、成本水平、成本降低率，以及为降低成本所采取的主要措施和规划的书面方案。它是建立施工项目成本管理责任制，开展成本控制和核算的基础，也是该项目降低成本的指导性文件，是设立目标成本的依据。可以说，施工成本计划是目标成本的形式之一。

3. 施工成本控制

施工成本控制是指在施工过程中，加强对影响施工成本的各种因素的管理，并采取各种有效的措施，将施工中实际发生的各种消耗和支出严格控制在成本计划范围内，随时揭示并及时反馈，严格审查各项费用是否符合标准，计算实际成本和计划成本之间的差异并进行分析，进而采取多种措施，消除施工中的损失浪费现象。

建设工程项目施工成本控制应贯穿于项目从投标阶段开始直至竣工验收的全过程，它是企业实施全面成本管理的重要环节。施工成本控制可分为事先控制、事中控制（过程控制）和事后控制三部分。在项目的施工过程中，需按动态控制原理对实际施工成本的发生过程进行有效控制。

4. 施工成本核算

施工成本核算包括两个基本环节：一是按照规定的成本开支范围对施工费用进行归集和分配，计算出施工费用的实际发生额；二是根据成本核算对象，采用适当的方法，计算出该施工项目的总成本和单位成本。施工成本管理需要正确及时地核算施工过程中发生的各项费用，计算施工项目的实际成本。施工项目成本核算所提供的各种成本信息，是成本预测、成本计划、成本控制、成本分析和成本考核等各个环节的依据。

5. 施工成本分析

施工成本分析是在施工成本核算的基础上，对成本的形成过程和影响成本升降的因素进行分析，以寻求进一步降低成本的途径，包括对有利偏差的挖掘和对不利偏差的纠正。施工成本分析贯穿于施工成本管理的全过程，是在成本的形成过程中，主要利用施工项目的成本核算资料（成本信息），与目标成本、预算成本以及类似的施工项目的实际成本等进行比较，了解成本的变动情况，同时也要分析主要技术经济指标对成本的影响，系统地研究成本变动的因素，检查成本计划的合理性，并通过成本分析，深入揭示成本变动规律，寻找降低施工项目成本的途径，以便有效地进行成本控制。成本偏差的控制，分析是关键，纠偏是核心，要针对分析得出偏差发生的原因并采取切实措施，加以纠正。

成本偏差分为局部成本偏差和累计成本偏差两方面。局部成本偏差包括项目的月度（或周、天等）核算成本偏差、专业核算成本偏差以及分部分项作业成本偏差等；累计成本偏差是指已完工程在某一时间点上的实际总成本与相应的计划总成本的差异。分析成本偏差的原因，应采取定性和定量相结合的方法。

6. 施工成本考核

施工成本考核是指在施工项目完成后，对施工项目成本形成中的各责任方，按施工项目成本目标责任制的有关规定，将成本的实际指标与计划、定额、预算进行对比和考核，评定施工项目成本计划的完成情况和各责任方的业绩，并以此给予相应的奖励和处罚。通过成本考核，做到有奖有惩，赏罚分明，才能有效调动每一位员工在各自的施工岗位上努力实现目标的积极性，为降低施工项目成本和增加企业积累，做出自己的贡献。

施工成本管理的每一个环节都是相互联系和相互作用的。成本预测是成本决策的前提，成本计划是成本决策所确定目标的具体化。成本计划控制则是对成本计划的实施进行控制和监督，保证决策的成本目标的实现，而成本核算又是对成本计划是否实现的最后检验，它所提供的成本信息又为下一个施工项目的成本预测和决策提供基础资料。成本考核是实现成本目标责任制和决策目标的重要手段。

9.1.2 施工成本管理的措施

为了取得施工成本管理的理想成效，应当从多方面采取措施实施管理，通常可以将这些措施归纳为组织措施、技术措施、经济措施和合同措施。

（1）组织措施是从施工成本管理的组织方面采取的措施。施工成本控制是全员的活动，如实行项目经理责任制，落实施工成本管理的组织机构和人员，明确各级施工成本管理人员的任务和职能分工、权利和责任。施工成本管理不仅是专业成本管理人员的工作，各级项目管理人员也都负有成本控制责任。

组织措施也是编制施工成本控制工作计划、确定合理详细的工作流程。要做好施工采购规划，通过生产要素的优化配置，有效控制实际成本；加强施工定额管理和任务单管理，控制活劳动和物化劳动的消耗；加强施工调度，避免因施工计划不周和盲目调度造成窝工损失、机械利用率降低、物料积压等，从而使施工成本增加；成本控制工作只有建立在科学管理的基础之上，具备合理的管理体制，完善的规章制度，稳定的作业秩序，完整准确的信息传递，才能取得成效。组织措施是其他各类措施的前提和保证，而且一般不需要增加相关费用，运用得当即可以取得良好的效果。

（2）技术措施不仅对解决施工成本管理过程中的技术问题是不可缺少的，而且对纠正施工成本管理目标偏差也有相当重要的作用。运用技术纠偏措施的关键有两方面，一是要能提出多个不同的技术方案，二是要对不同的技术方案进行技术经济分析。

施工过程中降低成本的技术措施，包括进行技术经济分析，确定最佳的施工方案。结合施工方法，进行材料使用的比选，在满足功能要求的前提下，通过迭代、改变配合比、使用添加剂等方法降低材料消耗的费用。确定最合适的施工机械、设备的使用方案。结合项目的施工组织设计及自然地理条件，降低材料的库存成本和运输成本。运用先进的施工技术、新材料、新开发机械设备。在实践中，也要避免仅从技术角度选定方案而忽略对其经济效果的分析论证。

（3）经济措施是最易为人们所接受和采取的措施。管理人员应编制资金使用计划，确定、分解施工成本管理目标。对施工成本管理目标进行风险分析，并制定防范性对策。对各项支出，应认真做好资金的使用计划，并在施工中严格控制各项开支。及时准确地记录、收集、整理、核算实际发生的成本。对于各种变更，要及时做好增减账，及时落实业主签证，及时结算工资款。通过偏差分析和未完工工程预测，可发现一些将引起未完工程施工成本增加的潜在问题，对于这些问题，应以主动控制为出发点，及时采取预防措施。由此可见，经济措施的运用决不仅仅是财务人员的事情。

（4）采取合同措施控制施工成本，应贯穿整个合同周期，包括从合同谈判开始到合同终止的全过程。首先，选用合适的合同结构，对各种合同结构模式进行分析、比较，在合同谈判时，要争取选用适合于工程规模、性质和特点的合同结构模式。其次，在合同条款中应仔细考虑影响成本和效益的一切因素，特别是潜在的风险因素。识别和分析会引起成本变动的风险因素的，并采取必要的风险对策，如通过合理的方式，增加承担风险的个体数量，降低损失发生的比例，并最终使这些策略反映在合同的具体条款中。在合同执行期间，合同管理的措施既要密切关注对方合同的执行情况，以寻求合同索赔的机会，同时也要密切关注己方合同履行的情况，以避免被对方索赔。

9.2 施工成本计划

9.2.1 施工成本计划的类型

对于一个施工项目而言，其成本计划的编制是一个不断深化的过程。在这一过程的不同阶段形成的深度和作用不同的成本计划，按其作用可分为以下三类。

1. 竞争性成本计划

竞争性成本计划即工程项目投标及签订合同阶段的估算成本计划。这类成本计划是以招标文件中的合同条件、投标者须知、技术规程、设计图纸或工程量清单等为依据，以有关价格条件说明为基础，结合调研和现场考察获得的情况，根据本企业的工料消耗标准、水平、价格资料和费用指标，对本企业完成招标工程所需要支出的全部费用的估算。在投标报价的过程中，虽也着力考虑降低成本的途径和措施，但总体上较为粗略。

2. 指导性成本计划

指导性成本计划即选派项目经理阶段的预算成本计划，是项目经理的责任成本目标。它是以合同标书为依据，按照企业的预算定额标准制订的设计预算成本计划，一般情况下只是确定责任总成本指标。

3. 实施性成本计划

实施性成本计划即项目施工准备阶段的施工预算成本计划，它以项目实施方案为依据，落实项目经理责任目标为出发点，采用企业的施工定额通过施工预算编制而形成的实施性施工成本计划。

施工预算和施工图预算虽仅一字之差，但区别较大，它们的区别主要有以下几方面：

（1）编制的依据不同

施工预算的编制以施工定额为主要依据，施工图预算的编制以预算定额为主要依据，而施工定额比预算定额划分得更详细、具体，并对其中所包括的内容，如质量要求、施工方法以及所需劳动工日、材料品种、规格型号等均有较详细的规定或要求。

（2）适用的范围不同

施工预算是施工企业内部管理用的一种文件，与建设单位无直接关系；施工图预算既适用于建设单位，又适用于施工单位。

（3）发挥的作用不同

施工预算是施工企业组织生产、编制施工计划、准备现场材料、签发任务书、考核功效、进行经济核算的依据，它也是施工企业改善经营管理、降低生产成本和推行内部经营承包责任制的重要手段，而施工图预算则是投标报价的主要依据。

9.2.2　施工成本计划的编制依据

施工成本计划是施工项目成本控制的一个重要环节，是完成降低施工成本任务的指导性文件。如果针对施工项目所编制的成本计划达不到目标成本的要求，就必须组织施工项目管理班子的有关人员重新研究，以寻找降低成本的途径，并重新进行编制。同时，编制成本计划的过程也是动员全体施工项目管理人员的过程，是挖掘降低成本潜力的过程，是检验施工技术质量管理、工期管理、物资消耗和劳动力消耗管理等是否落实的过程。

编制施工成本计划，首先，需要广泛收集相关的资料并进行整理，以作为施工成本计划编制的依据。在此基础上，根据有关设计文件、工程承包合同、施工组织设计、施工成本预测资料等，按照施工项目应投入的生产要素，结合各种因素的变化和拟采取的各种措施，估算施工项目生产费用支出的总水平，进而提出施工项目的成本计划控制指标，确定目标总成本。其次，目标成本确定后，应将总目标分解落实到各个机构、班组以及便于进行控制的子项目或工序中。最后，通过综合平衡，编制完成施工成本计划。

施工成本计划的编制依据包括：

(1) 投标报价文件。

(2) 企业定额、施工预算。

(3) 施工组织设计或施工方案。

(4) 人工、材料、机械台班的市场价。

(5) 企业颁布的材料指导价、企业内部机械台班价格、劳动力内部挂牌价格。

(6) 周转设备内部租赁价格、摊销损耗标准。

(7) 已签订的工程合同、分包合同（或估价书）。

(8) 结构件外加工计划和合同。

(9) 有关财务成本核算制度和财务历史资料。

(10) 施工成本预测资料。

(11) 拟采取的降低施工成本的措施。

(12) 其他相关资料。

9.2.3　施工成本计划的编制方法

施工成本计划的编制方法有以下三种。

1. 按施工成本组成编制

建筑安装工程费用项目由分部分项工程费、措施项目费、其他项目费、规费和税金组成。

施工成本可以按成本构成分解为人工费、材料费、施工机械使用费、措施项目费和企业管理费等。

2. 按施工项目组成编制

大中型工程项目通常是由若干单项工程构成的，每个单项工程又包含若干单位工程，每个单位工程又包含了若干分部分项工程。因此，应首先把项目总施工成本分解到单项工程和单位工程中，再进一步分解到分部工程和分项工程中。其次就要具体地分配成本，编制分项工程的成本支出计划，从而得到详细的成本计划表。

在编制成本支出计划时，要在项目总的方面考虑总的预备费，也要在主要的分项工程中安排适当的不可预见费，避免在具体编制成本计划时，由于某项内容工程量计算有较大出入，而使原来的成本预算失实。

3. 按施工进度编制

按工程进度编制施工成本计划，通常可利用控制项目进度的网络图进一步扩充而得。在建立网络图时，一方面确定完成各项工作所需花费的时间，另一方面确定完成这一工作的合适的施工成本支出计划。在实践中，将工程项目分解为既能方便地表示时间，又能方便地表示施工成本支出计划的工作是不容易的，通常来说，如果项目分解程度对时间控制合适的话，则可能对施工成本支出计划分解过细，以至于不可能对每项工作都确定其施工成本支出计划，反之亦然。因此在编制网络计划时，应充分考虑进度控制对项目划分的要求。同时，还要考虑确定施工成本支出计划对项目划分的要求，做到二者兼顾。通过对施工成本目标按时间进行分解，在网络计划基础上，可获得项目进度计划的横道图，并在此基础上编制成本计划。其表示方式有两种：一种是在时标网络图上按月编制成本计划，另一种是利用时间—成本累积曲线（S 形曲线）表示的成本计划。

以上三种编制施工成本计划的方式并不是相互独立的。在实践中，往往是将这三种方式结合起来使用，从而取得扬长避短的效果。例如，将按项目分解总施工成本与按施工成本构成分解总施工成本两种方式相结合，横向按施工成本构成分解，纵向按项目分解，或相反。这种分解方式有助于检查各分部分项工程施工成本构成是否完整，有无重复计算或漏算，同时还有助于检查各项具体施工成本支出的对象是否明确，并且可以从数字上校核分解的结果有无错误。或者还可将按子项目分解的总施工成本计划与按时间分解的总施工成本计划结合起来，一般纵向按项目分解，横向按时间分解。

9.3　工程变更程序和价款的确定

由于建设工程项目建设的周期长、涉及的关系复杂、受自然条件和客观因素的影响大，所以项目的实际施工情况与招标投标时的情况往往有所偏差，从而出现工程变更。工程变更包括工程量变更、工程项目的变更（如发包人提出增加或者删减原项目内容）、进度计划的变更、施工条件的变更等。如果按照变更的起因划分，变更的种类有很多，如：发包人的变更指令（包括发包人对工程有了新的要求、发包人修改项目计划、发包人消减预算、发包人对项目进度有了新的要求等）；由于设计错误，必须对设计图纸做修改；工程环境变化；由于出现了新的技术和知识，有必要改变原设计、实施方案或实施计划；法律法规或者政府对建设工程项目有了新的要求等。

9.3.1　工程变更的控制原则

工程变更的控制原则包括以下几方面：

(1) 工程变更不论是由业主单位、施工单位还是监理工程师提出，无论是何内容，工程变更指令均需由监理工程师发出，并确定工程变更的价格和条件。

(2) 工程变更，要建立严格的审批制度，切实把投资控制在合理的范围内。

(3) 对设计进行修改与变更（包括施工单位、业主单位和监理单位对设计的修改意见），应由现场设计单位代表邀请设计单位进行研究。设计变更必须进行工程量及造价增减分析，经设计单位同意，如突破总概算，必须经有关部门审批。严格控制施工中的设计变更，健全设计变更的审批程序，防止任意提高设计标准，改变工程规模，增加工程投资费用。设计变更经监理工程师会签后交施工单位施工。

(4) 在一般的建设工程施工承包合同中均包括工程变更的条款，允许监理工程师向承包单位发布指令，要求对工程的项目、数量或质量工艺进行变更，对原标书的有关部分进行修改。

工程变更也包括监理工程师提出的"新增工程"，即原招标文件和工程量清单中没有包括的工程项目。对于这些新增工程，承包单位也必须按监理工程师的指令组织施工，工期与单价由监理工程师与承包方协商确定。

(5) 由工程变更所引起的工程量的变化，都有可能使项目投资超出原来的预算，因此必须予以严格控制，密切注意其对未完工程投资支出的影响以及对工期的影响。

(6) 对于施工条件的变更，往往是指未能预见的现场条件或不利的自然条件，即在施工中实际遇到的现场条件同招标文件中描述的现场条件有本质的差异，使施工单位向业主单位提出施工价款和工期的变化要求，由此引起索赔。

工程变更均会对工程质量、进度、投资产生影响，因此应做好工程变更的审批工作，合理确定变更工程的单价、价款和工期延长的期限，并由监理工程师下达变更指令。

9.3.2　工程变更程序

工程变更程序主要包括提出工程变更、审查工程变更、编制工程变更文件及下达变更指令。工程变更文件要求包括以下内容：

(1) 工程变更令。应按固定的格式填写，说明变更的理由、变更概况、变更估价及对合同价款的影响。

(2) 工程量清单。填写工程变更前、后的工程量、单价和金额，并对未在合同中进行规定的方法予以说明。

(3) 新的设计图纸及有关的技术标准。

(4) 涉及变更的其他有关文件或资料。

9.3.3　工程变更价款的确定

对于工程变更的项目，一种是不需确定新的单价，仍按原投标单价计付；另一种是需变更为新的单价，这主要表现为两种情况：变更项目及数量超过合同规定的范围；虽属原工程量清单的项目，但其数量超过规定范围。变更的单价及价款应由合同双方协商决定。

合同价款的变更价格是在双方协商的时间内，由承包单位提出变更价格，报监理工程师批准后调整合同价款和竣工日期。审核承包单位提出的变更价款是否合理，可参考以下原则：

(1) 合同中有适用于变更工程的价格，按合同已有的价格计算变更合同价款。

(2) 合同中只有类似变更情况的价格，可以此为基础，确定变更价格，变更合同价款。

(3) 合同中没有适用和类似的价格，由承包单位提出适当的变更价格，监理工程师批准执行。批准变更价格，应与承包单位达成一致，否则应通过工程造价管理部门裁定。

经双方协商同意的工程变更，应有书面材料，并由双方正式委托的代表签字；涉及设计变更的，还必须有设计部门的代表签字，以此作为以后进行工程价款结算的依据。

9.4　建筑安装工程费用的结算

9.4.1　建筑安装工程费用的主要结算方式

建筑安装工程费用的结算可以根据不同情况采取多种方式。

（1）按月结算：先预付部分工程款，在施工过程中按月结算工程进度款，竣工后进行竣工结算。

（2）竣工后一次结算：建设项目或单项工程全部建筑安装工程建设期在 12 个月以内，或者工程承包合同价值在 100 万元以下的，可以采取工程价款每月月中预支，竣工后一次结算的方式。

（3）分段结算：当年开工，当年不能竣工的单项工程或单位工程按照工程进度，划分不同阶段进行结算。分段结算可以按月预支工程款。

（4）结算双方约定的其他结算方式：实行竣工后一次结算和分段结算的工程，当年结算的工程款应与分年度的工作量一致，年终不另行清算。

9.4.2　工程预付款

工程预付款是建设工程施工合同订立后由发包人按照合同约定，在正式开工前预先支付给承包人的工程款。它是施工准备和所需要材料、结构件等流动资金的主要来源，国内又习惯称之为预付备料款。工程预付款的具体事宜由发包、承包双方根据建设行政主管部门的规定，结合工程款、建设工期和包工包料情况在合同中进行约定。在《建设工程施工合同（示范文本）》中，对有关工程预付款做如此约定：实行工程预付款的，双方应当在专用条款内约定发包人向承包人预付工程款的时间和数额，开工后按约定的时间和比例逐次扣回。预付时间应不迟于约定的开工日期前 7 天。如果发包人不按约定预付，则承包人可在约定预付时间 7 天后向发包人发出要求预付的通知，发包人收到通知后仍不能按要求预付，承包人可在发出通知后 7 天停止施工，发包人应从约定应付之日起向承包人支付应付款的贷款利息，并承担违约责任。

工程预付款额度，各地区、各部门的规定不完全相同，主要是保证施工所需材料和构件的正常储备。一般根据施工工期、建安工作量、主要材料和构件费用占建安工作量的比例以及材料储备周期等因素经测算来确定。发包人应根据工程的特点、工期长短、市场行情、供求规律等因素，于招标时在合同条件中约定工程预付款的百分比。

工程预付款的扣回，扣款的方法有两种：从未施工工程尚需的主要材料及构件的价值相当于工程预付款数额时起扣；从每次结算工程价款中，按材料比重扣抵工程价款，竣工前全部扣清，基本公式如下：

$$T = P - M / N \qquad\qquad (9-1)$$

式（9—1）中，T 表示起扣点，工程预付款开始扣回时的累计完成工作量金额；M 表示工程预付款限额；N 表示主要材料的占比重；P 表示工程的价款总额。

建设部招标文件范本中规定，在承包完成金额累计达到合同总价的 10% 后，由承包人开始向发包人还款；发包人从每次应付给承包人的金额中扣回工程预付款，发包人至少在合同规定的完工期前三个月将工程预付款的总计金额按逐次分摊的方式扣回。

9.4.3 工程进度款

1. 工程进度款的计算

工程进度款的计算，主要涉及两个方面：一是工程量的计量（见《建设工程工程量清单计价规范》(GB50500—2008)；二是单价的计算方法。单价的计算方法，主要由发包人和承包人事先约定的工程价格的计价方法决定。目前，我国工程价格的计价方法可以分为工料单价和综合单价两种方法。二者在选择时，既可采取可调价格的方式，即工程价格在实施期间可随价格变化而调整，也可采取固定价格的方式，即工程价格在实施期间不因价格变化而调整，在工程价格中已考虑价格风险因素并在合同中明确了固定价格所包括的内容和范围。

2. 工程进度款的支付

《建设工程施工合同（示范文本）》关于工程款的支付也作出了相应的约定：在确认计量结果后 14 天内，发包人应向承包人支付工程款（进度款）。发包人超过约定的支付时间不支付工程款，则承包人可向发包人发出要求付款的通知，若发包人接到承包人通知后仍不能按要求付款，可与承包人协商签订延期付款协议，经承包人同意后可延期支付。协议应明确延期支付的时间和从计量结果确认后第 15 天起计算应付款的贷款利息。发包人不按合同约定支付工程款，双方又未达成延期付款协议，导致施工无法进行的，承包人可停止施工，并由发包人承担违约责任。

9.4.4 竣工结算

工程竣工验收报告经发包人认可后 28 天内，承包人向发包人递交竣工结算报告及完整的结算资料，双方按照协议书约定的合同价款及专用条款约定的合同价款调整内容，进行工程竣工结算。专业监理工程师审核承包人报送的竣工结算报表；总监理工程师审定竣工结算报表；与发包人、承包人协商一致后，签发竣工结算文件和最终的工程款支付证书。

发包人于收到承包人递交的竣工结算报告及结算资料后 28 天内进行核实,并给予确认或者提出修改意见。发包人确认竣工结算报告后通知经办银行向承包人支付竣工结算价款。承包人于收到竣工结算价款后 14 天内将竣工工程交付发包人。

发包人收到竣工结算报告及结算资料后 28 天内无正当理由不支付工程竣工结算价款,则从第 29 天起按承包人同期向银行贷款利率支付拖欠工程价款的利息,并承担违约责任。

发包人收到竣工结算报告及结算资料后 28 天内无正当理由不支付工程竣工结算价款,承包人可以催告发包人支付结算价款。发包人在收到竣工结算报告及结算资料后 56 天内仍不支付的,承包人可以与发包人协议将该工程折价,也可以由承包人申请人民法院将该工程依法拍卖,承包人就该工程折价或者拍卖的价款优先受偿。

工程竣工验收报告经发包人认可后 28 天内,承包人未能向发包人递交竣工结算报告及完整的结算资料,造成工程竣工结算不能正常进行或工程竣工结算价款不能及时支付,发包人要求交付工程的,承包人应当交付;发包人不要求交付工程的,承包人应承担保管责任。

9.5　施工成本控制

9.5.1　施工成本控制的依据

施工成本控制的依据包括以下内容。

1. 工程承包合同

施工成本控制要以工程承包合同为依据,围绕降低工程成本这个目标,从预算收入和实际成本两方面,努力挖掘增收节支潜力,以求获得最大的经济效益。

2. 施工成本计划

施工成本计划是根据施工项目的具体情况制订的施工成本控制方案,既包括预定的具体成本控制目标,又包括实现控制目标的措施和规划,是施工成本控制的指导性文件。

3. 进度报告

进度报告提供了每一时刻的工程实际完成量、工程施工成本实际支付情况等重要信息。施工成本控制工作正是通过实际情况与施工成本计划相比较,找出二者之间的差别,分析偏差产生的原因,从而采取措施改进以后的工作。此外,进度报告还有助于管理者及时发现工程实施中存在的隐患，并在事态还未造成重大损失之前采取有效措施，尽量避免损失。

4. 工程变更

在项目的实施过程中，由于各方面的原因，工程变更是很难避免的。工程变更一般包括设计变更、进度计划变更、施工条件变更、技术规范与标准变更、施工次序变更、工程数量变更等。一旦出现变更，工程量、工期、成本都必将发生变化，从而使得施工成本控制工作变得更加复杂和困难。因此，施工成本管理人员应当通过对变更要求当中各类数据的计算、分析，随时掌握变更情况，包括已发生工程量、将要发生工程量、工期是否拖延、支付情况等重要信息，判断变更以及变更可能带来的索赔额度等。

除上述几种施工成本控制工作的主要依据外，有关施工组织设计、分包合同等也都是施工成本控制的依据。

9.5.2　施工成本控制的步骤

在确定了施工成本计划之后，必须定期进行施工成本计划值与实际值的比较，当实际值偏离计划值时，分析产生偏差的原因，采取适当的纠偏措施，以确保施工成本控制目标得以实现。其步骤如下。

1. 比较

按照某种确定的方式将施工成本的计划值和实际值逐项进行比较，以确定施工成本是否超支。

2. 分析

在比较的基础上，对比较的结果进行分析，以确定偏差的严重性及偏差产生的原因。这一步是施工成本控制工作的核心，其主要目的在于找出产生偏差的原因，从而采取有针对性的措施，避免或减少相同问题再次发生或减少由此造成的损失。

3. 预测

根据项目实施情况估算整个项目完成时的施工成本。预测的目的在于为决策提供支持。

4. 纠偏

当工程项目的实际施工成本出现了偏差，应当根据工程的具体情况、偏差分析和预测的结果，采用适当的措施，以期达到使施工成本偏差尽可能小的目的。纠偏是施工成本控制中最具实质性的一步。只有通过纠偏，才能最终达到有效控制施工成本的目的。

5. 检查

检查是指对工程的进展进行跟踪和检查，及时了解工程进展状况以及纠偏措施的执行情况和效果，为今后的工作积累经验。

9.5.3　施工成本控制的方法

施工阶段是控制建设工程项目成本发生的主要阶段，它通过确定成本目标并按计划成本进行施工、资源配置，对施工现场发生的各种成本费用进行有效控制，其具体的控制方法如下。

1. 人工费的控制

人工费的控制实行"量价分离"的方法，将作业用工及零星用工按定额工日的一定比例综合确定用工的数量与单价，通过劳务合同进行控制。

2. 材料费的控制

材料费控制同样按照"量价分离"的原则，主要控制材料用量和材料价格。

（1）材料用量的控制

在保证符合设计要求和质量标准的前提下，合理使用材料，通过定额管理、计量管理等手段有效控制材料物资的消耗，具体方法如下：

① 定额控制。对于有消耗定额的材料，以消耗定额为依据，实行限额发料制度。在规定限额内分期分批领用，超过限额领用的材料，必须先查明原因，经过一定审批手续方可领料。

② 指标控制。对于没有消耗定额的材料，则实行计划管理和按指标控制的办法。

根据以往项目的实际耗用情况，结合具体施工项目的内容和要求，制定领用材料的指标，据以控制发料。超过指标的材料，必须经过一定的审批手续方可领用。

③ 计量控制。准确做好材料物资的收发计量检查和投料计量检查。

④ 包干控制。在材料使用过程中，对部分小型及零星材料（如钢钉、钢丝等）根据工程量计算出所需材料量，将其折算成费用，由作业者包干控制。

（2）材料价格的控制

材料价格主要由材料采购部门控制。由于材料价格由买价、运杂费、运输中的合理损耗等所组成，因此控制材料价格，主要是通过掌握市场信息，应用招标和询价等方式控制材料、设备的采购价格。

施工项目的材料物资，包括构成工程实体的主要材料和结构件，以及有助于工程实体形成的周转使用材料和低值易耗品。从价值角度来看，材料物资的价值，占建筑安装工程造价的 60% ~ 70%，其重要程度自然不言而喻。由于材料物资的供应渠道和管理方式各不相同，所以控制的内容和所采取的控制方法也有所不同。

3. 施工机械使用费的控制

合理选择施工机械设备并合理使用施工机械设备对成本控制具有十分重要的意义，尤其是高层建筑施工。据某些工程实例统计，高层建筑地面以上部分的总费用中，垂直运输机械费用占 6% ~ 10%。由于不同的起重机械有不同的用途和特点，因此在选择起重运输机械时，应根据工程特点和施工条件确定采取何种起重运输机械的组合方式。在确定采用何种组合方式时，既应满足施工的需要，又要考虑到费用的高低和综合经济效益。

施工机械使用费主要由台班数量和台班单价两方面决定，为有效控制施工机械使用费的支出，可从以下几个方面进行：

① 合理安排施工生产，加强设备租赁计划管理，减少由安排不当引起的设备闲置。

② 加强机械设备的调度工作，尽量避免窝工，提高现场设备的利用率。

③ 加强现场设备的维修保养，避免因不正确使用而造成机械设备停置。

④ 做好机上人员与辅助生产人员的协调与配合，提高施工机械台班的产量。

4. 施工分包费用的控制

分包工程价格的高低，必然会对项目经理部的施工项目成本产生一定影响。因此，施工项目成本控制的重要工作之一是对分包价格的控制。项目经理部应在确定施工方案的初期就确定需要分包的工程范围。确定分包范围的因素主要是施工项目的专业性和项目规模。对分包费用的控制，主要是要做好分包工程的询价、订立平等互利的分包合同、建立稳定的分包关系网络、加强施工验收和分包结算等工作。

9.6 施工成本分析

9.6.1 施工成本分析的依据

施工成本分析，就是根据会计核算、业务核算和统计核算提供的资料，对施工成本的形成过程和影响成本升降的因素进行分析，以寻求进一步降低成本的途径。另外，通过成本分析，可从账簿、报表反映的成本现象看清成本的实质，从而增强项目成本的透明度和可控性，为加强成本控制，实现项目成本目标创造条件。

1. 会计核算

会计核算主要是价值核算。会计是对一定单位的经济业务进行计量、记录、分析和检查，做出预测，参与决策，实行监督，旨在实现最优经济效益的一种管理活动。它通过设置账户、进行复式记账、填制和审核凭证、登记账簿、计算成本、清查财产和编制会计报表等一系列有组织、有系统的方法，来记录企业的一切生产经营活动，然后据以提出一些用货币来反映的各种综合性经济指标的数据。资产、负债、所有者权益、营业收入、成本、利润等会计六要素指标，主要是通过会计来核算。由于会计记录具有连续性、系统性、综合性等特点，所以它是施工成本分析的重要依据。

2. 业务核算

业务核算是各业务部门根据业务工作的需要而建立的核算制度，它包括原始记录和计算登记表，如单位工程及分部分项工程进度登记，质量登记，工效、定额计算登记，物资消耗定额记录，测试记录等。业务核算的范围比会计、统计核算要广，会计和统计核算一般是对已经发生的经济活动进行核算，而业务核算不但可以对已经发生的，而且可以对尚未发生或正在发生的经济活动进行核算，看是否可以做，是否有经济效益。它的特点是对个别的经济业务进行单项核算。例如各种技术措施、新工艺等项目，可以核算已经完成的项目是否达到原定的目的、取得预期的效果，也可以对准备采取措施的项目进行核算和审查，看是否有效果，值不值得采纳。业务核算的目的在于，迅速取得资料，在经济活动中及时采取措施进行调整。

3. 统计核算

统计核算是利用会计核算资料和业务核算资料，把企业生产经营活动客观现状的大量数据，按统计方法加以系统整理，表明其规律性。它的计量尺度比会计宽，可以用货币计算，也可以用实物或劳动量计量。它主要采取全面调查和抽样调查等特有方法，不仅能提供绝对数指标，还能提供相对数和平均数指标，可以计算当前的实际水平，确定变动速度，还可以预测发展的趋势。

9.6.2　施工成本分析的方法

1. 基本方法

施工成本分析的基本方法包括比较法、因素分析法、差额计算法和比率法等。

（1）比较法

比较法，又称指标对比分析法，就是通过技术经济指标的对比，检查目标的实现情况，分析产生差异的原因，进而挖掘内部潜力的方法。这种方法具有通俗易懂、简单易行、便于掌握的特点，因而得到了广泛应用，但在应用时必须注意各技术经济指标的可比性。比较法的应用，通常有下列形式：

① 将实际指标与目标指标进行对比。以此检查目标实现情况，分析影响目标实现的积极因素和消极因素，以便及时采取措施，保证成本目标的实现。在进行实际指标与目标指标对比时，还应注意目标本身有无问题。如果目标本身出现问题，

则应调整目标，重新正确评价实际工作的成绩。

②将本期实际指标与上期实际指标进行对比。通过这种对比，可以看出各项技术经济指标的变动情况，反映施工管理水平的提高程度。

③与本行业平均水平、先进水平进行对比。通过这种对比，可以反映本项目的技术管理和经济管理与行业的平均水平和先进水平的差距，进而采取措施赶超先进水平。

（2）因素分析法

因素分析法又称连环置换法，这种方法可用来分析各种因素对成本的影响程度。在进行分析时，先要假定众多因素中的一个因素发生了变化，而其他因素则不变，然后逐个替换，分别比较其计算结果，以确定各个因素的变化对成本的影响程度。因素分析法的计算步骤如下：

①确定分析对象，并计算出实际与目标数的差异。

②确定该指标是由哪几个因素组成的，并按其相互关系进行排序（排序规则是先实物量，后价值量；先绝对值，后相对值）。

③以目标数为基础，将各因素的目标数相乘，作为分析替代的基数。

④将各个因素的实际数按照上面的排列顺序进行替换计算，并将替换后的实际数保留下来。

⑤将每次替换计算所得的结果，与前一次的计算结果相比较，两者的差异即为该因素对成本的影响程度。

⑥各个因素的影响程度之和，应与分析对象的总差异相等。

（3）差额计算法

差额计算法是因素分析法的一种简化形式，它利用各个因素的目标值与实际值的差额来计算其对成本的影响程度。

（4）比率法

比率法是指用两个以上的指标的比例进行分析的方法。它的基本特点是，先把对比分析的数值变成相对数，再观察其相互之间的关系。常用的比率法有以下几种：

①相关比率法。由于项目经济活动的各个方面是相互联系、相互依存，又相互影响的，因而可以将两个性质不同而又相关的指标加以对比，求出比率，并以此来考察经营成果的好坏。例如，产值和工资是两个不同的概念，但它们的关系又是投入与产出的关系。在一般情况下，都希望以最少的工资支出完成最大的产值。因此，用产值工资率指标来考核人工费的支出水平，就很能说明问题。

②构成比率法，又称比重分析法或结构对比分析法。通过构成比率，可以考

察成本总量的构成情况及各成本项目占成本总量的比重，同时可以看出量、本、利的比例关系（即预算成本、实际成本和降低成本的比例关系），从而为寻求降低成本的途径指明方向。

③ 动态比率法。动态比率法，就是将同类指标不同时期的数值进行对比，求出比率，以分析该项指标的发展方向和发展速度。动态比率的计算，通常采用基期指数和环比指数两种方法。

2. 综合成本的分析方法

所谓综合成本，是指涉及多种生产要素，并受多种因素影响的成本费用，如分部分项工程成本、月（季）度成本、年度成本、竣工成本等。由于这些成本都是随着项目施工的进展而逐步形成的，与生产经营有着密切的关系，因此做好上述成本的分析工作，无疑将促进项目的生产经营管理，提高项目的经济效益。

（1）分部分项工程成本分析

分部分项工程成本分析是施工项目成本分析的基础。分部分项工程成本分析的对象为已完成分部分项工程。分析的方法是，进行预算成本、目标成本和实际成本的"三算"对比，分别计算实际偏差和目标偏差，分析偏差产生的原因，为今后的分部分项工程成本寻求节约途径。

分部分项工程成本分析的资料来源是，预算成本来自投标报价成本，目标成本来自施工预算，实际成本来自施工任务单的实际工程量、实耗人工和限额领料单的实耗材料。

由于施工项目包括很多分部分项工程，所以不可能也没有必要对每一个分部分项工程都进行成本分析。特别是一些工程量小、成本费用少的零星工程。但是，对于主要分部分项工程则必须进行成本分析，而且要做到从开工到竣工进行系统的成本分析。这是一项很有意义的工作，因为通过主要分部分项工程成本的系统分析，可以基本了解项目成本形成的全过程，为竣工成本分析和今后的项目成本管理提供一份宝贵的参考资料。

（2）月（季）度成本分析

月（季）度成本分析，是施工项目定期的、经常性的中间成本分析。对于具有一次性特点的施工项目来说，有着特别重要的意义。因为通过月（季）度成本分析，可以及时发现问题，以便按照成本目标指定的方向进行监督和控制，保证项目成本目标的实现。月（季）度成本分析的依据是当月（季）的成本报表。分析的方法，通常有以下几个方面：

① 通过实际成本与预算成本的对比，分析当月（季）的成本降低水平；通过累计实际成本与累计预算成本的对比，分析累计的成本降低水平，预测实现项目成本

目标的前景。

②通过实际成本与目标成本的对比，分析目标成本的落实情况，以及目标管理中的问题和不足，进而采取措施，加强成本管理，保证成本目标的实现。

③通过对各成本项目的成本分析，可以了解成本总量的构成比例和成本管理的薄弱环节。例如，在成本分析中，发现人工费、机械费和间接费等项目大幅度超支，就应该对这些费用的收支配比关系进行认真研究，并采取对应的增收节支措施，防止再超支。如果是属于规定的"政策性"亏损，则应从控制支出着手，把超支额压缩到最低限度。

④通过主要技术经济指标的实际与目标对比，分析产量、工期、质量、"三材"节约率、机械利用率等对成本的影响。

⑤通过对技术组织措施执行效果的分析，寻求更加有效的节约途径。

⑥分析其他有利条件和不利条件对成本的影响。

（3）年度成本分析

企业成本要求一年结算一次，不得将本年成本转入下一年度。而项目成本则以项目的寿命周期为结算期，要求从开工到竣工到保修期结束连续计算，最后结算出成本总量及其盈亏。由于项目的施工周期一般较长，除进行月（季）度成本核算和分析外，还要进行年度成本的核算和分析。这不仅是为了满足企业汇编年度成本报表的需要，也是项目成本管理的需要。因为通过年度成本的综合分析，可以总结一年来成本管理的成绩和不足，为今后的成本管理提供经验和教训，从而可对项目成本进行更有效的管理。

年度成本分析的依据是年度成本报表。年度成本分析的内容，除了月（季）度成本分析的六个方面以外，还包含针对下一年度的施工进展情况制定的切实可行的成本管理措施，以保证施工项目成本目标得以实现。

（4）竣工成本的综合分析

凡是有几个单位工程而且是单独进行成本核算（即成本核算对象）的施工项目，其竣工成本分析都应以各单位工程竣工成本分析资料为基础，再加上项目经理部的经营效益（如资金调度、对外分包等所产生的效益）进行综合分析。如果施工项目只有一个成本核算对象（单位工程），就以该成本核算对象的竣工成本资料作为成本分析的依据。

单位工程竣工成本分析，应包括以下三方面内容：

①竣工成本分析。

②主要资源节超对比分析。

③主要技术节约措施及经济效果分析。

9.7　施工成本控制的特点、重要性及措施

9.7.1　水利工程成本控制的特点

我国的水利工程建设管理体制自实行改革以来，在建立以项目法人制、招标投标制和建设监理制为中心的建设管理体制上，成本控制是水利工程项目管理的核心。水利工程施工承包合同中的成本可分为两部分：施工成本（具体包括直接费、其他直接费和现场经费）和经营管理费用（具体包括企业管理费、财务费和其他费用），其中施工成本一般占合同总价的 70% 以上。但是水利工程大多施工周期长，投资规模大，技术条件复杂，产品单件性鲜明，因此不可能建立和其他制造业一样的标准成本控制系统，而且水利工程项目管理机构是临时组成的，施工人员中民工较多，施工区域地理条件和气候条件一般又不利，这使得对施工成本进行有效控制变得更加困难。

9.7.2　加强水利工程成本控制的重要性

企业为了实现利润最大化，必须使产品成本合理化、最小化、最佳化，因此加强成本管理和成本控制是企业提高盈利水平的重要途径，也是企业管理的关键工作之一。加强水利工程施工管理也必须在成本管理、资金管理、质量管理等薄弱环节上狠下功夫，加大整改力度，加快改革的步伐，促进改革的成功，从而提高企业的管理水平和经济效益。水利工程施工项目成本控制作为水利工程施工企业管理的基点、效益的主体、信誉的窗口，只有强化对其的管理，加强企业管理的各项基础工作，才能加快水利工程施工企业由生产经营型管理向技术密集型管理、国际化管理转变的进程。而强化项目管理，形成以成本管理为中心的运营机制，提高企业的经济效益和社会效益，加强成本管理是关键。

9.7.3　加强水利工程成本控制的措施

1. 增强市场竞争意识

水利工程项目具有投资大、工期长、施工环境复杂、质量要求高等特点，工程在施工中同时受地质、地形、施工环境、施工方法、施工组织管理、材料与设备、人员与素质等不确定因素的影响。我国正式实行企业改革后，主客观条件都要求水利工程施工企业推广应用实物量分析法编制投标文件。

实物量分析法有别于定额法。定额法根据施工工艺套用定额，体现的是以行业水平为代表的社会平均水平，而实物量分析法则从项目整体角度出发，全面反映工

程的规模、进度、资源配置对成本的影响，比较接近于实际成本，这里的"成本"是指个别企业成本，即在特定时期，特定企业为完成特定工程所消耗的物化劳动和活化劳动价值的货币反映。

2. 加强过程控制

承建一个水利工程项目，就必须从人、财、物的有效组合和使用全过程上狠下功夫。例如，对施工组织机构的设立和人员、机械设备的配备，在满足施工需要的前提下，机构要精简直接，人员要精干高效，设备要完善先进。同时对材料消耗、配件更换及施工工序的控制都要按规范化、制度化、科学化的方法进行，这样既可以避免或减少不可预见因素对施工的干扰，也可以降低自身生产经营状况对工程成本的影响，从而有效控制成本，提高效益。过程控制要全员参与、全过程控制。

3. 建立明确的责权利相结合的机制

责权利相结合的成本管理机制，应遵循民主集中制的原则和标准化、规范化的原则加以建立。施工项目经理部包括了项目经理、项目部全体管理人员及施工作业人员，应在这些人员之间建立一个以项目经理为中心的管理体制，使每个人的职责分工明确，赋予相应的权利，并在此基础上建立健全一套物质奖励、精神奖励和经济惩罚相结合的激励与约束机制，使项目部每个人都各司其职，爱岗敬业。

4. 控制质量成本

质量成本是反映项目组织为保证和提高产品质量而支出的一切费用，以及因未达到质量标准而产生的一切损失费用之和。在质量成本控制方面，要求项目内的施工、质量人员把好质量关，做到"少返工、不重做"。比如在混凝土的浇捣过程中经常会发生跑模、漏浆，以及由于振捣不到位而产生的蜂窝、麻面等现象，而一旦出现这种现象，就不得不在日后的施工过程中进行修补，这样不仅会浪费材料，而且会浪费人力，更重要的是影响外观，会对企业产生不良的社会影响。但是要注意产品质量并非越高越好，超过合理水平时则属于质量过盛。

5. 控制技术成本

首先是要制订技术先进、经济合理的施工方案，以达到缩短工期、提高质量、保证安全、降低成本的目的。施工方案的主要内容是施工方法的确定、施工机具的选择、施工顺序的安排和流水施工作业的组织。科学合理的施工方案是项目成功的根本保证，更是降低成本的关键所在。其次是在施工组织中努力寻求各种降低消耗、提高工效的新工艺、新技术、新设备和新材料，并在工程项目的施工过程中加以应用，也可以由技术人员与操作员工一起对一些传统的工艺流程和施工方法进行改革与创新，这将对降耗增效起到十分有效的积极作用。

6. 注重开源增收

　　上述所讲的是控制成本的常见措施，而为了增收、降低成本，一个很重要的措施就是开源增收措施。水利工程开源增收的一个方面就是要合理利用承包合同中的有利条款。承包合同是项目实施的最重要依据，是规范业主和施工企业行为的准则，但在通常情况下更多体现了业主的利益。合同的基本原则是平等和公正，汉语语义有多重性和复杂性的特点，这就造成了部分合同条款可有多重理解，个别条款甚至有利于施工企业，这就为成本控制人员有效利用合同条款创造了条件。在合同条款基础上进行的变更索赔，依据充分，索赔成功的可能性也比较大。建筑招标投标制度的实行，使施工企业中标项目的利润已经很小，个别情况下甚至没有利润，因而项目实施过程中能否依据合同条款进行有效的变更和索赔，也就成为项目能否盈利的关键。

　　加强成本管理将是水利施工企业进入成本竞争时代的竞争武器，也是成本发展战略的基础。同时，施工项目成本控制是一个系统工程，它不仅需要突出重点，对工程项目的人工费、材料费、施工设备、周转材料租赁费等实行重点控制，而且需要对项目的质量、工期和安全等在施工全过程中进行全面控制，只有这样才能取得良好的经济效果。

第 10 章　水利工程验收

10.1　总则

10.1.1　验收分类

水利建设工程验收按验收主持单位分为法人验收和政府验收两种。

1. 法人验收

法人验收是指在项目建设过程中由项目法人组织进行的验收。法人验收是政府验收的基础。其包括分部工程验收、单位工程验收、水电站（泵站）中间机组启动验收、合同工程完工验收等。

2. 政府验收

政府验收是指由有关人民政府、水行政主管部门或者其他有关部门组织进行的验收。其包括阶段验收、专项验收、竣工验收等。

（1）阶段验收

阶段验收是指工程建设进入枢纽工程导（截）流、水库下闸蓄水、引（调）排水工程通水、首（末）台机组启动等关键阶段进行的验收。

（2）专项验收

专项验收是指枢纽工程导（截）流、水库下闸蓄水等阶段验收前，涉及移民安置，所进行的移民安置验收和工程竣工验收前进行的环境保护、水土保持、移民安置以及工程档案等验收。

（3）竣工验收

竣工验收是指在工程建设项目全部完成并满足一定运行条件后于 1 年内进行的验收。

10.1.2　验收依据

（1）国家现行有关法律、法规、规章和技术标准。

（2）有关主管部门的规定。

（3）经批准的工程立项文件、初步设计文件、调整概算文件。

（4）经批准的设计文件及相应的工程变更文件。

（5）施工图纸及主要设备技术说明书等。

（6）法人验收还应以施工合同为依据。

10.1.3　验收内容

（1）检查工程是否按照批准的设计进行建设。

（2）检查已完工工程在设计、施工、设备制造安装等方面的质量及相关资料的收集、整理和归档情况。

（3）检查工程是否具备运行或进行下一阶段建设的条件。

（4）检查工程投资控制和资金使用情况。

（5）对验收遗留问题提出处理意见。

（6）对工程建设作出评价。

10.1.4　验收组织

政府验收应由验收主持单位组织成立的验收委员会负责，法人验收应由项目法人组织成立的验收工作组负责。验收委员会（工作组）由有关单位代表和有关专家组成。

10.1.5　验收结论与成果

（1）工程验收结论应经 2/3 以上的验收委员会（工作组）成员同意。验收过程中发现的问题，其处理办法应由验收委员会（工作组）协商确定。主任委员（组长）对争议问题有裁决权。若 1/2 以上的委员（组员）不同意裁决意见，则法人验收应报请验收监督管理机关决定；政府验收应报请竣工验收主持单位决定。

（2）验收的成果性文件是验收鉴定书，验收委员会（工作组）成员应在验收鉴定书上签字。对验收结论持有异议的，应将保留意见在验收鉴定书上明确记载并签字。

10.1.6　验收的条件和作用

（1）工程验收应在施工质量检验与评定的基础上进行，工程质量应有明确的结论意见。

（2）当工程具备验收条件时，应及时组织验收。未经验收或验收不合格的工程不应交付使用或进行后续工程。

10.1.7　验收资料

1. 验收资料的制备

验收资料的制备由项目法人统一组织，有关单位应按要求及时完成提交。项目法人应对有关单位提交的验收资料进行完整性、规范性检查。有关单位应保证其提交资料的真实性并承担相应责任。

2. 验收资料的分类

验收资料分为应提供的资料和需备查的资料两类。

（1）应提供的资料包括建设管理工作报告、建设监理工作报告、设计工作报告、施工管理工作报告、工程质量与安全监督工作报告以及拟验工程清单、未完工程清单、未完工程的建设安排及完成时间和验收鉴定书（初稿）、运行管理工作报告等16项。

（2）需备查的资料包括前期工作及批复文件、主管部门批文、招标投标文件、合同文件、项目划分资料和质量评定资料、质量管理资料与各种图纸、档案资料等27项。

3. 验收资料的制备要求

执行《水利工程建设项目档案管理规定》（水利部水办 [2005]480 号）。文件正本应加盖单位印章且不应采用复印件。

10.1.8　验收费用

工程验收所需费用应进入工程造价，由项目法人列支或按合同约定列支。

10.1.9　其他

(1) 工程项目中需要移交非水利行业管理的工程，验收工作宜同时参照相关行业主管部门的有关规定。

(2) 水利水电建设工程的验收除应遵守《水利水电建设工程验收规程》(SL223—2008) 外，还应符合国家现行有关标准的规定。

10.2　分部工程验收

（1）分部工程验收应由项目法人（或委托监理单位）主持。验收工作组应由项目法人、勘测、设计、监理、施工、主要设备制造（供应）商等单位的代表组成。运行管理单位可根据具体情况决定是否参加。

质量监督机构宜派代表列席大型枢纽工程主要建筑物的分部工程验收会议。

（2）大型工程分部工程验收工作组成员应具有中级及以上技术职称或相应执业资格，其他工程的验收工作组成员应具有相应的专业知识或执业资格。参加分部工程验收的每个单位代表人数不宜超过 2 人。

（3）分部工程具备验收条件时，施工单位应向项目法人提交验收申请报告。项目法人应在收到验收申请报告之日起 10 个工作日内决定是否同意进行验收。

（4）分部工程验收应具备以下条件：

① 所有单元工程已完成；

② 已完单元工程施工质量经评定全部合格，有关质量缺陷已处理完毕或有监理机构批准的处理意见；

③ 合同约定的其他条件。

（5）分部工程验收应包括以下主要内容：

① 检查工程是否达到设计标准或合同约定标准的要求；

② 评定工程施工质量等级；

③ 对验收中发现的问题提出处理意见。

（6）分部工程验收应按以下程序进行：

① 听取施工单位工程建设和单元工程质量评定情况的汇报；

② 现场检查工程完成情况和工程质量；

③ 检查单元工程质量评定及相关档案资料；

④ 讨论并通过分部工程验收鉴定书。

（7）项目法人应在分部工程验收通过之日后 10 个工作日内，将验收质量结论和相关资料报质量监督机构核备。大型枢纽工程主要建筑物分部工程的验收质量结论应报质量监督机构核定。

（8）质量监督机构应在收到验收质量结论之日后 20 个工作日内，将核备（定）意见书面反馈给项目法人。

（9）当质量监督机构对验收质量结论有异议时，项目法人应组织参加验收单位进行进一步研究，并将研究意见报质量监督机构。当双方对质量结论仍然有分歧意见时，应报上一级质量监督机构协调解决。

（10）分部工程验收遗留问题处理情况应有书面记录并有相关责任单位代表签字，书面记录应随分部工程验收鉴定书一并归档。

（11）对于分部工程验收鉴定书，正本数量可按参加验收单位、质量和安全监督机构各一份以及归档所需要的份数确定。自验收鉴定书通过之日起 30 个工作日内，由项目法人发送有关单位，并报送法人验收监督管理机关备案。

10.3 单位工程验收

（1）单位工程验收应由项目法人主持。验收工作组应由项目法人以及勘测、设计、监理、施工、主要设备制造（供应）商、运行管理等单位的代表组成。必要时，可邀请上述单位以外的专家参加。

（2）单位工程验收工作组成员应具有中级及以上技术职称或相应执业资格，每个单位代表人数不宜超过 3 人。

（3）单位工程完工并具备验收条件时，施工单位应向项目法人提出验收申请报告。项目法人应在收到验收申请报告之日起 10 个工作日内决定是否同意进行验收。

（4）项目法人组织单位工程验收时，应提前通知质量和安全监督机构。主要建筑物单位工程验收应通知法人验收监督管理机关。法人验收监督管理机关可视情况决定是否列席验收会议，质量和安全监督机构应派人员列席验收会议。

（5）单位工程验收应具备以下条件：

① 所有分部工程已完建并验收合格。

② 分部工程验收遗留问题已处理完毕并通过验收，未处理的遗留问题不影响单位工程质量评定并有处理意见。

③ 合同约定的其他条件。

（6）单位工程验收应包括以下主要内容：

① 检查工程是否按批准的设计内容完成。

② 评定工程施工质量等级。

③ 检查分部工程验收遗留问题处理情况及相关记录。

④ 对验收中发现的问题提出处理意见。

（7）单位工程验收应按以下程序进行：

① 听取工程参建单位针对工程建设有关情况做出的汇报。

② 现场检查工程完成情况和工程质量。

③ 检查分部工程验收有关文件及相关档案资料。

④ 讨论并通过单位工程验收鉴定书。

（8）需要提前投入使用的单位工程应进行单位工程投入使用验收。单位工程投入使用验收由项目法人主持，根据工程具体情况，经竣工验收主持单位同意，单位工程投入使用验收也可由竣工验收主持单位或其委托的单位主持。

（9）单位工程投入使用验收除应满足单位工程验收应具备的条件外，还应满足以下条件：

① 工程投入使用后，不影响其他工程正常施工，且其他工程施工不影响该单

位工程的安全运行。

②已经初步具备运行管理条件，需移交运行管理单位的，项目法人应已与运行管理单位签订提前使用协议。

（10）单位工程投入使用验收除完成单位工程验收应包括的工作内容外，还应对工程是否具备安全运行条件进行检查。

（11）项目法人应在单位工程验收通过之日起 10 个工作日内，将验收质量结论和相关资料报质量监督机构核定。

（12）质量监督机构应在收到验收质量结论之日起 20 个工作日内，将核定意见反馈给项目法人。

（13）当质量监督机构对验收质量结论有异议时，应按相关规定执行。

（14）对于单位工程验收鉴定书，正本数量可按参加验收单位、质量和安全监督机构、法人验收监督管理机关各一份以及归档所需要的份数确定。自验收鉴定书通过之日起 30 个工作日内，由项目法人发送有关单位并报法人验收监督管理机关备案。

10.4　合同工程完工验收

（1）施工合同约定的建设内容完成后，应进行合同工程完工验收。当合同工程仅包含一个单位工程（分部工程）时，宜将单位工程（分部工程）验收与合同工程完工验收一并进行，但应同时满足相应的验收条件。

（2）合同工程完工验收应由项目法人主持。验收工作组应由项目法人以及与合同工程有关的勘测、设计、监理、施工、主要设备制造（供应）商等单位的代表组成。

（3）合同工程具备验收条件时，施工单位应向项目法人提出验收申请报告。项目法人应在收到验收申请报告之日起 20 个工作日内决定是否同意进行验收。

（4）合同工程完工验收应具备以下条件：

①合同范围内的工程项目和工作已按合同约定完成。

②工程已按规定进行了有关验收。

③观测仪器和设备已测得初始值及施工期各项观测值。

④工程质量缺陷已按要求进行处理。

⑤工程完工结算已完成。

⑥施工现场已经进行清理。

⑦需移交项目法人的档案资料已按要求整理完毕。

⑧ 合同约定的其他条件。

(5) 合同工程完工验收应包括以下主要内容：

① 检查合同范围内工程项目和工作完成情况；

② 检查施工现场清理情况；

③ 检查已投入使用工程的运行情况；

④ 检查验收资料整理情况；

⑤ 鉴定工程施工质量；

⑥ 检查工程完工结算情况；

⑦ 检查历次验收遗留问题的处理情况；

⑧ 对验收中发现的问题提出处理意见；

⑨ 确定合同工程完工日期；

⑩ 讨论并通过合同工程完工验收鉴定书。

(5) 对于合同工程完工验收鉴定书，正本数量可按参加验收单位、质量和安全监督机构以及归档所需要的份数确定。自验收鉴定书通过之日起30个工作日内，应由项目法人发送有关单位，并报送法人验收监督管理机关备案。

10.5 阶段验收

10.5.1 一般规定

(1) 阶段验收应包括枢纽工程导（截）流验收、水库下闸蓄水验收、引（调）排水工程通水验收、水电站（泵站）首（末）台机组启动验收、部分工程投入使用验收以及竣工验收主持单位根据工程建设需要增加的其他验收。

(2) 阶段验收应由竣工验收主持单位或其委托的单位主持。阶段验收委员会应由验收主持单位、质量和安全监督机构、运行管理单位的代表以及有关专家组成；必要时，可邀请地方人民政府以及有关部门参加。

工程参建单位应派代表参加阶段验收，并作为被验收单位在验收鉴定书上签字。

(3) 工程建设具备阶段验收条件时，项目法人应提出阶段验收申请报告。阶段验收申请报告应由法人验收监督管理机关审查后转报竣工验收主持单位，竣工验收主持单位应自收到申请报告之日起20个工作日内决定是否同意进行阶段验收。

(4) 阶段验收应包括以下主要内容：

① 检查已完工程的形象面貌和工程质量；

②检查在建工程的建设情况；

③检查未完工程的计划安排和主要技术措施落实情况，以及是否具备施工条件；

④检查拟投入使用工程是否具备运行条件；

⑤检查历次验收遗留问题的处理情况；

⑥鉴定已完工程施工质量；

⑦对验收中发现的问题提出处理意见；

⑧讨论并通过阶段验收鉴定书。

（5）大型工程在阶段验收前，根据工程建设需要，验收主持单位可成立专家组先进行技术预验收。

（6）技术预验收工作可参照相关竣工技术预验收规定进行。

（7）阶段验收的工作程序可参照竣工验收的规定进行。

（8）对于阶段验收鉴定书，数量按参加验收单位、法人验收监督管理机关、质量和安全监督机构各一份以及归档所需要的份数确定。自验收鉴定书通过之日起30个工作日内，由验收主持单位发送有关单位。

10.5.2　枢纽工程导（截）流验收

（1）枢纽工程导（截）流前，应进行导（截）流验收。

（2）导（截）流验收应具备以下条件：

①导流工程已基本完成，具备过流条件，投入使用（包括采取措施后）不影响其他后续工程继续施工；

②满足截流要求的水下隐蔽工程已完成；

③截流设计已获批准，截流方案已编制完成，并做好各项准备工作；

④工程度汛方案已得到有管辖权的防汛指挥部门批准，相关措施已落实；

⑤截流后壅高水位以下的移民搬迁安置和库底清理已完成并通过验收；

⑥有航运功能的河道，碍航问题已得到解决。

（3）导（截）流验收应包括以下主要内容：

①检查已完水下工程、隐蔽工程、导（截）流工程是否满足导（截）流要求；

②检查建设征地、移民搬迁安置和库底清理完成情况；

③审查截流方案，检查导（截）流措施和准备工作落实情况；

④检查为解决碍航等问题而采取的工程措施落实情况；

⑤鉴定与截流有关已完工程施工质量；

⑥对验收中发现的问题提出处理意见；

⑦ 讨论并通过阶段验收鉴定书。

(4) 工程分期导(截)流时,应分期进行导(截)流验收。

10.5.3　水库下闸蓄水验收

(1) 水库下闸蓄水前,应进行下闸蓄水验收。

(2) 下闸蓄水验收应具备以下条件:

① 挡水建筑物的形象面貌满足蓄水位的要求;

② 蓄水淹没范围内的移民搬迁安置和库底清理已完成并通过验收;

③ 蓄水后需要投入使用的泄水建筑物已基本完工,具备过流条件;

④ 有关观测仪器、设备已按设计要求安装和调试,并已测得初始值和施工期观测值;

⑤ 蓄水后未完工程的建设计划和施工措施已落实;

⑥ 蓄水安全鉴定报告已提交;

⑦ 蓄水后可能影响工程安全运行的问题已处理,有关重大技术问题已有结论;

⑧ 蓄水计划、导流洞封堵方案等已编制完成,并做好各项准备工作;

⑨ 年度度汛方案(包括调度运用方案)已经有管辖权的防汛指挥部门批准,相关措施已落实。

(3) 下闸蓄水验收应包括以下主要内容:

① 检查已完工程是否满足蓄水要求;

② 检查建设征地、移民搬迁安置和库区清理完成情况;

③ 检查近坝库岸处理情况;

④ 检查蓄水准备工作落实情况;

⑤ 鉴定与蓄水有关的已完工程施工质量;

⑥ 对验收中发现的问题提出处理意见;

⑦ 讨论并通过阶段验收鉴定书。

(4) 工程分期蓄水时,宜分期进行下闸蓄水验收。

(5) 拦河水闸工程可根据工程规模、重要性,由竣工验收主持单位决定是否组织蓄水(挡水)验收。

10.5.4　引(调)排水工程通水验收

(1) 引(调)排水工程通水前,应进行通水验收。

(2) 通水验收应具备以下条件:

① 引(调)排水建筑物的形象面貌满足通水的要求;

② 通水后未完工程的建设计划和施工措施已落实；

③ 引（调）排水位以下的移民搬迁安置和障碍物清理已完成并通过验收；

④ 引（调）排水的调度运用方案已编制完成；度汛方案已得到有管辖权的防汛指挥部门批准，相关措施已落实。

（3）通水验收应包括以下主要内容：

① 检查已完工程是否满足通水的要求；

② 检查建设征地、移民搬迁安置和清障完成情况；

③ 检查通水准备工作落实情况；

④ 鉴定与通水有关的工程施工质量；

⑤ 对验收中发现的问题提出处理意见；

⑥ 讨论并通过阶段验收鉴定书。

（4）工程分期（或分段）通水时，应分期（或分段）进行通水验收。

10.5.5　水电站（泵站）机组启动验收

（1）水电站（泵站）每台机组投入运行前，应进行机组启动验收。

（2）首（末）台机组启动验收应由竣工验收主持单位或其委托单位组织的机组启动验收委员会负责，中间机组启动验收应由项目法人组织的机组启动验收工作组负责。验收委员会（工作组）应有所在地区电力部门的代表参加。

根据机组的规模情况，竣工验收主持单位也可委托项目法人主持首（末）台机组启动验收。

（3）机组启动验收前，项目法人应组织成立机组启动试运行工作组开展机组启动试运行工作。首（末）台机组启动试运行前，项目法人应将试运行工作安排报验收主持单位备案，必要时，验收主持单位可派专家到现场收集有关资料，指导项目法人进行机组启动试运行工作。

（4）机组启动试运行工作组应进行以下主要工作：

① 审查批准施工单位编制的机组启动试运行试验文件和机组启动试运行操作规程等。

② 检查机组及相应附属设备安装、调试、试验以及分部试运行情况，决定是否进行充水试验和空载试运行。

③ 检查机组充水试验和空载试运行情况。

④ 检查机组带主变压器、高压配电装置试验和并列及负荷试验情况，决定是否进行机组带负荷连续运行。

⑤ 检查机组带负荷连续运行情况。

⑥ 检查带负荷连续运行结束后的消缺处理情况。

⑦ 审查施工单位编写的机组带负荷连续运行情况报告。

（5）机组带负荷连续运行应符合以下要求：

① 水电站机组带额定负荷连续运行时间为72h；泵站机组带额定负荷连续运行时间为24h或7d内累计运行时间为48h，包括机组无故障停机次数不少于3次。

② 受水位或水量限制无法满足上述要求时，经项目法人组织论证并提出专门报告报验收主持单位批准后，可适当降低机组启动运行负荷以及减少连续运行的时间。

（6）首（末）台机组启动验收前，验收主持单位应组织进行技术预验收，技术预验收应在机组启动试运行完成后进行。

（7）技术预验收应具备以下条件：

① 与机组启动运行有关的建筑物基本完工，满足机组启动运行要求。

② 与机组启动运行有关的金属结构及启闭设备安装完成，经调试合格，可满足机组启动运行要求。

③ 过水建筑物已具备过水条件，满足机组启动运行要求。

④ 压力容器、压力管道以及消防系统等已通过有关主管部门的检测或验收。

⑤ 机组、附属设备以及油、水、气等辅助设备安装完成，经调试合格并经分部试运转，满足机组启动运行要求。

⑥ 必要的输配电设备安装调试完成，并通过电力部门组织的安全性评价或验收，送（供）电准备工作已就绪，通信系统满足机组启动运行要求。

⑦ 机组启动运行的测量、监测、控制和保护等电气设备已安装完成并调试合格。

⑧ 有关机组启动运行的安全防护措施已落实，并准备就绪。

⑨ 按设计要求配备的仪器、仪表、工具及其他机电设备已能满足机组启动运行的需要。

⑩ 机组启动运行操作规程已编制，并得到批准。

⑪ 水库水位控制与发电水位调度计划已编制完成，并得到相关部门的批准。

⑫ 运行管理人员的配备可满足机组启动运行的要求。

⑬ 水位和引水量满足机组启动运行最低要求。

⑭ 机组按要求完成带负荷连续运行。

（8）技术预验收应包括以下主要内容：

① 听取有关建设、设计、监理、施工和试运行情况报告；

② 检查评价机组及其辅助设备质量、有关工程施工安装质量，检查试运行情

况和消缺处理情况；

③ 对验收中发现的问题提出处理意见；

④ 讨论形成机组启动技术预验收工作报告。

(9) 首 (末) 台机组启动验收应具备以下条件：

① 技术预验收工作报告已提交；

② 技术预验收工作报告中提出的遗留问题已处理。

(10) 首 (末) 台机组启动验收应包括以下主要内容：

① 听取工程建设管理报告和技术预验收工作报告；

② 检查机组和有关工程施工与设备安装以及运行情况；

③ 鉴定工程施工质量；

④ 讨论并通过机组启动验收鉴定书。

(11) 中间机组启动验收可参照首 (末) 台机组启动验收的要求进行。

(12) 机组启动验收鉴定书，其是机组交接和投入使用运行的依据。

10.5.6　部分工程投入使用验收

(1) 项目施工工期因故拖延，并对预期完成计划不确定的工程项目，部分已完工工程需要投入使用的，应进行部分工程投入使用验收。

(2) 在部分工程投入使用验收申请报告中，应包含项目施工工期拖延的原因、预期完成计划的有关情况和部分已完成工程提前投入使用的理由等内容。

(3) 部分工程投入使用验收应具备以下条件：

① 拟投入使用工程已按批准设计文件规定的内容完成并已通过相应的法人验收；

② 拟投入使用工程已具备运行管理条件；

③ 工程投入使用后，不影响其他工程正常施工，且其他工程施工不影响拟投入使用工程安全运行 (包括采取防护措施)；

④ 项目法人与运行管理单位已签订工程提前使用协议；

⑤ 工程调度运行方案已编制完成；度汛方案已得到有管辖权的防汛指挥部门批准，相关措施已落实。

(4) 部分工程投入使用验收应包括以下主要内容：

① 检查拟投入使用工程是否已按批准设计完成；

② 检查工程是否已具备正常运行条件；

③ 鉴定工程施工质量；

④ 检查工程的调度运用、度汛方案落实情况；

⑤ 对验收中发现的问题提出处理意见；

⑥ 讨论并通过部分工程投入使用验收鉴定书。

（5）部分工程投入使用验收鉴定书是部分工程投入使用运行的依据，也是施工单位向项目法人交接和项目法人向运行管理单位移交的依据。

（6）提前投入使用的部分工程如有单独的初步设计，可组织进行单项工程竣工验收，验收工作参照竣工验收有关规定进行。

10.6　专项验收

（1）工程竣工验收前，应按有关规定进行专项验收。专项验收主持单位应按国家和相关行业的有关规定确定。

（2）项目法人应按国家和相关行业主管部门的规定，向有关部门提出专项验收申请报告，并做好有关准备和配合工作。

（3）专项验收应具备的条件、验收主要内容、验收程序以及验收成果性文件的具体要求等应执行国家及相关行业主管部门有关规定。

（4）专项验收成果性文件应是工程竣工验收成果性文件的组成部分。项目法人提交竣工验收申请报告时，应附相关专项验收成果性文件复印件。

10.7　竣工验收

10.7.1　一般规定

（1）竣工验收应在工程建设项目全部完成并满足一定运行条件后 1 年内进行。不能按期进行竣工验收的，经竣工验收主持单位同意，可适当延长期限，但最长不应超过 6 个月。一定运行条件是指：① 泵站工程经过一个排水期或抽水期；② 河道疏浚工程完成后；③ 其他工程经过 6 个月（经过一个汛期）至 12 个月。

（2）工程具备验收条件时，项目法人应提出竣工验收申请报告。竣工验收申请报告应由法人验收监督管理机关审查后转报竣工验收主持单位。

（3）工程未能按期进行竣工验收的，项目法人应向竣工验收主持单位提出延期竣工验收专题申请报告。申请报告应包括延期竣工验收的主要原因及计划延长的时间等内容。

（4）项目法人编制完成竣工财务决算后，应报送竣工验收主持单位财务部门进行审查和审计部门进行竣工审计。审计部门应出具竣工审计意见。项目法人应对审计意见中提出的问题进行整改并提交整改报告。

（5）竣工验收分为竣工技术预验收和竣工验收两个阶段。

（6）大型水利工程在竣工技术预验收前，应按照有关规定进行竣工验收技术鉴定。中型水利工程，竣工验收主持单位可根据需要决定是否进行竣工验收技术鉴定。

（7）竣工验收应具备以下条件：

① 工程已按批准设计全部完成；

② 工程重大设计变更已经有审批权的单位批准；

③ 各单位工程能正常运行；

④ 历次验收所发现的问题已基本处理完毕；

⑤ 各专项验收已通过；

⑥ 工程投资已全部到位；

⑦ 竣工财务决算已通过竣工审计，审计意见中提出的问题已整改并提交了整改报告；

⑧ 运行管理单位已明确，管理养护经费已基本落实；

⑨ 质量和安全监督工作报告已提交，工程质量达到合格标准；

⑩ 竣工验收资料已准备就绪。

（8）工程有少量建设内容未完成，但不影响工程正常运行，且符合财务有关规定，项目法人已对尾工做出安排的，经竣工验收主持单位同意，可进行竣工验收。

（9）竣工验收应按以下程序进行：

① 项目法人组织进行竣工验收自查；

② 项目法人提交竣工验收申请报告；

③ 竣工验收主持单位批复竣工验收申请报告；

④ 进行竣工技术预验收；

⑤ 召开竣工验收会议；

⑥ 印发竣工验收鉴定书。

10.7.2　竣工验收自查

（1）申请竣工验收前，项目法人应组织竣工验收自查。自查工作应由项目法人主持，勘测、设计、监理、施工、主要设备制造（供应）商以及运行管理等单位的代表参加。

（2）竣工验收自查应包括以下主要内容：

① 检查有关单位的工作报告；

② 检查工程建设情况，评定工程项目施工质量等级；

③ 检查历次验收、专项验收的遗留问题和工程初期运行所发现问题的处理情况；

④ 确定工程尾工内容及其完成期限和责任单位；

⑤ 对竣工验收前应完成的工作做出安排；

⑥ 讨论并通过竣工验收自查工作报告。

（3）项目法人组织工程竣工验收自查前，应提前10个工作日通知质量和安全监督机构，同时向法人验收监督管理机关报告。质量和安全监督机构应派员列席自查工作会议。

（4）项目法人应在完成竣工验收自查工作之日起10个工作日内，将自查的工程项目质量结论和相关资料报质量监督机构。

（5）竣工验收自查工作报告。参加竣工验收自查的人员应在自查工作报告上签字。项目法人应自竣工验收自查工作报告通过之日起30个工作日内，将自查报告报法人验收监督管理机关。

10.7.3 工程质量抽样检测

（1）根据竣工验收的需要，竣工验收主持单位可以委托具有相应资质的工程质量检测单位对工程质量进行抽样检测。项目法人应与工程质量检测单位签订工程质量检测合同。检测所需费用由项目法人列支，质量不合格工程所发生的检测费用由责任单位承担。

（2）工程质量检测单位不应与参与工程建设的项目法人、设计、监理、施工、设备制造（供应）商等单位隶属同一经营实体。

（3）根据竣工验收主持单位的要求和项目的具体情况，项目法人应负责提出工程质量抽样检测的项目、内容和数量，经质量监督机构审核后报竣工验收主持单位核定。

（4）工程质量检测单位应按照有关技术标准对工程进行质量检测，按合同要求及时提出质量检测报告并对检测结论负责。项目法人应自收到检测报告10个工作日内将检测报告报竣工验收主持单位。

（5）对抽样检测中发现的质量问题，项目法人应及时组织有关单位研究处理。在影响工程安全运行以及使用功能的质量问题未处理完毕前，不应进行竣工验收。

10.7.4 竣工技术预验收

（1）竣工技术预验收应由竣工验收主持单位组织的专家组负责。技术预验收专家组成员应具有高级技术职称或相应执业资格，2/3 以上成员应来自工程非参建单位。工程参建单位的代表应参加竣工技术预验收，负责回答专家组提出的问题。

（2）竣工技术预验收专家组可下设专业工作组，并在各专业工作组检查意见的基础上形成竣工技术预验收工作报告。

（3）竣工技术预验收应包括以下主要内容：

① 检查工程是否按批准的设计完成；

② 检查工程是否存在质量隐患和影响工程安全运行的问题；

③ 检查历次验收、专项验收的遗留问题和工程初期运行中所发现问题的处理情况；

④ 对工程重大技术问题做出评价；

⑤ 检查工程尾工安排情况；

⑥ 鉴定工程施工质量；

⑦ 检查工程投资、财务情况；

⑧ 对验收中发现的问题提出处理意见。

（4）竣工技术预验收应按以下程序进行：

① 现场检查工程建设情况并查阅有关工程建设资料；

② 听取项目法人及设计、监理、施工、运行管理等单位以及质量和安全监督机构的工作报告；

③ 听取竣工验收技术鉴定报告和工程质量抽样检测报告；

④ 专业工作组讨论并形成各专业工作组意见；

⑤ 讨论并通过竣工技术预验收工作报告；

⑥ 讨论并形成竣工验收鉴定书初稿。

（5）竣工技术预验收工作报告应是竣工验收鉴定书的附件。

10.7.5　竣工验收

（1）竣工验收委员会可设主任委员 1 名，副主任委员以及委员若干名，主任委员应由验收主持单位代表担任。竣工验收委员会应由竣工验收主持单位、有关地方人民政府和部门、有关水行政主管部门和流域管理机构、质量和安全监督机构、运行管理单位的代表以及有关专家组成。工程投资方代表可参加竣工验收委员会。

（2）项目法人、勘测、设计、监理、施工和主要设备制造（供应）商等单位应派代表参加竣工验收，负责解答验收委员会提出的问题，并应作为被验收单位代表在验收鉴定书上签字。

（3）竣工验收会议应包括以下主要内容和程序：

① 现场检查工程建设情况及查阅有关资料。

② 召开大会：宣布验收委员会组成人员名单；观看工程建设声像资料；听取工程建设管理工作报告；听取竣工技术预验收工作报告；听取验收委员会确定的其他报告；讨论并通过竣工验收鉴定书；验收委员会委员和被验收单位代表在竣工验收鉴定书上签字。

（4）工程项目质量达到合格以上等级的，竣工验收的质量结论意见应为合格。

（5）对于竣工验收鉴定书，数量应按验收委员会组成单位、工程主要参建单位各一份以及归档所需要份数确定。自鉴定书通过之日起30个工作日内，应由竣工验收主持单位发送有关单位。

10.8 工程移交及遗留问题处理

10.8.1 工程交接

（1）通过合同工程完工验收或投入使用验收后，项目法人与施工单位应在30个工作日内组织专人负责工程的交接工作，交接过程应有完整的文字记录且有双方交接负责人签字。

（2）项目法人与施工单位应在施工合同或验收鉴定书约定的时间内完成工程及其档案资料的交接工作。

（3）工程办理具体交接手续的同时，施工单位应向项目法人递交工程质量保修书。保修书的内容应符合合同约定的条件。

（4）工程质量保修期应从工程通过合同工程完工验收后开始计算，但合同另有约定的除外。

（5）在施工单位递交了工程质量保修书、完成施工场地清理以及提交有关竣工资料后，项目法人应在30个工作日内向施工单位颁发合同工程完工证书。

10.8.2 工程移交

（1）工程通过投入使用验收后，项目法人宜及时将工程移交运行管理单位管理，并与其签订工程提前启用协议。

（2）在竣工验收鉴定书印发后60个工作日内，项目法人与运行管理单位应完成工程移交手续。

（3）工程移交应包括工程实体、其他固定资产和工程档案资料等，应按照初步设计等有关批准文件进行逐项清点，并办理移交手续。

（4）办理工程移交，应有完整的文字记录和双方法定代表人签字。

10.8.3　验收遗留问题及尾工处理

（1）有关验收成果性文件应对验收遗留问题有明确的记载。影响工程正常运行的，不应作为验收遗留问题处理。

（2）验收遗留问题和尾工的处理应由项目法人负责。项目法人应按照竣工验收鉴定书、合同约定等要求，督促有关责任单位完成处理工作。

（3）验收遗留问题和尾工处理完成后，有关单位应组织验收，并形成验收成果性文件。项目法人应参加验收并负责将验收成果性文件报竣工验收主持单位。

（4）工程竣工验收后，应由项目法人负责处理验收遗留问题，项目法人已撤销的，应由组建或批准组建项目法人的单位或其指定的单位进行处理。

10.8.4　工程竣工证书颁发

（1）工程质量保修期满后 30 个工作日内，项目法人应向施工单位颁发工程质量保修责任终止证书，但保修责任范围内的质量缺陷未处理完成的应除外。

（2）工程质量保修期满以及验收遗留问题和尾工处理完成后，项目法人应向工程竣工验收主持单位申请领取竣工证书。申请报告应包括以下内容：

① 工程移交情况；

② 工程运行管理情况；

③ 验收遗留问题和尾工处理情况；

④ 工程质量保修期有关情况。

（3）竣工验收主持单位应自收到项目法人申请报告后 30 个工作日内决定是否颁发工程竣工证书。颁发竣工证书应符合以下条件：

① 竣工验收鉴定书已印发；

② 工程遗留问题和尾工处理已完成并通过验收；

③ 工程已全面移交运行管理单位管理。

（4）工程竣工证书是项目法人全面完成工程项目建设管理任务的证书，也是工程参建单位完成相应工程建设任务的最终证明文件。

（5）工程竣工证书数量应按正本 3 份和副本若干份颁发，正本由项目法人、运行管理单位和档案部门保存，副本由工程主要参建单位保存。

参 考 文 献

[1] 水利电力部水利水电建设总局. 水利水电工程施工组织设计手册 [M]. 北京：中国水利水电出版社，1996.

[2] 武长玉. 水利工程施工组织设计与施工项目管理实务 [M]. 北京：当代音像出版社，2004.

[3] 水利部. 水利水电工程施工组织设计规范 SL 303-2004[S]. 北京：中国水利水电出版社，2004.

[4] 水利部. 水利水电工程施工总布置设计规范 SL 487-2010[S]. 北京：中国水利水电出版社，2010.

[5] 中华人民共和国建设部. 建设工程项目管理规范 (GB/T 50326-2006)[S]. 北京：中国建筑工业出版社，2006.

[6] 国家标准. 混凝土结构工程施工质量验收规范 (GB 50204-2002)[S]. 北京：中国建筑工业出版社，2002.

[7] 国家标准. 建筑工程施工质量验收统一标准（GB 50300-2001）[S]. 北京：中国计划出版社，2001.

[8] 钟汉华. 水利水电工程施工组织与管理 [M]. 北京：中国水利水电出版社，2005.

[9] 丁士昭. 工程项目管理 [M]. 北京：中国建筑工业出版社，2006.

[10] 国向云. 建筑工程施工项目管理 [M]. 北京：北京大学出版社，2009.

[11] 全国一级建造师执业资格考试用书编写委员会. 建设工程项目管理 [M]. 北京：中国建筑工业出版社，2007.

[12] 王辉. 建筑施工项目管理 [M]. 北京：机械工业出版社，2009.

[13] 翟丽曼，姚玉娟. 建筑施工组织与管理 [M]. 北京：北京大学出版社，2009.

[14] 中国水利工程协会. 水利工程建设进度控制 [M]. 北京：中国水利水电出版社，2011.

[15] 黄森开. 水利水电工程施工组织与工程造价 [M]. 北京：中国水利水电出

版社，2003.

[16] 薛振清.水利工程项目施工组织与管理 [M]. 徐州：中国矿业大学出版社，2008.

[17] 方园，谷俊杰，樊世祥.一种用于水利工程的挡土墙 [P]. 浙江：CN107859057A，2018-03-30.

[18] 施文俊.一种可清理浮渣的水利工程用污水处理设备 [P]. 江苏：CN107827188A，2018-03-23.

[19] 林志宏，李成全.一种水利工程挡土墙 [P]. 广东：CN207092012U，2018-03-13.

[20] 焦赞，王国庆，谢士俊，等.水利工程中的围堰修筑工艺 [P]. 江苏：CN107761750A，2018-03-06.

[21] 不公告发明人.一种高效率的多功能水利工程施工用钻孔清淤设备 [P]. 陕西：CN107675709A，2018-02-09.

[22] 刘敏.农田水利工程管理体制改革的社区实践及其困境——基于产权社会学的视角 [J]. 农业经济问题，2015，36(04)：78-86+112.

[23] 王波，黄德春，华坚，等.水利工程建设社会稳定风险评估与实证研究 [J]. 中国人口·资源与环境，2015，25(04)：149-154.

[24] 陈述，郑霞忠，余迪.水利工程施工安全标准化体系评价 [J]. 中国安全生产科学技术，2014，10(02)：167-172.

[25] 尚淑丽，顾正华，曹晓萌.水利工程生态环境效应研究综述 [J]. 水利水电科技进展，2014，34(01)：14-19+48.

[26] 邵景安，张仕超，魏朝富.基于大型水利工程建设阶段的三峡库区土地利用变化遥感分析 [J]. 地理研究，2013，32(12)：2189-2203.